高等继续教育财经专业精品系列教材

微积分

WEIJIFEN

韩建新 任敏 主编
时玉敏 姜计荣 王聪聪 副主编

中国财经出版传媒集团
中国财政经济出版社
北京

图书在版编目（CIP）数据

微积分 / 韩建新，任敏主编. --北京：中国财政经济出版社，2024. 8. --（高等继续教育财经专业精品系列教材）. --ISBN 978-7-5223-3251-2

Ⅰ. O172

中国国家版本馆 CIP 数据核字第 2024A44S06 号

责任编辑：胡　懿　　　　责任校对：胡永立
特约编辑：古丽尼沙·依明　　　　责任印制：党　辉
封面设计：王　颖

微积分
WEIJIFEN

中国财政经济出版社 出版
URL：http：//www. cfeph. cn
E-mail：cfeph@ cfeph. cn

社址：北京市海淀区阜成路甲 28 号　邮政编码：100142
营销中心电话：010-88191522
天猫网店：中国财政经济出版社旗舰店
网址：https：//zgczjjcbs. tmall. com
北京密兴印刷有限公司印刷　各地新华书店经销
成品尺寸：175mm×250mm　16 开　12. 75 印张　239 000 字
2024 年 8 月第 1 版　2024 年 8 月北京第 1 次印刷
定价：26. 00 元
ISBN 978-7-5223-3251-2
（图书出现印装问题，本社负责调换，电话：010-88190548）
本社质量投诉电话：010-88190744
打击盗版举报热线：010-88191661　QQ：2242791300

前 言

以习近平同志为核心的党中央坚定不移地实施科教兴国战略和人才强国战略，党的二十大报告对“办好人民满意的教育”做出部署，为我们在新时代、新征程中推动继续教育改革发展提供了根本遵循。

为积极落实《教育部关于推进新时代普通高等学校学历继续教育改革的实施意见》，推动高等学历继续教育提质增效，内涵式发展，山东财经大学组织相关专家和一线教师对学校原有高等继续教育教材进行全面完善，编写了这套新的高等继续教育财经专业精品系列教材。

该系列教材的编写依托学校雄厚的学科实力，紧密结合高等学历继续教育教学工作实际，突出优势，深入开展教学研究，不断凝练教育改革经验，及时进行内容更新，努力将教学成果体现到系列教材中，将学科前沿的新技术、新理论补充到教材中，将思政元素和创新元素融入教材，较好地实现了教材系统性和科学性、创新性和实践性的有机结合。

该系列教材注重适应财经类专业教学改革和发展趋势，针对高等学历继续教育的特质，在内容上紧扣财经类专业课程设置和教学大纲，科学、系统地涵盖了财经类专业教学的基本内容，并以此为基础，建设完成了覆盖所有开设专业的线上课程，适用于经济、管理学科，尤其是经济学、会计学、金融学和工商管理等专业高等学历继续教育的教学，对指导和帮助学生获取专业基础知识和基本技能具有较强的针对性。该系列教材在提升高等学历继续教育财经类专业人才培养质量中发挥基础性的决定作用，在使用范围和地域上具有广泛的适应性。

《微积分》是高等继续教育财经专业精品系列教材之一。微积分课程作为经济、管理类专业学科共同的基础课程，是学习经济、管理类专业后续课程的基础和工具。本教材在以往教材基础上，结合教学经验进行全面完善，针对目前成人高等教育财经类专业的培养目标和学生学习特点，秉持不断锤炼、打造精品的原则，结合新形势下教材改革的精神进行编写。本教材的主要特点有以下几个方面：

1. 针对继续教育面授时间少的特点，在内容的取舍上更具有针对性，删除了与后续专业课程基本没有联系的内容，如旋转体体积的计算。

2. 借鉴国内外优秀教材的做法，在例题和习题中增加了一些与实际问题密切相关的题目，激发学生学习兴趣，提高学生应用能力，凸显微积分的应用性。

3. 增加了拓展阅读内容，融入数学文化和思政元素。

4. 对于一些概念的定义进行了仔细推敲，并作一定的修改，力求表达更加准确、没有瑕疵。

5. 对习题的配置进行必要的调整，调整后的习题更加充实、合理。

本教材既可用于成人高等教育、高职高专的教学，也可作为高等教育自学考试的教学和自学参考用书。

本教材由韩建新、任敏主编，参加编写修订的人员还有时玉敏、姜计荣和王聪聪，由韩建新提出总体编写框架，并总纂定稿。

在本书的编写过程中，我们参阅、借鉴了大量文献资料，并得到有关部门和专家、学者的指导与帮助，在此表示诚挚的谢意。特别感谢山东财经大学继续教育学院院长张亦工教授，副院长郝向华和中国财政经济出版社的大力支持。

因水平和经验所限，书中不当甚至错误恐在所难免，诚请同行专家及读者不吝赐教。

编 者

2024 年 8 月

目　录

第1章

函数、极限和连续

学习目的与要求

- 了解微积分的研究对象和研究方法
- 理解函数的概念，掌握函数的有界性、单调性、奇偶性和周期性
- 掌握基本初等函数的图形与性质，理解初等函数的概念
- 理解几个常用的经济函数
- 理解数列极限和函数极限的概念和性质
- 熟练掌握极限的四则运算法则和两个重要极限，会用它们求极限
- 理解无穷小和无穷大的概念与性质，会比较无穷小量的阶，会用等价无穷小的替换定理求极限
- 理解函数连续性的概念，理解初等函数在其定义区间上的连续性，了解闭区间上连续函数的性质

函数是现实世界中变量之间的依赖关系在数学中的反映．函数是微积分的主要研究对象．极限概念是在研究变量变化趋势时产生的，极限方法是微积分学深入研究函数问题的基本分析方法．连续性则是相当广泛的一类函数所具有的重要特性．本章主要介绍函数、极限和连续等基本概念以及它们的一些基本性质，这些内容是学习微积分的基础．

1.1 函数的概念和几种特性

1.1.1 集合

1.1.1.1 集合的概念

集合是数学中的一个基本的概念，为了理解这一概念，我们先看下面几组事物：

（1）所有的自然数；

（2）某高校 2024 级全体学生；

（3）方程 $x^2-5x+6=0$ 的根；

（4）直线 $y=2x$ 上的点.

以上每组事物都具有某一特定的性质，或满足特定的条件，它们都是集合. 一般地，具有某种特定性质的事物的全体称为集合，简称集. 构成集合的各个事物称为集合的元素，通常我们用大写字母 A、B、C 等表示集合，用小写字母 a、b、c 等表示集合的元素. 若事物 a 是集合 A 的元素，记作 $a\in A$，读作 a 属于 A，若事物 a 不是集合 A 的元素，记作 $a\notin A$，读作 a 不属于 A. 由有限个元素构成的集合称为有限集. 由无限个元素构成的集合，称为无限集. 不含任何元素的集合，称为空集，记作 ϕ. 以上四个集合中（2）、（3）是有限集，（1）、（4）是无限集，不等式 $|x|<0$ 的解集则是空集.

元素都是数的集合称为数集，通常用 N 表示全体自然数构成的集合，用 Z 表示全体整数构成的集合，用 Q 表示全体有理数构成的集合，用 R 表示全体实数构成的集合. 微积分学主要在实数集范围内研究问题，我们以后提到的数，如无特别说明，均为实数.

1.1.1.2 集合的表示方法

集合的表示方法常用的有列举法和描述法.

（1）列举法

把集合中的元素一一列举出来，写在大括号内，表示集合的方法叫作列举法.

例如，小于 10 的正偶数构成的集合可表示为 $\{2,4,6,8\}$.

方程 $x^2-5x+6=0$ 的根组成的集合可表示为 $\{2,3\}$.

（2）描述法

用集合所含元素的共同特征表示集合的方法称为描述法. 具体做法是：在大括号内，先写上表示集合元素的一般形式，再画一条竖线，在竖线后面写出这个集合中元素所满足的条件. 有时竖线和左边的一般形式可以省略.

例如，方程 $x^2-5x+6=0$ 的根组成的集合可表示为 $\{x \mid x^2-5x+6=0\}$. 直线 $y=3x$ 上的点可表示为 $\{(x,y) \mid y=3x\}$.

1.1.1.3　区间

区间是一类用得较多的数集，设 a，b 为两个实数，且 $a<b$，数集 $\{x \mid a<x<b\}$ 称为开区间，记作 (a, b)，即

$$(a,\ b)=\{x \mid a<x<b\}$$

类似的是，可定义闭区间

$$[a,\ b]=\{x \mid a \leqslant x \leqslant b\}$$

半开区间

$$[a,\ b)=\{x \mid a \leqslant x<b\}$$

$$(a,\ b]=\{x \mid a<x \leqslant b\}$$

对于以上这些区间，a，b 称为区间的端点，$b-a$ 称为区间的长度，这些区间都是有限区间. 此外，还可定义以下无限区间：

$$(-\infty, b]=\{x \mid x \leqslant b\}$$

$$(-\infty, b)=\{x \mid x<b\}$$

$$[a,+\infty)=\{x \mid x \geqslant a\}$$

$$(a,+\infty)=\{x \mid x>a\}$$

$$(-\infty,+\infty)=\{x \mid x \in R\}$$

在这里，符号“$-\infty$”读作负无穷大，“$+\infty$”读作正无穷大.

1.1.1.4　邻域

邻域是我们以后学习中经常用到的概念. 设 a，δ 是两个实数，且 $\delta>0$，开区间 $(a-\delta, a+\delta)$ 就称为点 a 的 δ 邻域，记作 $U(a,\delta)$，即

$$U(a,\delta)=(a-\delta, a+\delta)$$

点 a 称为这个邻域的中心，δ 称为这个邻域的半径.

点 a 的 δ 邻域还常写成 $U(a,\delta)=\{x \mid |x-a|<\delta\}$ 的形式，它表示与点 a 距离小于 δ 的点 x 的全体. 在不需指明邻域半径时，以点 a 为中心的邻域可记作 $U(a)$.

点 a 的 δ 邻域去掉中心 a 后，称为点 a 的空心（或去心）δ 邻域，记作 $\mathring{U}(a,\delta)$，即

$$\mathring{U}(a,\delta)=\{x \mid 0<|x-a|<\delta\}=(a-\delta, a) \cup(a, a+\delta)$$

其中，开区间 $(a-\delta, a)$ 称为点 a 的左 δ 邻域，开区间 $(a, a+\delta)$ 称为点 a 的右 δ 邻域.

例如，集合 $\{x \mid 0<|x-1|<2\}$ 表示以 $x=1$ 为中心，2 为半径的空心邻域.

1.1.1.5　集合之间的关系

若集合 A 的元素都是集合 B 的元素，即若 $x \in A$ 必有 $x \in B$，则称 A 是 B 的

子集，记作 $A\subset B$ 或 $B\supset A$，读作 A 包含于 B 或 B 包含 A.

例如，设 $A=\{1,2,3,4,5,6\}$，$B=\{2,3,6\}$，则 $B\subset A$.

若 $A\subset B$ 且 $B\subset A$，则称集合 A 和 B 相等，记作 $A=B$.

例如，设 $A=\{x\mid x^2-5x+6=0\}$，$B=\{2,3\}$，则 $A=B$.

另外，我们还规定：空集是任何一个集合的子集.

1.1.1.6 集合之间的运算

由集合 A 和集合 B 的公共元素构成的集合称为集合 A 和 B 的交集，简称 A 和 B 的交，记作 $A\cap B$.

由集合 A 和集合 B 的所有元素合并在一起构成的集合称为集合 A 和集合 B 的并集，简称 A 和 B 的并，记作 $A\cup B$.

例如，设 $A=\{x\mid -1\leqslant x\leqslant 2\}$，$B=\{x\mid 1\leqslant x\leqslant 3\}$，则

$$A\cap B=\{x\mid 1\leqslant x\leqslant 2\}$$

$$A\cup B=\{x\mid -1\leqslant x\leqslant 3\}$$

我们在研究集合之间的关系和运算时，总是限定在一个较大集合中进行，其他集合都是该集合的子集，我们把这个较大的集合称为全集，一般用 Ω 表示.

若集合 A 是全集 Ω 的子集，则由集合 Ω 中不属于 A 的元素构成的集合，称为集合 A 的补集，记作 $\overline{A}$.

由集合 A 中不属于集合 B 的元素构成的集合，称为集合 A 与 B 的差，记作 $A-B$.

例如，设全集 $\Omega=\{1,2,3,4,5,6,7\}$，$A=\{2,3,5,7\}$，$B=\{1,5,7\}$，则 $\overline{A}=\{1,4,6\}$，$A-B=\{2,3\}$.

1.1.2 常量与变量

人们在观察研究自然现象和社会现象的过程中，经常会涉及一些量，其中一些量在观察过程中不发生变化，始终保持某一固定数值，这种量称为常量. 另一些量则在发生变化，可以取不同的数值，这种量称为变量.

例如，对一密闭容器内的气体加热的过程中，若不考虑容器的热胀冷缩，则气体的体积和分子数保持不变，都是常量；而气体的温度和压强在变化，它们都是变量.

初等数学主要研究常量，作为高等数学重要组成部分的微积分则以变量为主要研究对象.

1.1.3 函数的概念

在事物发展变化的过程中，往往有几个量同时发生变化，并且它们不是孤立地在变，而是相互联系并遵循一定的变化规律，例如在对密闭容器内的气体加热

时，随着温度的提高，压强随之增大；在产品市场上，某一商品的价格提高，需求量一般要随之减少，这些变量之间的相互依赖关系，所遵循的变化规律，就是数学中的函数.

1.1.3.1　函数的定义

定义 1.1.1　设 D 为某一给定非空实数集，x，y 为两个变量，f 为某一对应法则，如果对于集合 D 中变量 x 的每一取值，按照对应法则 f 都有唯一确定的变量 y 的值与之对应，则称对应法则 f 为定义在集合 D 上的一个函数，有时为了叙述方便，也称 y 是 x 的函数，记作

$$y=f(x),\ x\in D$$

其中，x 称为自变量，y 称为因变量，x 的取值范围 D 称为函数的定义域. 当 x 取某一具体数值 x_0 时，与之对应的 y 的数值称为函数在 x_0 处的函数值，记作 $f(x_0)$. 当 x 取遍 D 中的所有数值时，对应的函数值的全体组成的数集

$$W=\{y\mid y=f(x),x\in D\}$$

称为函数的值域.

设函数 $y=f(x)$，$x\in D$，则以 D 的每一点 x 为横坐标及相应的函数值 y 为纵坐标，即可画出函数 $y=f(x)$ 的图形，函数 $y=f(x)$ 的图形一般是 xOy 面内的一条曲线，如图 1－1 中的曲线 C 所示.

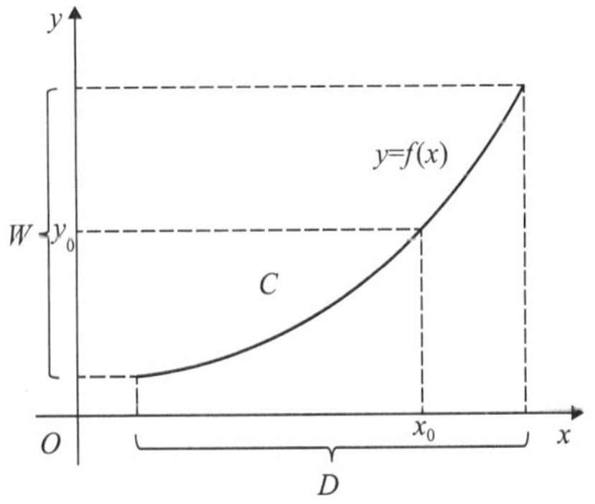

图 1－1

由函数定义可知，函数的定义域、对应法则一旦给定，值域也就随之确定，该函数就随之确定了，与其他因素没有关系，所以通常称定义域、对应法则为函数的两要素. 如果两个函数的定义域和对应法则都相同，这两个函数就是相同函数，否则就是不同函数.

在实际问题中，函数 $y=f(x)$ 的定义域由问题的实际意义来确定；而对于抽象函数 $y=f(x)$，我们规定其定义域就是使函数表达式有意义的一切实数组成的集合，通常称这种定义域为自然定义域. 当一个函数没有给出定义域，我们通常默认为其定义域就是其自然定义域.

例 1.1.1　求函数 $y=\sqrt{x}$ 的定义域和值域，并画出其图形.

解： 函数的定义域和值域均为 $[0,+\infty)$，其图形如图 1－2 所示.

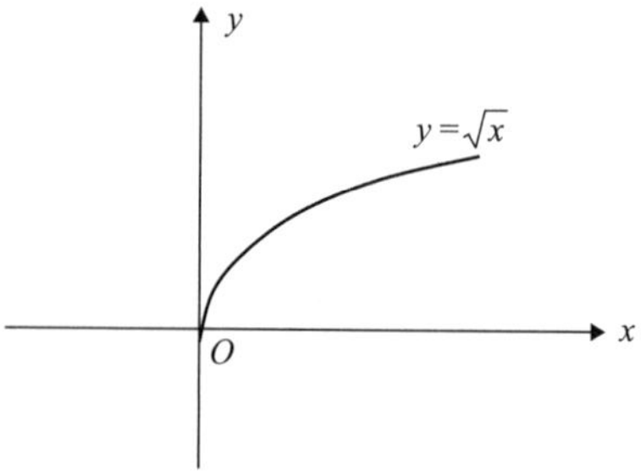

图 1－2

例 1.1.2　设一矩形的面积为 8，试将周长 y 表示为边长 x 的函数，并指出函数的定义域.

解： $y=2x+2\cdot\dfrac{8}{x}=2x+\dfrac{16}{x}, x\in(0,+\infty)$

例 1.1.3　求函数 $f(x)=2x+\dfrac{\lg(x^2-1)}{\sqrt{3-x}}$ 的定义域.

解： 要使函数 $f(x)$ 有意义，则

$$\begin{cases}3-x>0\\x^2-1>0\end{cases}$$

解之得，$x<-1$ 或 $1<x<3$，所以函数 $f(x)$ 的定义域为 $(-\infty,-1)\cup(1,3)$.

例 1.1.4　判断函数 $y=5+2x^4$ 和 $u=5+2u^4$ 是否为相同函数.

解： 它们的定义域相同，均为 R，且对应法则相同，均为 5 加上 2 乘以自变量的四次方，因此它们是相同函数.

由此可见，函数与其自变量和因变量用哪个字母表示无关.

例 1.1.5　设函数 $f(x)=x^2$，求 $f(3)$，$f(a)$，$f(x-1)$，$f[f(x)]$.

解： $f(3)=3^2=9$

$f(a)=a^2$

$f(x-1)=(x-1)^2$

$f[f(x)]=[f(x)]^2=(x^2)^2=x^4$

例 1.1.6　设函数 $f(x-1)=x^2-x$，求 $f(x)$，$f(3)$.

解：（解法 1） 因为

$$f(x-1)=(x^2-2x+1)+(x-1)=(x-1)^2+(x-1)$$

所以

$$f(x)=x^2+x,\quad f(3)=3^2+3=12$$

（解法 2） 令 $u=x-1$，即 $x=u+1$，则有

$$f(u)=(u+1)^2-(u+1)=u^2+u$$

所以

$$f(x)=x^2+x,\ f(3)=3^2+3=12$$

1.1.3.2　函数的表示法

表示函数的方法通常有解析法、图形法和表格法.

(1) 解析法：用数学表达式表示因变量和自变量之间的对应关系.

例如，$y=2x^3+5x$，$y=3\sin x$.

(2) 图形法：用平面直角坐标系中的曲线表示两个变量之间的对应关系.

例如，某地某一天的温度 T 与时间 t 的关系可用图 1－3 中的曲线表示：

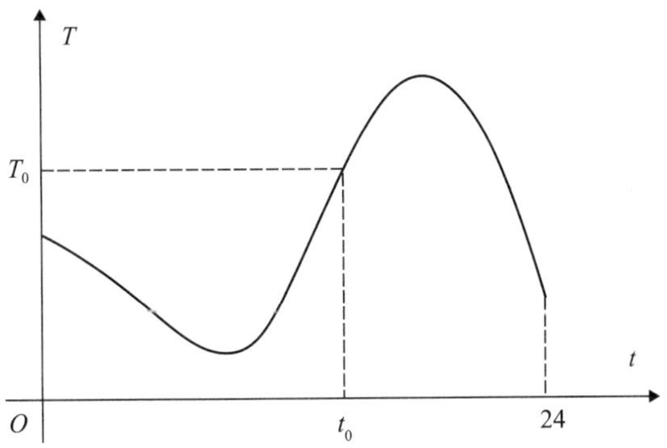

图 1－3

(3) 表格法：将自变量的一些值与相应的函数值列成表表示变量之间的对应关系.

例如，某银行利率与存款期限的函数关系就可以用表 1－1 表示.

表 1－1　某银行利率与存款期限的函数关系

存期	3 个月	6 个月	1 年	2 年	3 年	5 年
年利率（%）	2.88	3.42	3.87	4.50	5.22	5.75

函数的三种表示方法各有利弊，互为补充，在具体应用时，可配合使用.

1.1.4　函数的几种特性

研究函数的目的是了解它具有的性质，以便掌握其变化规律. 下面介绍函数的奇偶性、周期性、单调性和有界性这四种特性.

1.1.4.1　函数的奇偶性

定义 1.1.2　设函数 $y=f(x)$ 的定义域为 D，如果对任意的 $x\in D$，恒有

(1) $f(-x)=f(x)$，则称 $f(x)$ 为偶函数；

(2) $f(-x) = -f(x)$，则称 $f(x)$ 为奇函数.

例如，$y=x^2$ 是偶函数，$y=x^3$ 为奇函数，$y=x^3+1$ 既不是奇函数也不是偶函数. 从奇函数和偶函数的定义不难得到：偶函数的图形关于 y 轴对称（见图 1－4），奇函数的图形关于原点对称（见图 1－5），反之也成立.

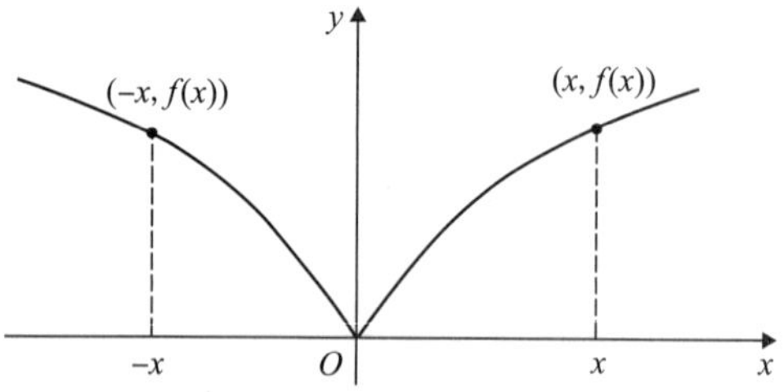

图 1－4

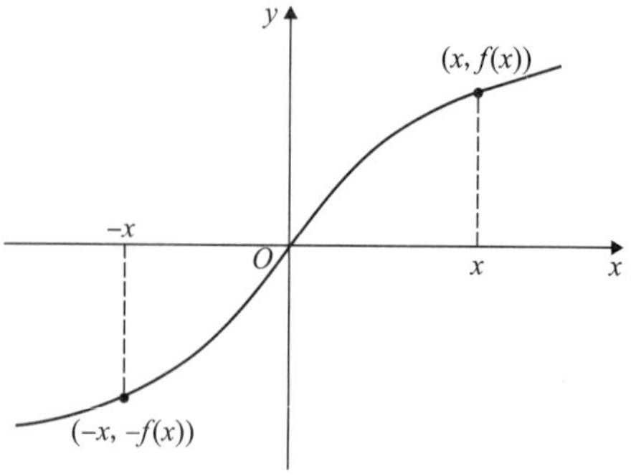

图 1－5

显然，奇函数和偶函数的定义域都关于原点对称，若一个函数的定义域不关于原点对称，则该函数既不是奇函数，也不是偶函数. 因此，判断函数奇偶性时，一般先看函数的定义域是否关于原点对称，若关于原点对称，再判定 $f(-x) = f(x)$ 或 $f(-x) = -f(x)$ 是否成立.

例 1.1.7 判断函数 $f(x) = x^4 - 2\cos x - 1$ 的奇偶性.

解： 函数的定义域为 R，关于原点对称，且对于任何 $x \in R$，都有

$$f(-x) = (-x)^4 - 2\cos(-x) - 1 = x^4 - 2\cos x - 1 = f(x)$$

所以 $f(x) = x^4 - 2\cos x - 1$ 是偶函数.

1.1.4.2 函数的周期性

定义 1.1.3 设函数 $f(x)$ 的定义域为 D，如果存在非零常数 T，使得对任意的 $x \in D$ 且 $x+T \in D$，恒有

$$f(x+T) = f(x)$$

则称 $f(x)$ 为周期函数. 满足上式的最小正数 T_0，称为 $f(x)$ 的最小正周期，我们以后提到的周期一般指最小正周期.

例如，函数 $y=\sin x$ 与 $y=\cos x$ 均是以 2π 为最小正周期的周期函数；$y=\tan x$ 与 $y=\cot x$ 均是以 π 为最小正周期的周期函数.

对于周期为 T 的周期函数，在每个长度为 T 的区间上，函数图形有相同的形状. 例如 $y=\sin x$ 的图形在每个长度为 2π 的区间上都是相同的，如图 1－6 所示.

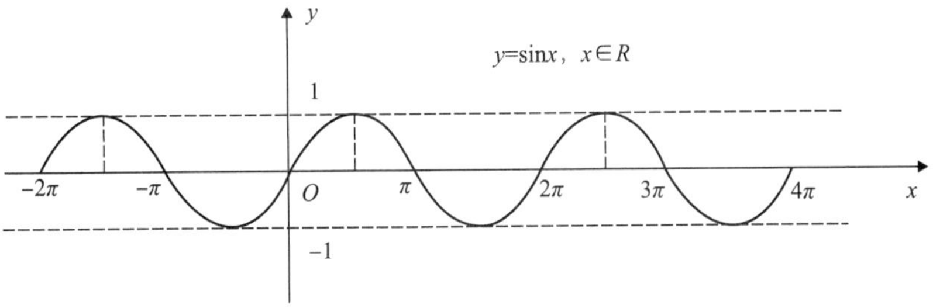

图 1－6

1.1.4.3　函数的单调性

定义 1.1.4　设 $f(x)$ 的定义域为 D，区间 $I \subset D$，对于任意的 $x_1, x_2 \in I$，且 $x_1 < x_2$：

（1）若 $f(x_1) < f(x_2)$，则称 $f(x)$ 在 I 上是单调增加的，用符号"↗"表示，并称区间 I 为单调增加区间.

（2）若 $f(x_1) > f(x_2)$，则称 $f(x)$ 在 I 上是单调减少的，用符号"↘"表示，并称区间 I 为单调减少区间.

可见，若函数 $y = f(x)$ 在区间 I 上是增函数，则在区间 I 上因变量 y 随着自变量 x 的增大而增大；若函数 $y = f(x)$ 在区间 I 上是减函数，则在区间 I 上因变量 y 随着自变量 x 的增大而减小. 单调增加与单调减少的函数统称为单调函数，单调增加区间与单调减少区间统称为单调区间. 单调增加函数的图形向右上方倾斜（见图 1－7），单调减少函数的图形向左下方倾斜（见图 1－8）.

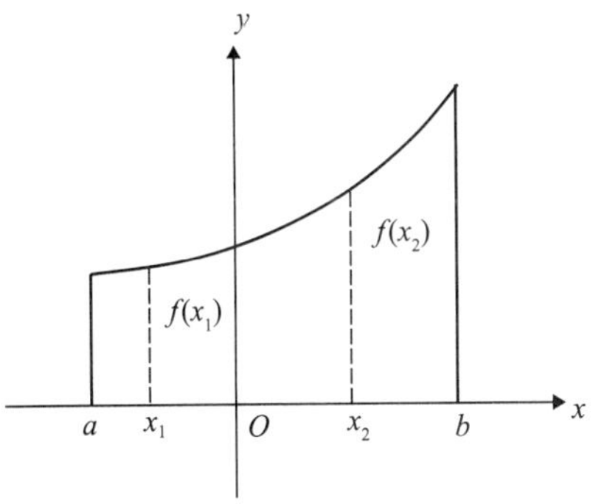

图 1－7

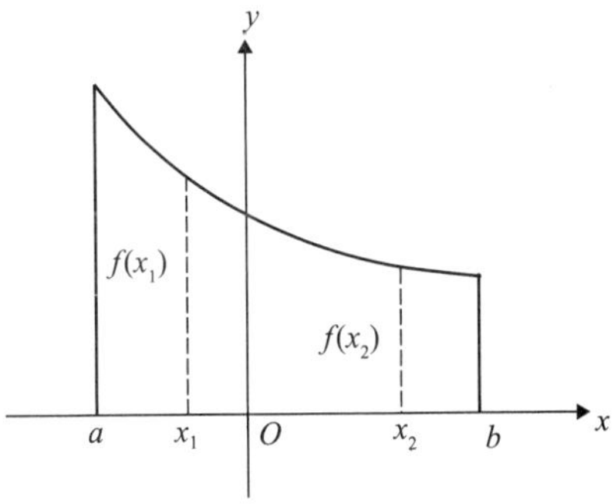

图 1－8

例如，$y = x^2$ 在 $(-\infty, 0]$ 上单调减少，在 $[0, +\infty)$ 上单调增加，在 $(-\infty, +\infty)$ 上不是单调的. $y = x^3$ 在 $(-\infty, +\infty)$ 上单调增加.

1.1.4.4　函数的有界性

定义 1.1.5　设 $f(x)$ 的定义域为 D，区间 $I \subset D$，

（1）如果存在一个数 K_1，使得对于任意的 $x \in I$，恒有

$$f(x) \leqslant K_1$$

则称 $f(x)$ 在 I 上有上界.

(2) 如果存在一个数 K_2，使得对于任意的 $x \in I$，恒有

$$f(x) \geqslant K_2$$

则称 $f(x)$ 在 I 上有下界.

(3) 如果存在一个正数 M，使得对于任意的 $x \in I$，恒有

$$|f(x)| \leqslant M$$

则称 $f(x)$ 在 I 上有界，否则称函数 $f(x)$ 在 I 上无界.

不难看出，函数 $f(x)$ 在区间 I 上有界的充分必要条件是 $f(x)$ 在区间 I 上既有上界又有下界.

若函数 $f(x)$ 在区间 $[a, b]$ 上有界，则函数 $f(x)$ 在区间 $[a, b]$ 上的图形位于两条直线 $y=M$ 与 $y=-M$ 之间的带形区域内，如图 1-9 所示.

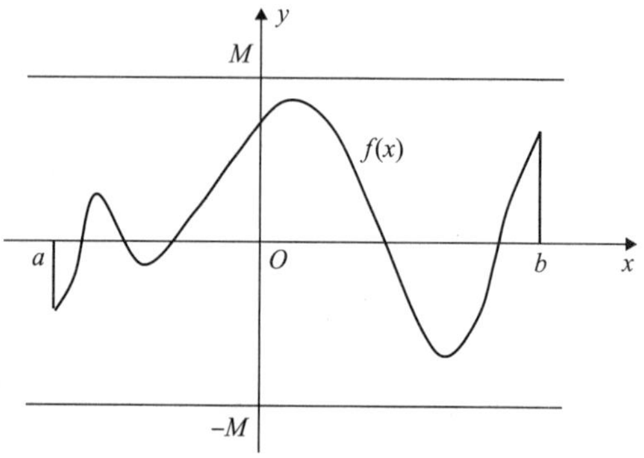

图 1-9

例如，因为对任意的 $x \in R$，恒有 $|\sin x| \leqslant 1$，所以函数 $y=\sin x$ 在 R 上是有界函数，其图形介于 $y=-1$ 和 $y=1$ 之间，如图 1-6 所示. 注意，有界函数的界 M 不是唯一的，例如，对于 $y=\sin x$，1 是它的一个界，比 1 大的任何数也可取作它的界 M.

例 1.1.8 判断函数 $y=\dfrac{1}{x}$ 在 $(0,1)$ 和 $[1,+\infty)$ 上的有界性.

解： 因为在 $(0,1)$ 上，函数 $y=\dfrac{1}{x}$ 的图形可以向上无限延伸，所以没有上界，是无界的. 在 $[1,+\infty)$ 上，$0<\dfrac{1}{x} \leqslant 1$，故 $y=\dfrac{1}{x}$ 既有上界又有下界，是有界的. 可见，函数的有界性与讨论的区间有关.

1.1.5　反函数

一般说来，在函数关系中，自变量与因变量是相对而言的，例如：我们可以把圆的周长 C 表示为半径 r 的函数 $C=2\pi r(r>0)$；反过来，也可把半径 r 表示为圆的周长 C 的函数 $r=\frac{C}{2\pi}(C>0)$. 对于这两个函数来说，我们可以把后一个函数看作前一个函数的反函数，也可以把前一个函数看作后一个函数的反函数.

定义 1.1.6　设 $y=f(x)$ 是定义在 D 上的一个函数，其值域为 W，如果对每个 $y\in W$，都有唯一确定的满足 $y=f(x)$ 的 $x\in D$ 与之对应，这样 x 便是定义在 W 上以 y 为自变量的函数，记作 $x=f^{-1}(y)$，$y\in W$，这个函数称为函数 $y=f(x)$ 的反函数，而原来的函数 $y=f(x)$ 称为直接函数.

由反函数的定义可得，$x=f^{-1}(y)$ 的定义域和值域分别是 $y=f(x)$ 的值域和定义域. 习惯上，我们一般用 x 表示自变量，y 表示因变量，因此我们以后常把 x、y 互换，这样 $y=f(x)$ 的反函数可写成下面的形式：

$$y-f^{-1}(x),\ x\in W$$

因为 x、y 互换的原因，$y=f(x)$ 与 $y=f^{-1}(x)$ 的图形关于直线 $y=x$ 对称，如图 1－10 所示.

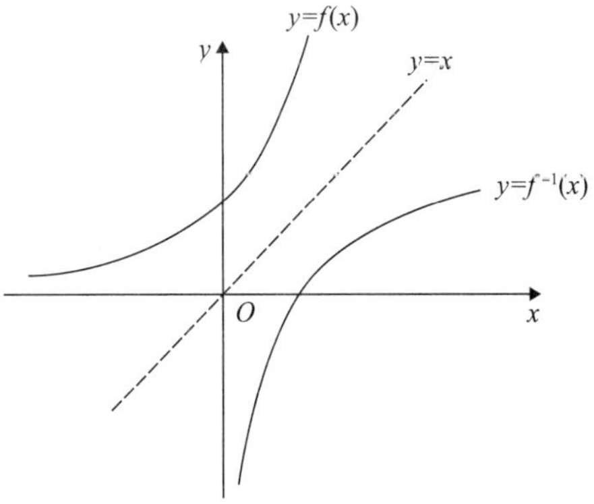

图 1－10

由反函数的定义可知，不是任何函数都存在反函数. 例如 $y=x^2, x\in(-\infty,+\infty)$ 就不存在反函数，因为对于任意一个 $y\in(0,+\infty)$，都有两个 x 的值（$\sqrt{y}$ 与 $-\sqrt{y}$）与之对应，但函数 $y=x^2, x\in[0,+\infty)$ 存在反函数，因为对于任意一个 $y\in[0,+\infty)$，只有一个 x 的值 $\sqrt{y}$ 与之对应.

函数 $y=f(x), x\in D$ 有反函数的充分必要条件是，它在 D 上是一一对应函数. 因为单调函数是一一对应的，所以单调函数一定有反函数，并且反函数和直接函数具有相同的单调性.

要求一个函数 $y=f(x), x\in D$ 的反函数，通常是先从函数的解析式 $y=f(x)$ 中把自变量 x 解出来，即把 x 用 y 表示，然后 x 与 y 互换，最后根据函数 $y=f(x)$ 的值域写出反函数的定义域.

例 1.1.9 求函数 $y=\sqrt[3]{x+1}, x\in[0,7]$ 的反函数.

解：由 $y=\sqrt[3]{x+1}$ 得

$$x=y^3-1$$

所以反函数为

$$y=x^3-1, x\in[1,2]$$

习题 1.1

1. 把下列各题中的集合或元素用符号"$\in$""$\notin$""$\subset$""$\supset$""$=$"连起来.

(1) 0 ____ $\{-1,0\}$；(2) $\{0\}$ ____ $\{-1,0\}$；(3) 3 ____ $(-1,2)$；

(4) Z ____ N；(5) 0 ____ R；(6) $\{1,3\}$ ____ $\{3,1\}$.

2. 如果 $A=\{-1,0,3,5\}$，$B=\{3,7,8\}$：

(1) 写出 $A\cap B$ 和 $A\cup B$；

(2) 把 $A\cup B$ 作为全集，写出 $\overline{A}, \overline{B}$ 和 $\overline{A\cap B}$.

3. 设集合 $A=\{x \mid |x-1|<1\}$，$B=\{x \mid x^2-12x+35>0\}$，求 $A\cup B$，$A\cap B$.

4. 下列各组中两个函数为同一函数的是（　　）.

A. $f(x)=\dfrac{x^2-1}{x-1}, g(x)=x+1$

B. $y=\lg x^2, y=2\lg x$

C. $y=|x-1|+1, y=\begin{cases} x, & x\geqslant 1 \\ 2-x, & x<1 \end{cases}$

D. $y=\sqrt{x^2}, y=x$

5. 判断下列函数的奇偶性：

(1) $y=x+\sin x$；(2) $y=\dfrac{a^x+a^{-x}}{2}$；

(3) $y=x^2(1-x^2)$；(4) $y=\sin x-\cos x+1$.

6. 讨论函数 $y=|x|$ 的单调性.

7. 函数 $y=3\cos x-1$ 在其定义域上是有界函数还是无界函数？

8. 求下列函数的反函数：

(1) $y=\sqrt[3]{x+1}-1$；(2) $y=1+\ln(x+2)$；

(3) $y=10^{2x+3}$；(4) $y=x^2, x\in(-\infty, -1]$.

9. 设 $f(2x)=x^2+2x+4$，求 $f(x)$，$f(-x)$.

10. 设 $f(x-\frac{1}{x})=x^2+\frac{1}{x^2}$，求 $f(x)$.

11. 住房贷款等额法还贷的每月还款额为 $s=\frac{pr(1+r)^m}{(1+r)^m-1}$，$s$ 表示每月还款额，p 表示贷款数量，r 表示月利率，m 表示还款月数. 某人从银行以月利率 4.2‰获得一笔 20 万元的个人住房贷款，试求其每月还款额与还款月数 m 之间的函数关系，并求还款期限为 20 年时，每月的还款额.

1.2 初等函数和分段函数

1.2.1 初等函数

1.2.1.1 基本初等函数

我们经常研究的函数通常由常量函数、幂函数、指数函数、对数函数、三角函数、反三角函数这六类简单的函数构成，这六类函数统称为基本初等函数.

（1）常量函数

形如 $y=c$（c 是常数）的函数称为常量函数，其中 $x\in(-\infty,+\infty)$.

它的图形是一条与 x 轴平行的直线，如图 1－11 所示.

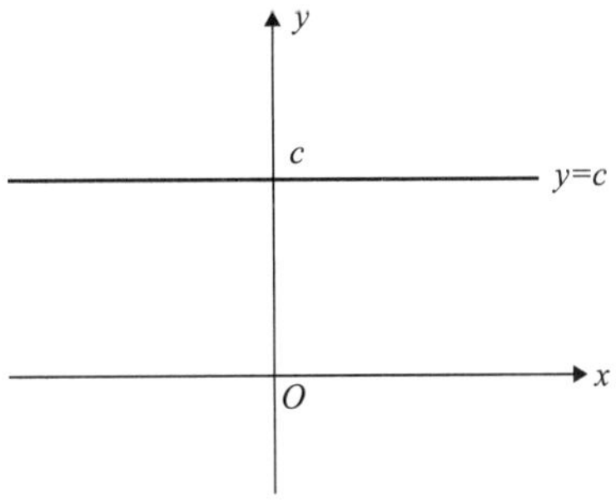

图 1－11

（2）幂函数

形如 $y=x^\alpha$（α 是实数）的函数称为幂函数，其定义域要根据指数 α 的取值情况加以确定. 图 1－12 给出了几个常见幂函数的图形.

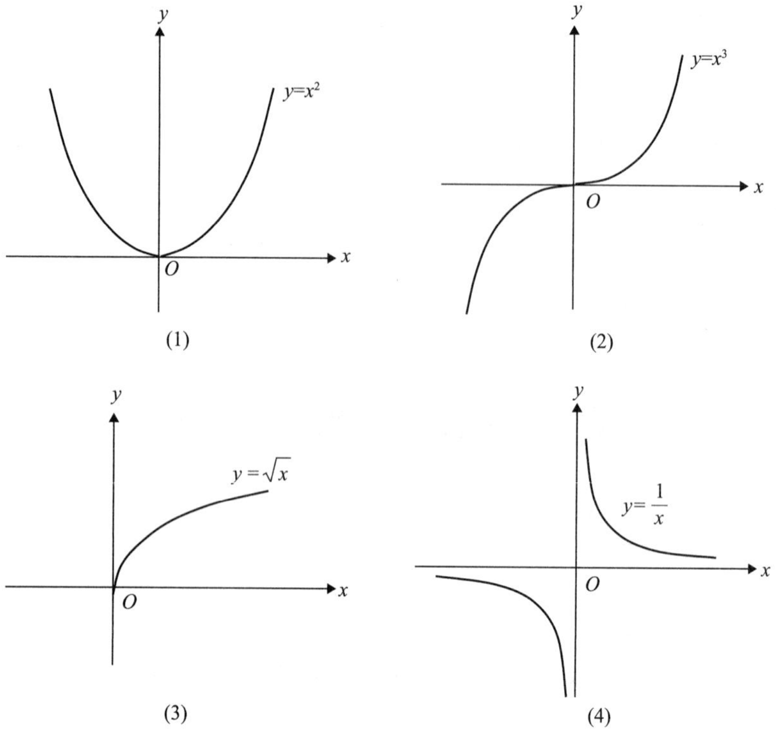

图 1－12

（3）指数函数

形如 $y=a^x$（a 是常数，$a>0$ 且 $a\neq 1$）的函数称为指数函数，其中 $x\in(-\infty, +\infty)$. 当 $a>1$ 时，$y=a^x$ 是增函数；当 $0<a<1$ 时，$y=a^x$ 是减函数，其图形如图 1－13 所示.

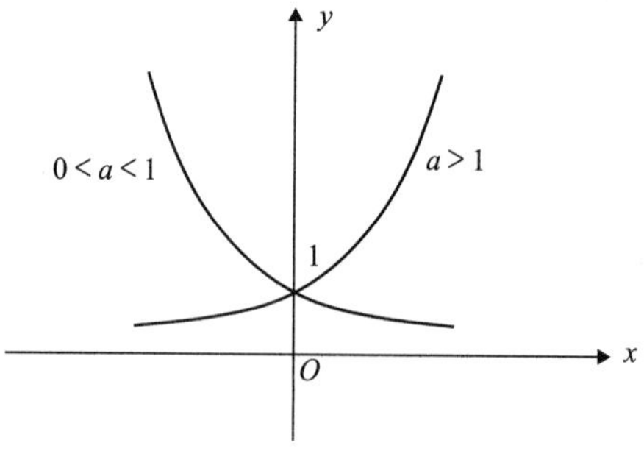

图 1－13

（4）对数函数

形如 $y=\log_a x$（a 是常数，$a>0, a\neq 1$）的函数称为对数函数，其中 $x\in(0,+\infty)$. 当 $a>1$ 时，$y=\log_a x$ 是增函数；当 $0<a<1$ 时，$y=\log_a x$ 是减函数，其图形如图 1－14 所示.

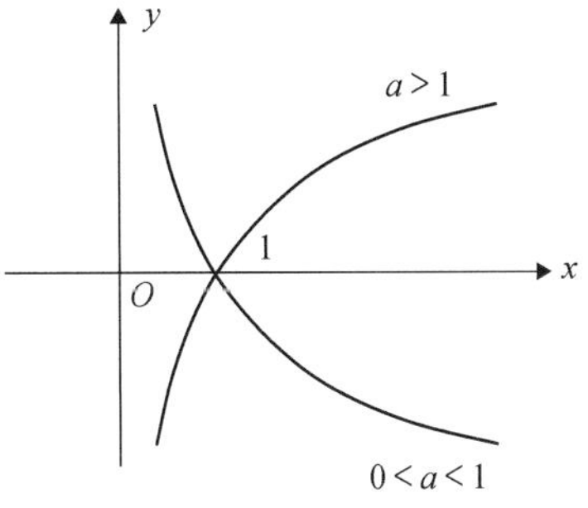

$y=\log_a x$

图 1－14

注：以 e 为底的对数函数 $y=\log_e x$ 通常写成 $y=\ln x$ 的形式，称为自然对数；以 10 为底的对数函数 $y=\log_{10} x$ 通常写成 $y=\lg x$ 的形式，称为常用对数.

（5）三角函数

三角函数包括正弦函数、余弦函数、正切函数、余切函数、正割函数、余割函数.

①正弦函数：$y=\sin x$，$x\in(-\infty,+\infty)$.

它的值域是 $[-1,1]$，是周期为 2π 的有界奇函数，其图形见图 1－15.

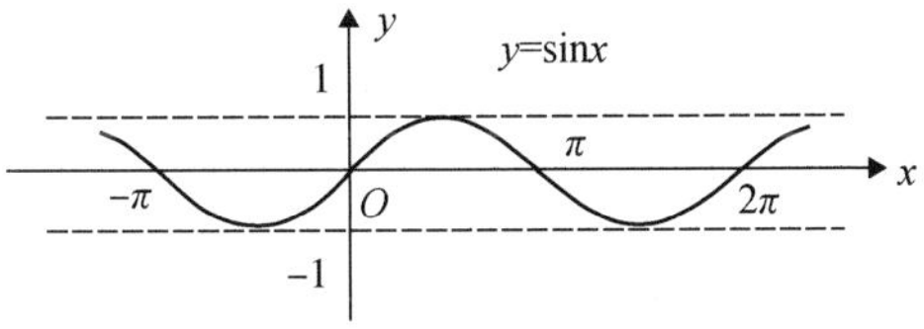

图 1－15

②余弦函数：$y=\cos x$，$x\in(-\infty,+\infty)$.

它的值域是 $[-1,1]$，是周期为 2π 的有界偶函数，其图形见图 1－16.

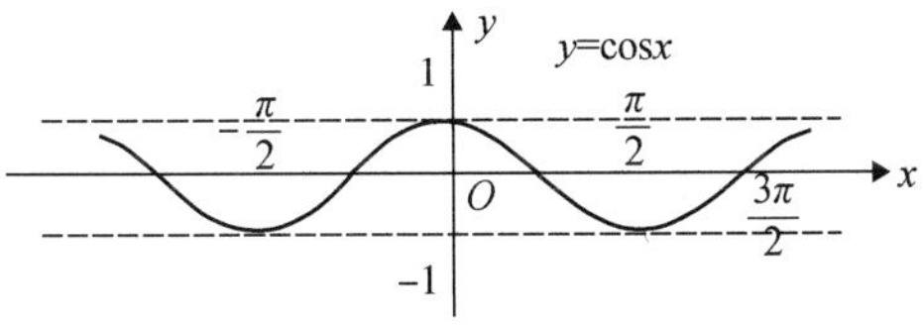

图 1－16

③正切函数：$y=\tan x$，$x\neq k\pi+\frac{\pi}{2},k\in Z$.

它的值域是$(-\infty,+\infty)$，是周期为 π 的奇函数，其图形见图 1－17.

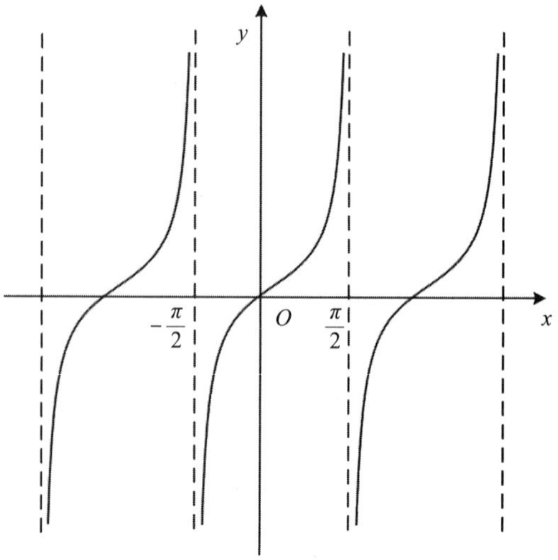

图 1－17

④余切函数：$y=\cot x$，$x\neq k\pi,k\in Z$.

$y=\cot x=\frac{1}{\tan x}$的值域是$(-\infty,+\infty)$，是周期为 π 的奇函数，其图形见图 1－18.

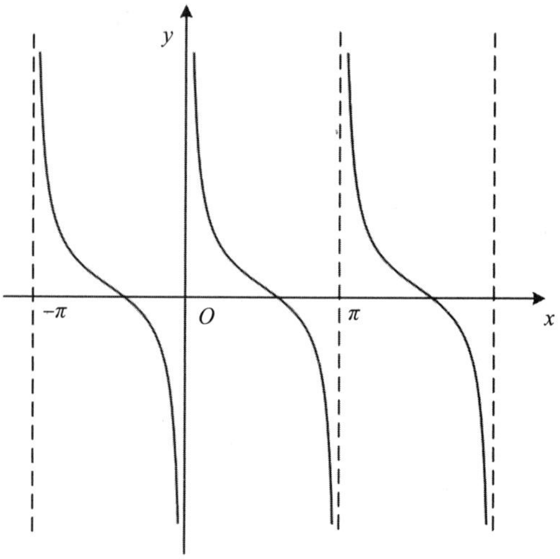

图 1－18

⑤正割函数：$y=\sec x$，$x\neq k\pi+\frac{\pi}{2},k\in Z$.

$$y=\sec x=\frac{1}{\cos x}\text{是周期为 }2\pi\text{ 的偶函数.}$$

⑥余割函数：$y=\csc x$，$x\neq k\pi,k\in Z$.

$$y=\csc x=\frac{1}{\sin x}\text{是周期为 }2\pi\text{ 的奇函数.}$$

（6）反三角函数

常见的反三角函数有反正弦函数、反余弦函数、反正切函数、反余切函数.

①反正弦函数：$y=\arcsin x$，$x\in[-1,1]$.

$y=\arcsin x$ 是 $y=\sin x$，$x\in\left[-\frac{\pi}{2},\frac{\pi}{2}\right]$的反函数. $\arcsin x$ 表示在$\left[-\frac{\pi}{2},\frac{\pi}{2}\right]$上正弦值等于 x 的那个角，例如 $\arcsin\frac{1}{2}$表示在$\left[-\frac{\pi}{2},\frac{\pi}{2}\right]$上正弦值等于$\frac{1}{2}$的那个角，即$\frac{\pi}{6}$，所以 $\arcsin\frac{1}{2}=\frac{\pi}{6}$，同样可以得到 $\arcsin 1=\frac{\pi}{2}$，$\arcsin 0=0$ 等.

$y=\arcsin x$ 的值域为$\left[-\frac{\pi}{2},\frac{\pi}{2}\right]$，是单调增加的有界奇函数，其图形见图 1－19.

②反余弦函数：$y=\arccos x$，$x\in[-1,1]$.

$$y=\arccos x\text{ 是 }y=\cos x,\ x\in[0,\pi]\text{的反函数.}$$

$y=\arccos x$ 的值域为$[0,\pi]$，是单调减少的有界函数，其图形见图 1－20.

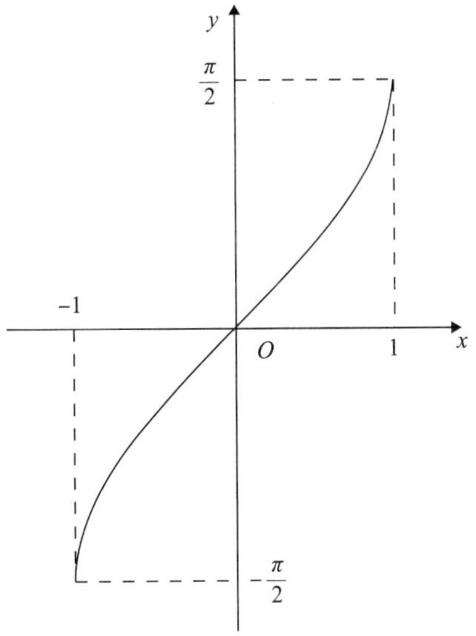

图 1－19

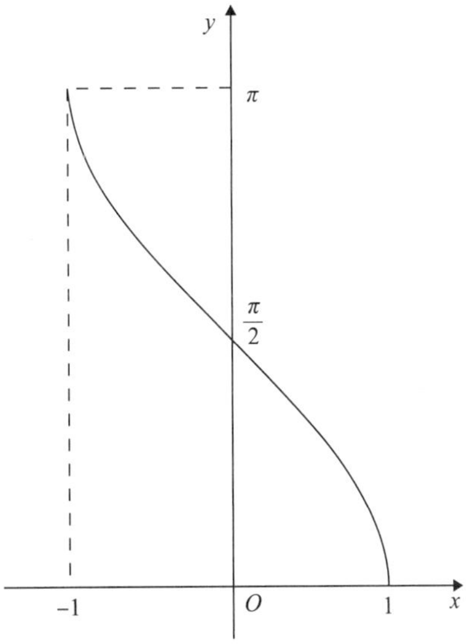

图 1－20

③反正切函数：$y=\arctan x$，$x\in R$.

$y=\arctan x$ 是 $y=\tan x$，$x\in\left(-\frac{\pi}{2},\frac{\pi}{2}\right)$的反函数，其值域为$\left(-\frac{\pi}{2},\frac{\pi}{2}\right)$，是单

调增加的有界奇函数，其图形如图 1－21 所示.

④反余切函数：$y=\operatorname{arccot}x$，$x\in R$.

$y=\operatorname{arccot}x$ 是 $y=\cot x$，$x\in(0,\pi)$的反函数，其值域为$(0,\pi)$，是单调减少的有界函数，其图形如图 1－22 所示.

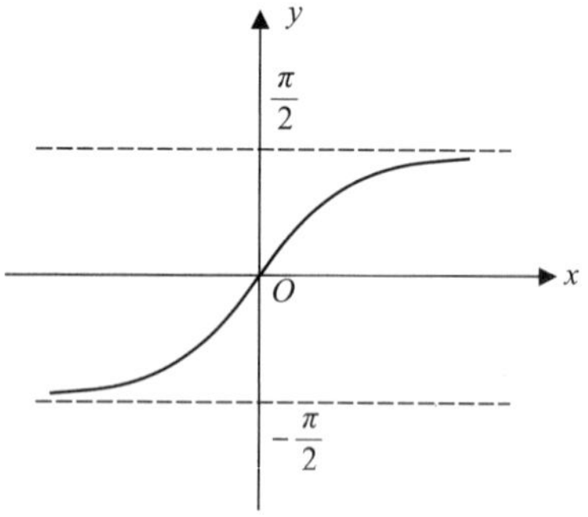

图 1－21

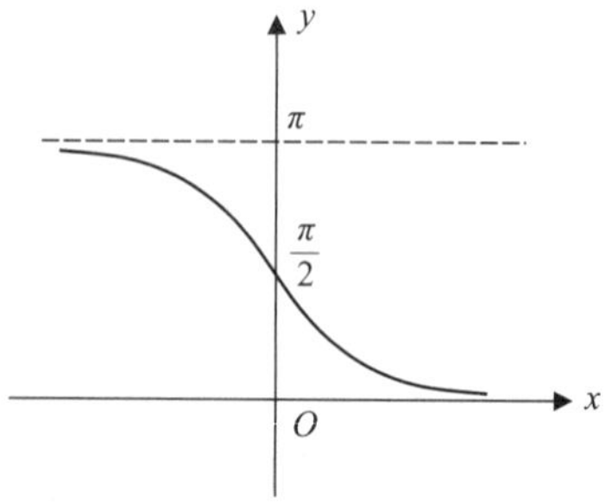

图 1－22

大家要熟记这些常用的基本初等函数的图形，要会通过函数图形观察函数的性质，我们以后分析问题时经常用到这些图形.

1.2.1.2　复合函数

有时两个变量之间的关系不是直接的，而是通过其他的变量联系起来的，例如 $y=u^2$，$u=x+2$，在这里 y 与 x 的联系不是直接的，而是通过中间变量 u 联系起来的，但若把 $u=x+2$ 代入 $y=u^2$，可得 $y=(x+2)^2$，则可将变量 y 与 x 直接联系起来，这里 $y=(x+2)^2$ 称为由 $y=u^2$ 和 $u=x+2$ 复合而成的复合函数.

定义 1.2.1　设函数 $y=f(u)$的定义域为 D，函数 $u=\varphi(x)$的值域为 W，且 $D\cap W\neq\phi$，将 $u=\varphi(x)$代入 $y=f(u)$所得的函数 $y=f[\varphi(x)]$称为由函数 $y=f(u)$与 $u=\varphi(x)$复合而成的复合函数，其中 u 称为中间变量，$y=f(u)$称为外函数，$u=\varphi(x)$称为内函数.

注：(1) 不是任何两个函数都能复合，只有当外函数的定义域 D 与内函数值域 W 的交集为非空集合，即 $D\cap W\neq\phi$ 时，两个函数才能复合.

(2) 复合函数也可由两个以上的函数复合而成.

(3) 复合函数可以分解为较简单的函数，复合函数的分解一般由外向内层层分解，直到分解为函数是基本初等函数或由基本初等函数的四则运算构成的函数为止. 复合函数的分解过程有点像剥洋葱，由外向内层层剥皮.

例 1.2.1　$y=\sqrt{u}$与 $u=-x^2-1$ 是否能复合成一个复合函数？

解：因为函数 $y=\sqrt{u}$的定义域为 $D=[0,+\infty)$，$u=-x^2-1$ 的值域为 $W=(-\infty,-1]$，$D\cap W=\phi$，所以二者不能复合成一个复合函数.

例 1.2.2　将函数 $y=1+u^2$，$u=\sin v, v=e^x$ 复合成复合函数.

解：先将 $v=e^x$ 代入 $u=\sin v$，得 $u=\sin e^x$，再将 $u=\sin e^x$ 代入 $y=1+u^2$，得三者复合而成的复合函数为

$$y=1+(\sin e^x)^2$$

例 1.2.3　分解复合函数 $y=\sin\ln(x^2+1)$.

解：$y=\sin\ln(x^2+1)$ 可分解为 $y=\sin u$ 和 $u=\ln(x^2+1)$，$u=\ln(x^2+1)$ 又可分解为 $u=\ln v$ 和 $v=x^2+1$，分解到此结束，所以 $y=\sin\ln(x^2+1)$ 可分解为：$y=\sin u$，$u=\ln v$ 和 $v=x^2+1$.

1.2.1.3　初等函数

定义 1.2.2　由基本初等函数经过有限次加、减、乘、除四则运算和有限次复合运算所得到的可用一个解析式表示的函数，称为初等函数.

例如：$y=7x-6\sin x$，$y=\cos x^2$，$y=e^x+\ln\sin x$ 等均为初等函数.

初等函数是微积分重点研究的一类函数，其数量是庞大的，但是我们不需要对所有初等函数进行逐一研究，而只需对六类基本初等函数的各种性质加以研究，然后根据函数的四则运算和复合运算的规律法则，即可涵盖所有初等函数.

1.2.2　分段函数

我们前面所讨论的函数在其定义域内都是由一个式子所表示的初等函数，但在实际问题中，有些函数不能用一个式子表示，我们来看下面这个例子.

例 1.2.4　设某商店以每件 10 元的价格出售某种商品，若顾客一次购买 60 件以上商品，则超出的部分以每件 9 折的优惠价出售，试求顾客一次购买 x 个该商品的费用 y.

解：由题意得

$$y=\begin{cases}10x, & 0\leqslant x\leqslant 60\\ 60\times 10+9(x-60), & x>60\end{cases}$$

上面的函数是由两个式子来表示的，称为分段函数. 一般情况下，如果自变量在不同的变化范围内所对应的函数表达式不同，则称这类函数为分段函数.

注：分段函数是由不同范围内的若干个表达式合起来构成的一个函数，其定义域为自变量的各个取值范围合起来构成的集合，值域为对应的函数值合起来构成的集合.

例如：绝对值函数 $y=|x|=\begin{cases}-x, & x<0\\ x, & x\geqslant 0\end{cases}$，其定义域为$(-\infty,0)\cup[0,+\infty]=(-\infty,+\infty)$，值域为$[0,+\infty)$，其图形如图 1－23 所示.

符号函数 $y=\operatorname{sgn}x=\begin{cases}-1, & x<0\\ 0, & x=0\\ 1, & x>0\end{cases}$，其定义域为 $(-\infty,0)\cup\{0\}\cup(0,+\infty)=(-\infty,+\infty)$，值域为$\{-1,0,1\}$，其图形见图 1－24.

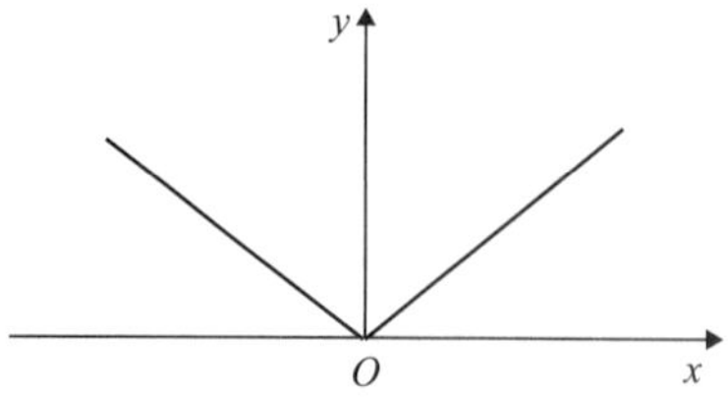

图 1－23

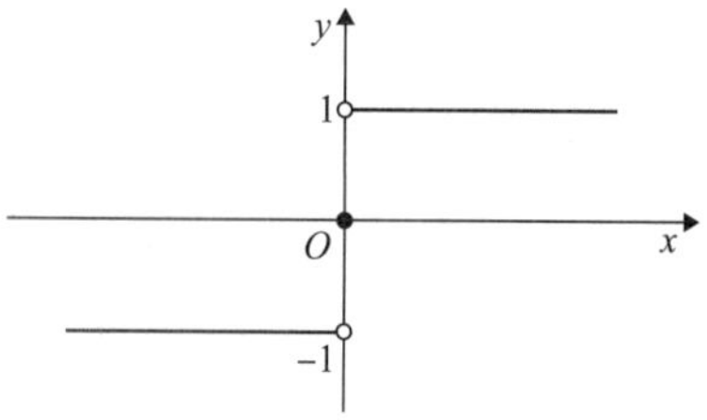

图 1－24

习题 1.2

1. 求下列函数的定义域：

(1) $y=\sin\sqrt{x}$；　　(2) $y=1+\lg(x+2)$；

(3) $y=\arccos\frac{x-2}{3}$；　　(4) $y=\lg(x-1)+\frac{\cos x}{\sqrt{1+x}}$；

(5) $y=\begin{cases}\frac{1}{x}, & x<0\\ 2x, & 0\leqslant x<1\\ 1, & 1\leqslant x\leqslant 2\end{cases}$；　　(6) $y=\begin{cases}\sqrt{1-x}, & x\leqslant 1\\ \arcsin\frac{1}{x}, & x>1\end{cases}$.

2. 求由下列各组函数复合而成的复合函数：

(1) $y=u^2, u=\sin x$；　　(2) $y=\sin u, u=2v, v=x^2$；

3. 设 $f(x)=e^x, g(x)=x^2$，求 $f[g(x)]$，$g[f(x)]$，$f[g(-1)]$.

4. 设 $f(x)=\begin{cases}x^2-x+1, & x\geqslant 0\\ 1-x, & x<0\end{cases}$，求 $f(1)$，$f(-2)$，$f(0)$ 及 $f[f(-1)]$ 的值.

5. 分解复合函数 $y=\arctan e^x$.

6. 按照国家税法规定，我们的工资和薪金要缴纳所得税，那么如何计算工资、薪金应纳的税额呢？按照税收“量能负担”原则，充分发挥个人所得税调节收入分配的作用，税法规定工资、薪金所得适用 3% ~45% 七级超额累进税率，税率见表 1－2.

表 1－2　　工资、薪金所得税税率表

级数	全月应纳税所得额	税率（%）
1	不超过 3000 元的部分	3
2	3000 元至 12000 元的部分	10
3	12000 元至 25000 元的部分	20
4	25000 元至 35000 元的部分	25
5	35000 元至 55000 元的部分	30
6	55000 元至 80000 元的部分	35
7	超过 80000 元的部分	45

表格第 2 列所列的收入为超出所得税起征点部分的收入，如果税法规定的工资、薪金所得税起征点为 5000 元，若用 x 表示工资、薪金收入，y 表示应缴所得税税额：

（1）求工资、薪金收入在 5000 元至 40000 元之间人群应缴的所得税.

（2）如果甲、乙、丙三个人的工资收入分别为 5000 元、15000 元和 35000 元，那么他们应缴所得税各为多少？

（3）根据你的收入水平，你缴多少所得税？

1.3 常用的经济函数

经济函数是经济研究和经济分析的有力工具，常用的经济函数有需求函数、供给函数、成本函数、收益函数和利润函数等.

1.3.1 需求函数与供给函数

1.3.1.1 需求函数

需求量是指在一定价格下，消费者愿意购买且有支付能力购买的商品量. 在收入等其他因素不变的情况下，商品需求量 Q_d 可看作商品价格 P 的函数，称为需求函数，记作

$$Q_d = f(P)$$

需求函数一般是单调减少的函数.

1.3.1.2 供给函数

供给量是指在一定价格下，生产者愿意提供并且有能力提供的商品量. 在成本等其他因素给定的情况下，商品供给量 Q_s 可看作商品价格 P 的函数，称为供给函数，记作

$$Q_S = f(P)$$

供给函数一般是单调增加的函数.

使一种商品的市场需求量与供给量相等的价格，称为均衡价格，与均衡价格对应的供给量称为均衡数量. 如图 1－25 所示，P_0 和 Q_0 分别是均衡价格和均衡数量.

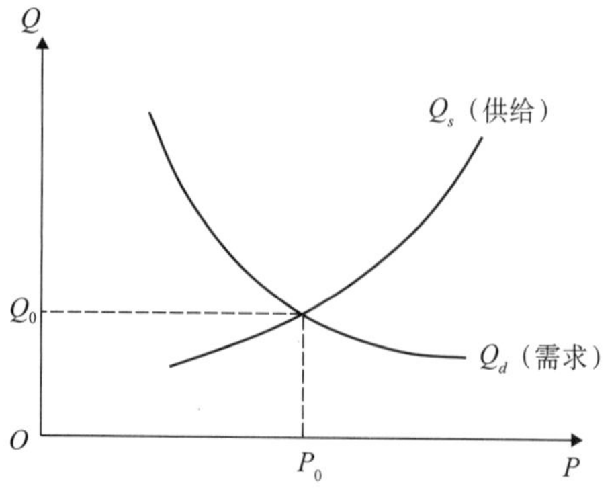

图 1－25

1.3.2 总成本函数

总成本是指生产一定数量的产品所投入的总费用，通常用 C 表示.

一般情况下，总成本由固定成本和可变成本两部分组成. 固定成本是指与产量无关的成本，如设备维修费、厂房费等；可变成本是指随产量变化而变化的成本，如原料费、动力费等. 生产每单位产品的平均成本，称为平均成本. 因为成本 C 随产量 Q 的变化而变化，所以它是产量的函数，称为成本函数. 这几种成本之间有下列关系：

$$\text{总成本 } C(Q)=\text{固定成本 } C_0+\text{可变成本 } C_1(Q)$$

$$\text{平均成本 } \overline{C}(Q)=\frac{C(Q)}{Q}$$

例 1.3.1 设某企业每月生产某种产品的最大产量为 10000 个，其中固定费用为 30000 元，每生产 1 个产品，可变成本增加 3000 元，求总成本函数.

解：设该产品的月产量为 Q 个单位，则总成本函数为：

$$C(Q)=30000+3000Q,\ Q\in[0,10000]$$

1.3.3 收益函数

收益是指生产者出售一定数量的产品所得到的全部收入，通常用 R 表示. 收益由产品的价格及销售量决定，设产品的价格为 P，当销售量 Q 变化时，收益一般也会随之发生变化，因此收益是关于 Q 的函数，称为收益函数，显然有

$$R(Q)=PQ$$

$$\text{平均收益 } \overline{R}(Q)=\frac{R(Q)}{Q}=\frac{PQ}{Q}=P$$

1.3.4　利润函数

利润是收益扣除成本后的余额. 利润一般随销售量 Q 的变化而变化，所以利润 L 也是销售量 Q 的函数，称为利润函数，且

$$L(Q)=R(Q)-C(Q)$$

例 1.3.2　设某厂每月生产 Q 台机器时，成本为 $C(Q)=\frac{1}{4}Q^2+8Q+4900$（万元），问：

（1）平均成本是多少?

（2）若机器以每件 108 万元的价格出售，要使利润最大，每月应生产多少台机器，最大利润是多少?

解：（1）平均成本为

$$\overline{C}(Q)=\frac{C(Q)}{Q}=\frac{1}{4}Q+8+\frac{4900}{Q}$$

（2）收入为

$$R(Q)=108Q$$

利润为

$$\begin{aligned}L(Q)=R(Q)-C(Q)&=-\frac{Q^2}{4}+100Q-4900\\&=-\frac{1}{4}(Q-200)^2+5100\end{aligned}$$

所以当 $Q=200$ 时，$L(Q)$ 取得最大值 5100，即要使利润最大，每月应生产 200 台，最大利润为 5100 万元.

习题 1.3

1. 某机械厂生产一台机器零件的可变成本为 15 元，每天的固定成本为 2000 元，如果每台机器零件的出厂价为 20 元，每天生产 Q 台机器零件，求每天生产的总成本函数、平均成本函数和收益函数.

2. 某厂生产某种产品 1000 吨，定价为每吨 130 元，当售出量在 700 吨以内时，按原订价出售；超过 700 吨的部分按原价的九折出售. 生产该种产品 x 吨的费用为 $C(x)=5x+200$（元），求产品利润与销售量的关系.

3. 已知某商品的需求函数与供给函数分别为 $Q_d=-2P+200$，$Q_s=\frac{2}{3}P+120$，求均衡价格与均衡数量.

4. 设某商品的需求函数是 $Q=12000-80P$，商品的总成本函数 $C=2500+50Q$，问当价格为多少时利润最大？

1.4 极限的概念与性质

极限是在研究变量的变化趋势时引出的一个基本概念. 极限概念、极限方法和极限的计算贯穿全部微积分学. 它是一种由近似到精确的逼近方法. 我国古书记载的“截杖问题”以及古代数学家刘徽利用圆内接正多边形推算圆的面积的方法割圆术，蕴含着极限的概念与极限思想方法，且涉及计算数列极限的问题.

1.4.1 数列的极限

按照一定次序排列着的一列数 $y_1,y_2,y_3,\cdots,y_n,\cdots$ 称为数列，记为 $\{y_n\}$. 数列中的每一个数称为数列的项，第 n 项 y_n 称为该数列的通项.

例如，(1) $\left\{\frac{1}{n}\right\}$: $1,\frac{1}{2},\frac{1}{3},\cdots,\frac{1}{n},\cdots$

(2) $\left\{1+\frac{(-1)^n}{n}\right\}$: $0,\frac{3}{2},\frac{2}{3},\frac{5}{4},\cdots\cdots 1+\frac{(-1)^n}{n}\cdots$

(3) $\left\{\frac{1+(-1)^n}{2}\right\}$: $0, 1, 0, 1, \cdots$

(4) $\{2n-1\}$: $1,3,5,\cdots,2n-1,\cdots$

都是数列，它们的通项分别为 $\frac{1}{n}$，$1+\frac{(-1)^n}{n}$，$\frac{1+(-1)^n}{2}$，$2n-1$.

定义 1.4.1 设有数列 $\{y_n\}$，若存在常数 A，使得当 n 无限增大时，y_n 无限接近于常数 A，则称 A 为数列 $\{y_n\}$ 当 n 趋于无穷大时的极限，或称数列 $\{y_n\}$ 收敛于 A，记作

$$\lim_{n\to\infty} y_n=A \text{ 或 } y_n\to A \ (n\to\infty)$$

如果数列 $\{y_n\}$ 有极限，则称数列 $\{y_n\}$ 收敛，否则称数列 $\{y_n\}$ 发散.

例如，对于上文的数列 (1)，当 n 无限增大时，$\frac{1}{n}$ 无限接近于 0，故 $\lim\limits_{n\to\infty}\frac{1}{n}=0$，即数列 $\left\{\frac{1}{n}\right\}$ 收敛于 0.

对于上文的数列 (2)，则有 $\lim\limits_{n\to\infty}\left[1+\frac{(-1)^n}{n}\right]=1$.

上文的数列（3）则跳跃地取 0 和 1，不可能无限地趋近于某一个常数，因此它是发散的. 对于数列（4），当 n 无限增大时，对应的项 $2n-1$ 也无限增大，不趋近任何常数，所以也是发散的.

1.4.2 自变量趋于无穷大时函数的极限

1.4.2.1 自变量趋于无穷大时函数的极限

定义 1.4.2 若当 $|x|$ 无限增大时，对应的函数值 $f(x)$ 无限趋近于常数 A，则称 A 为函数 $f(x)$ 当 x 趋于无穷大时的极限，记作：

$$\lim_{x\to\infty}f(x)=A \text{ 或 } f(x)\to A\quad(x\to\infty)$$

例如，当 $|x|$ 无限增大时，函数 $\frac{1}{x}$ 无限趋近于 0，所以 $\lim\limits_{x\to\infty}\frac{1}{x}=0$.

由极限定义 1.4.2 可以看出，当 $\lim\limits_{x\to\infty}f(x)=A$ 时，曲线 $y=f(x)$ 向左、右无限延伸时，以 $y=A$ 为渐近线，反之也成立.

1.4.2.2 自变量趋于正无穷大时函数的极限

定义 1.4.3 如果 x 取正值且无限增大时，对应的函数值 $f(x)$ 无限接近于某个常数 A，则称常数 A 为函数 $f(x)$ 当 x 趋于正无穷大时的极限，记作

$$\lim_{x\to+\infty}f(x)=A \text{ 或 } f(x)\to A\quad(x\to+\infty)$$

例如，由图 1－13 指数函数 $y=a^x\ (0<a<1)$ 的图形不难看出，当曲线 $y=\left(\frac{1}{2}\right)^x$ 向右无限延伸时，可无限地接近于直线 $y=0$，故 $\lim\limits_{x\to+\infty}\left(\frac{1}{2}\right)^x=0$.

由极限定义 1.4.3 可以看出，当曲线 $y=f(x)$ 向右无限延伸时以 $y=A$ 为渐近线，则 $\lim\limits_{x\to+\infty}f(x)=A$.

数列 $y_n=f(n)$ 的极限 $\lim\limits_{n\to\infty}f(n)$ 可看作函数极限 $\lim\limits_{x\to+\infty}f(x)$ 的特殊情况，因此在求数列的极限 $\lim\limits_{n\to\infty}f(n)$ 时，可转化为求函数的极限 $\lim\limits_{x\to+\infty}f(x)$.

1.4.2.3 自变量趋于负无穷大时函数的极限

定义 1.4.4 如果 x 取负值且 $|x|$ 无限增大时，对应的函数值 $f(x)$ 无限接近于某个常数 A，则称常数 A 为函数 $f(x)$ 当 x 趋于负无穷大时的极限，记作

$$\lim_{x\to-\infty}f(x)=A \text{ 或 } f(x)\to A(x\to-\infty)$$

例如，$\lim\limits_{x\to-\infty}2^x=0$.

由极限定义 1.4.4 可以看出，当曲线 $y=f(x)$ 向左无限延伸时以 $y=A$ 为渐近线，则 $\lim\limits_{x\to-\infty}f(x)=A$.

关于极限 $\lim\limits_{x\to\infty}f(x)$，$\lim\limits_{x\to-\infty}f(x)$ 和 $\lim\limits_{x\to+\infty}f(x)$ 有下面的结论.

定理 1.4.1 极限 $\lim\limits_{x\to\infty}f(x)$ 存在而且等于 A 的充分必要条件是极限 $\lim\limits_{x\to-\infty}f(x)$ 与

极限 $\lim\limits_{x\to+\infty} f(x)$ 都存在且等于 A，即

$$\lim_{x\to\infty} f(x)=A \Leftrightarrow \lim_{x\to-\infty} f(x)=\lim_{x\to+\infty} f(x)=A$$

例 1.4.1 判断 $\lim\limits_{x\to\infty}\arctan x$ 是否存在.

解：因为 $\lim\limits_{x\to+\infty}\arctan x=\dfrac{\pi}{2}$，$\lim\limits_{x\to-\infty}\arctan x=-\dfrac{\pi}{2}$，$\lim\limits_{x\to+\infty}\arctan x\neq\lim\limits_{x\to-\infty}\arctan x$，所以 $\lim\limits_{x\to\infty}\arctan x$ 不存在.

1.4.3 自变量趋于有限值时函数的极限

1.4.3.1 $x\to x_0$ 时函数 $f(x)$ 的极限

定义 1.4.5 若当 x 无限接近于点 x_0（但 $x\neq x_0$）时，对应的函数值 $f(x)$ 无限接近于常数 A，则称 A 为函数 $f(x)$ 当 x 趋于 x_0 时的极限，记作：

$$\lim_{x\to x_0} f(x)=A \text{ 或 } f(x)\to A \quad (x\to x_0)$$

由极限定义 1.4.5 可以看出，函数 $f(x)$ 在 $x\to x_0$ 时的极限仅与 $f(x)$ 在 x_0 点附近的函数值有关，而与 $f(x)$ 在点 x_0 的定义情况无关.

例 1.4.2 求函数 $\lim\limits_{x\to1}\dfrac{x^2-1}{x-1}$ 的极限.

解：因为 $x\neq1$，所以 $\dfrac{x^2-1}{x-1}=x+1$，且当 $x\to1$ 时，函数 $x+1$ 无限趋近于 2，所以 $\lim\limits_{x\to1}\dfrac{x^2-1}{x-1}=\lim\limits_{x\to1}(x+1)=2$.

尽管函数 $\dfrac{x^2-1}{x-1}$ 在 $x=1$ 点无意义，但它在该点存在极限，由此看出，函数在某点处是否有极限与函数在该点是否有定义无关.

另外，根据极限定义，显然有如下结论：

（1）$\lim\limits_{x\to x_0} C=C$

（2）$\lim\limits_{x\to x_0} x=x_0$

1.4.3.2 左极限与右极限

定义 1.4.6 如果当 x 从点 x_0 的左侧无限接近于 $x_0(x\neq x_0)$ 时，对应的函数值 $f(x)$ 无限接近于常数 A，则称常数 A 为函数 $f(x)$ 当 x 趋于 x_0 时的左极限，记作

$$\lim_{x\to x_0^-} f(x)=A \text{ 或 } f(x_0-0)=A$$

定义 1.4.7 如果当 x 从 x_0 点的右侧无限接近于 $x_0(x\neq x_0)$ 时，对应的函数值 $f(x)$ 无限的接近于常数 A，则称常数 A 为函数 $f(x)$ 当 x 趋于 x_0 时的右极限，记作

$$\lim_{x \to x_0^+} f(x) = A \text{ 或 } f(x_0 + 0) = A$$

由左、右极限和极限的定义不难得到函数 $f(x)$ 在 $x \to x_0$ 时的极限与它在 x_0 点的左、右极限之间有如下关系.

定理 1.4.2　极限 $\lim\limits_{x \to x_0} f(x)$ 存在且等于 A 的充分必要条件是：左极限 $\lim\limits_{x \to x_0^-} f(x)$ 与右极限 $\lim\limits_{x \to x_0^+} f(x)$ 都存在且均等于 A，即

$$\lim_{x \to x_0} f(x) = A \Leftrightarrow \lim_{x \to x_0^-} f(x) = \lim_{x \to x_0^+} f(x) = A$$

该定理主要用于讨论分段函数在分界点处的极限情况.

例 1.4.3　设函数 $f(x) = \begin{cases} 1, & x \leqslant 1 \\ 2x - 1, & x > 1 \end{cases}$，判断 $\lim\limits_{x \to 1} f(x)$ 是否存在，若存在，求该极限.

解：由已知可得

$$\lim_{x \to 1^-} f(x) = \lim_{x \to 1^-} 1 = 1$$

$$\lim_{x \to 1^+} f(x) = \lim_{x \to 1^+} (2x - 1) = 1$$

所以

$$\lim_{x \to 1^-} f(x) = \lim_{x \to 1^+} f(x) = 1$$

根据定理 1.4.2 得 $\lim\limits_{x \to 1} f(x)$ 存在，且 $\lim\limits_{x \to 1} f(x) = 1$

例 1.4.4　设 $y = \operatorname{sgn} x = \begin{cases} -1, & x < 0 \\ 0, & x = 0 \\ 1, & x > 0 \end{cases}$，判断极限 $\lim\limits_{x \to 1} f(x)$ 和 $\lim\limits_{x \to 0} f(x)$ 是否存在，若存在，求出该极限.

解：由已知可得

$$\lim_{x \to 1} f(x) = \lim_{x \to 1} 1 = 1$$

因为

$$\lim_{x \to 0^-} f(x) = \lim_{x \to 0^-} (-1) = -1,\quad \lim_{x \to 0^+} f(x) = \lim_{x \to 0^+} 1 = 1$$

$$\lim_{x \to 0^+} f(x) \neq \lim_{x \to 0^-} f(x),$$

所以 $\lim\limits_{x \to 0} f(x)$ 不存在.

1.4.4　函数极限的基本性质

性质 1.4.1（唯一性）　如果 $\lim\limits_{x \to x_0} f(x)$ 存在，那么其值唯一.

性质 1.4.2（局部保号性）　如果 $\lim\limits_{x \to x_0} f(x) = A$，而且 $A > 0$（或 $A < 0$），那么存在常数 $\delta > 0$，使得当 $0 < |x - x_0| < \delta$ 时，有 $f(x) > 0$(或 $f(x) < 0$).

性质 1.4.3 如果在 x_0 点的某去心邻域内 $f(x)\geqslant 0$（或 $f(x)\leqslant 0$），而且 $\lim\limits_{x\to x_0}f(x)=A$，那么 $A\geqslant 0$（或 $A\leqslant 0$）.

习题 1.4

1. 观察下列数列是否收敛，若收敛，求其极限.

（1）$\left\{\dfrac{1}{2^n}\right\}$；（2）$\left\{2+\dfrac{1}{n^2}\right\}$；（3）$\{n(-1)^n\}$；（4）$\left\{\dfrac{n-1}{n+1}\right\}$.

2. 判断 $\lim\limits_{x\to\infty}\operatorname{arccot}x$ 是否存在.

3. 设函数 $f(x)=\begin{cases}-1, & x<0\\ x, & x\geqslant 0\end{cases}$，讨论当 $x\to 0$ 时，$f(x)$ 的极限是否存在.

4. $x\to$______时，$\left(\dfrac{1}{5}\right)^x\to 0$.

5. $\lim\limits_{x\to-\infty}e^x=$______.

6. 设函数 $f(x)=\begin{cases}x, x\neq 1\\ 3, x=1\end{cases}$，则 $\lim\limits_{x\to 1}f(x)=$______.

7. 设图 1-26 为函数 $f(x)$ 的图形，判断下列极限是否存在，若存在，求出该极限值.

（1）$\lim\limits_{x\to-2}f(x)$；（2）$\lim\limits_{x\to-1}f(x)$；（3）$\lim\limits_{x\to 0^-}f(x)$；（4）$\lim\limits_{x\to 0^+}f(x)$；

（5）$\lim\limits_{x\to 0}f(x)$；（6）$\lim\limits_{x\to-\infty}f(x)$；（7）$\lim\limits_{x\to+\infty}f(x)$；（8）$\lim\limits_{x\to\infty}f(x)$.

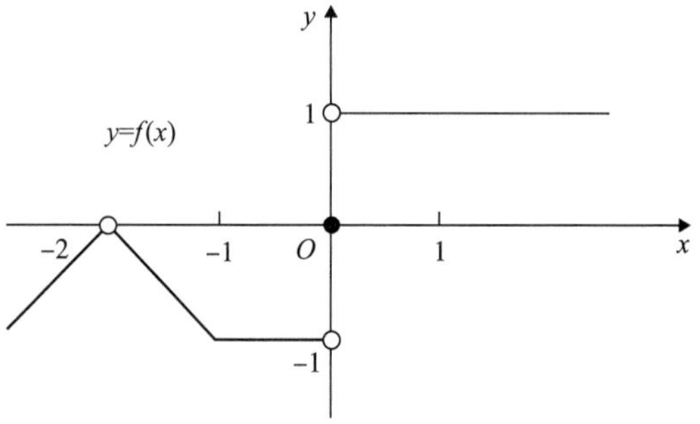

图 1-26

1.5 无穷小量与无穷大量

1.5.1 无穷小量

无穷小量是一类极限为零的特殊变量，无论在理论上还是应用上，都起着非常重要的作用.

定义 1.5.1 极限为零的函数称为无穷小量，简称无穷小.

例如，因为$\lim\limits_{x\to 1}(x-1)=0$，所以当 $x\to 1$ 时，$f(x)=x-1$ 为无穷小.

因为$\lim\limits_{x\to 2}(x-1)=1\neq 0$，所以当 $x\to 2$ 时，$f(x)=x-1$ 不是无穷小.

因为$\lim\limits_{x\to\infty}\dfrac{1}{x}=0$，所以当 $x\to\infty$ 时，$f(x)=\dfrac{1}{x}$为无穷小.

因为$\lim\limits_{n\to\infty}\dfrac{1}{3n}=0$，所以当 $n\to\infty$ 时，$f(n)=\dfrac{1}{3n}$为无穷小.

一个函数是否为无穷小，与自变量的变化过程紧密相关，因此在指明某函数是无穷小量时，必须指明自变量的变化过程. 此外，无穷小量是以零为极限的变量，不能把它理解为一个很小的数. 常数中只有 0 是无穷小量. 无穷小量通常用希腊字母 α,β,γ 等表示.

无穷小量有以下性质：

性质（1）两个无穷小量的代数和仍为无穷小量（和与差统称为代数和）；

性质（2）两个无穷小量的积仍为无穷小量；

性质（3）无穷小量乘有界变量仍为无穷小量.

注：两个无穷小量的商不一定是无穷小量.

例如，当 $x\to 0$ 时，x^2+x 和 x 都是无穷小量，但$\dfrac{x^2+x}{x}$不是无穷小量，因为$\lim\limits_{x\to 0}\dfrac{x^2+x}{x}=\lim\limits_{x\to 0}(x+1)=1\neq 0$.

例 1.5.1 求$\lim\limits_{x\to 0}\left(x\sin\dfrac{1}{x}\right)$.

解：因为$\lim\limits_{x\to 0}x=0$，所以 $x\to 0$ 时，x 是无穷小，而 $\sin\dfrac{1}{x}$为有界函数，根据性质（3）得：$x\to 0$ 时，$x\sin\dfrac{1}{x}$是无穷小，即

$$\lim_{x\to 0}\left(x\sin\frac{1}{x}\right)=0$$

1.5.2 无穷大量

定义 1.5.2 设函数 $f(x)$ 在点 x_0 的某一邻域内（点 x_0 可以除外）有定义，如果当 x 无限接近于 x_0（但 $x\neq x_0$）时，$|f(x)|$ 无限增大，则称函数 $f(x)$ 为 $x\to x_0$ 时的无穷大量，简称无穷大，记作

$$\lim_{x\to x_0}f(x)=\infty \text{ 或 } f(x)\to\infty \quad (x\to x_0)$$

定义 1.5.3 如果当 x 无限接近于 x_0（但 $x\neq x_0$）时，$|f(x)|$ 无限增大且函数 $f(x)$ 在 x_0 点附近只取正值（或负值），则称函数 $f(x)$ 为 $x\to x_0$ 时的正无穷大量（或负无穷大量），记作

$$\lim_{x\to x_0}f(x)=+\infty \text{ 或 } f(x)\to+\infty \quad (x\to x_0)$$

$$\left(\lim_{x\to x_0}f(x)=-\infty \text{ 或 } f(x)\to-\infty \quad (x\to x_0)\right)$$

例如，$\lim\limits_{x\to0}\dfrac{1}{x}=\infty$，$\lim\limits_{x\to0}\dfrac{1}{x^2}=+\infty$，$\lim\limits_{x\to0}\left(-\dfrac{1}{x^2}\right)=-\infty$

注： 当 $\lim\limits_{x\to x_0}f(x)=\infty$，我们认为函数 $f(x)$ 在点 x_0 处的极限是不存在的，因为 ∞ 不是一个常数.

无穷大量有以下性质：

性质(1)两个无穷大量的积仍是无穷大量；

性质(2)无穷大量与有界变量的代数和仍为无穷大量.

注：（1）两个无穷大量的代数和不一定是无穷大量；

（2）无穷大量乘有界变量不一定是无穷大量.

例如，$x\to0$ 时，$\dfrac{1}{x}$ 与 $-\dfrac{1}{x}$ 都是无穷大量，但它们的和 $\dfrac{1}{x}+\left(-\dfrac{1}{x}\right)=0$，不是无穷大量.

无穷大量与无穷小量之间有如下关系：

定理 1.5.1 （1）若 $\lim\limits_{x\to x_0}f(x)=\infty$，则 $\lim\limits_{x\to x_0}\dfrac{1}{f(x)}=0$；

（2）若 $\lim\limits_{x\to x_0}f(x)=0$，且 $f(x)\neq0$，则 $\lim\limits_{x\to x_0}\dfrac{1}{f(x)}=\infty$.

定理表明：无穷大量的倒数是无穷小量，非 0 无穷小量的倒数是无穷大量.

1.5.3 无穷小的比较

无穷小量是以零为极限的变量，但不同的无穷小量趋近于零的速度不一定相同，为了比较这种快慢程度，我们给出下面的定义：

定义 1.5.4 设 $\lim\limits_{x\to x_0}f(x)=0$，$\lim\limits_{x\to x_0}g(x)=0$：

（1）若$\lim\limits_{x\to x_0}\frac{f(x)}{g(x)}=0$，则称$f(x)$是比$g(x)$高阶的无穷小量，记作

$$f(x)=o(g(x))\quad (x\to x_0)$$

（2）若$\lim\limits_{x\to x_0}\frac{f(x)}{g(x)}=\infty$，则称$f(x)$是比$g(x)$低阶的无穷小量.

（3）若$\lim\limits_{x\to x_0}\frac{f(x)}{g(x)}=C\neq 0$（$C$为常数），则称$f(x)$与$g(x)$是同阶无穷小量.

（4）若$\lim\limits_{x\to x_0}\frac{f(x)}{g(x)}=1$，则称$f(x)$与$g(x)$是等价无穷小量，记作

$$f(x)\sim g(x)\quad (x\to x_0)$$

例 1.5.2　当$x\to 0$时，比较无穷小量x^2与x的阶.

解：因$\lim\limits_{x\to 0}\frac{x^2}{x}=\lim\limits_{x\to 0}x=0$，所以当$x\to 0$时，$x^2$是比$x$高阶的无穷小量，即$x^2=o(x)$（$x\to 0$）. 说明当$x\to 0$时，$x^2$比$x$收敛于零的速度快.

例 1.5.3　当$x\to 0$时，比较无穷小量x^3+x与x的阶.

解：因为$\lim\limits_{x\to 0}\frac{x^3+x}{x}=\lim\limits_{x\to 0}(x^2+1)=1$，所以当$x\to 0$时，$x^3+x$与$x$是等价无穷小量，即$x^3+x\sim x$（$x\to 0$）. 说明当$x\to 0$时，$x^3+x$与$x$趋近于 0 的速度相当.

习题 1.5

1. 填空题.

（1）$\lim\limits_{x\to\infty}\frac{\arctan x}{x}=$________；（2）$\lim\limits_{x\to\infty}\left(\frac{\arcsin x}{x}-\frac{\arccos x}{x}\right)=$________；

（3）$\lim\limits_{x\to 0}x\cos^2\frac{1}{x}=$________；（4）$\lim\limits_{n\to\infty}\frac{\sin n}{n}=$________.

2. 下列命题正确的是（　　）.

A. 0 是无穷小，无穷小就是 0　　B. 无穷小量是绝对值很小很小的数

C. 无穷小量是以零为极限的变量　　D. 两个无穷小的商还是无穷小

3. 当$x\to 0$时，比较无穷小$x^2\sin\frac{1}{x}$与x的阶.

4. 设$x\to 0$时，$f(x)\sim x$，求证$f(x)-x$是比x高阶的无穷小.

1.6　极限的运算法则

前面所求的极限都是一些比较简单函数的极限，通常可直接观察出来，但对

比较复杂的函数的极限，观察起来就非常困难了，这就需要寻求一些简单有效的方法来求函数的极限，本节介绍极限的四则运算法则和复合函数极限的运算法则，也就是求极限时常用的方法.

定理 1.6.1（四则运算法则） 若极限$\lim\limits_{x \to x_0} f(x)$与$\lim\limits_{x \to x_0} g(x)$都存在，则$f(x) \pm g(x)$，$f(x) \cdot g(x)$和$\dfrac{f(x)}{g(x)}$（$\lim\limits_{x \to x_0} g(x) \neq 0$）在$x \to x_0$时的极限都存在，且有以下各式成立：

（1）$\lim\limits_{x \to x_0}[f(x) \pm g(x)] = \lim\limits_{x \to x_0} f(x) \pm \lim\limits_{x \to x_0} g(x)$；

（2）$\lim\limits_{x \to x_0}[f(x) \cdot g(x)] = \lim\limits_{x \to x_0} f(x) \lim\limits_{x \to x_0} g(x)$；

（3）$\lim\limits_{x \to x_0}\dfrac{f(x)}{g(x)} = \dfrac{\lim\limits_{x \to x_0} f(x)}{\lim\limits_{x \to x_0} g(x)}$（$\lim\limits_{x \to x_0} g(x) \neq 0$）.

其中，极限的代数和与乘积的运算法则，可以推广到有限个函数的情形.

推论 1 设C为常数，$\lim\limits_{x \to x_0} f(x)$存在，则

$$\lim_{x \to x_0}[Cf(x)] = C \lim_{x \to x_0} f(x)$$

推论 2 若$\lim\limits_{x \to x_0} f(x)$存在，则

$$\lim_{x \to x_0}[f(x)]^n = [\lim_{x \to x_0} f(x)]^n，n 为任意实数.$$

推论 3 设极限$\lim\limits_{x \to x_0} f_1(x), \lim\limits_{x \to x_0} f_2(x), \cdots, \lim\limits_{x \to x_o} f_n(x)$都存在，其中$C_1$，$C_2$，$\cdots$，$C_n$为常数，则

$$\begin{aligned}&\lim_{x \to x_0}[C_1 f_1(x) + C_2 f_2(x) + \cdots + C_n f_n(x)] \\ =\ &C_1 \lim_{x \to x_0} f_1(x) + C_2 \lim_{x \to x_0} f_2(x) + \cdots + C_n \lim_{x \to x_0} f_n(x)\end{aligned}$$

利用极限的四则运算法则和$\lim\limits_{x \to x_0} C = C$，$\lim\limits_{x \to x_0} x = x_0$这两个极限可求出一些较复杂函数的极限.

例 1.6.1 求$\lim\limits_{x \to 2}(2x^2 - 3x + 1)$.

解：
$$\begin{aligned}\lim_{x \to 2}(2x^2 - 3x + 1) &= 2\ (\lim_{x \to 2} x^2)\ - 3\lim_{x \to 2} x + \lim_{x \to 2} 1 \\ &= 2\ (\lim_{x \to 2} x)^2 - 3\lim_{x \to 2} x + \lim_{x \to 2} 1 \\ &= 2 \times 2^2 - 3 \times 2 + 1 \\ &= 3\end{aligned}$$

例 1.6.2 设多项式函数$P_n(x) = a_0 x^n + a_1 x^{n-1} + \cdots + a_n$，求$\lim\limits_{x \to x_0} P_n(x)$.

解：
$$\begin{aligned}\lim_{x \to x_0} P_n(x) &= \lim_{x \to x_0}(a_0 x^n + a_1 x^{n-1} + \cdots + a_n) \\ &= a_0 \lim_{x \to x_0} x^n + a_1 \lim_{x \to x_0} x^{n-1} + \cdots + \lim_{x \to x_0} a_n \\ &= a_0\ (\lim_{x \to x_0} x)^n + a_1\ (\lim_{x \to x_0} x)^{n-1} + \cdots + a_n\end{aligned}$$

$$= a_0x_0^n + a_1x_0^{n-1} + \cdots + a_n$$
$$= P_n(x_0)$$

由此可见，多项式函数 $P_n(x)$ 在 $x \to x_0$ 时的极限等于 $P_n(x)$ 在 x_0 点的函数值 $P_n(x_0)$，即

$$\lim_{x\to x_0}(a_0x^n + a_1x^{n-1} + \cdots + a_n) = a_0x_0^n + a_1x_0^{n-1} + \cdots + a_n \tag{1-1}$$

例 1.6.3　求 $\lim\limits_{x\to 1}\dfrac{2x^2+x-6}{x^3-x+4}$.

解：$\lim\limits_{x\to 1}\dfrac{2x^2+x-6}{x^3-x+4} = \dfrac{\lim\limits_{x\to 1}(2x^2+x-6)}{\lim\limits_{x\to 1}(x^3-x+4)}$

$$= \frac{2\times 1^2+1-6}{1^3-1+4} = -\frac{3}{4}$$

由极限的四则运算法则也可得到如下结论：

有理函数 $\dfrac{P_n(x)}{Q_m(x)} = \dfrac{a_0x^n + a_1x^{n-1} + \cdots + a_n}{b_0x^m + b_1x^{m-1} + \cdots + b_m}$ 在 $x \to x_0$ 时的极限等于其在点 x_0 处的函数值 $\dfrac{P_n(x_0)}{Q_m(x_0)}$（其中 $Q_m(x_0) \neq 0$），即

$$\lim_{x\to x_0}\frac{a_0x^n + a_1x^{n-1} + \cdots + a_n}{b_0x^m + b_1x^{m-1} + \cdots + b_m} = \frac{a_0x_0^n + a_1x_0^{n-1} + \cdots + a_n}{b_0x_0^m + b_1x_0^{m-1} + \cdots + b_m} \tag{1-2}$$

可见，在求有理函数在其定义域上的某点处的极限时，只要求出函数在该点处的函数值即可.

例如，$\lim\limits_{x\to -1}\dfrac{3x^4+x^2-6}{x^3-4x+4} = \dfrac{3\times(-1)^4+(-1)^2-6}{(-1)^3-4\times(-1)+4} = -\dfrac{2}{7}$

例 1.6.4　求 $\lim\limits_{x\to 1}\dfrac{x+2}{x^2-1}$.

解：因为

$$\lim_{x\to 1}\frac{x^2-1}{x+2} = \frac{1^2-1}{1+2} = 0$$

所以

$$\lim_{x\to 1}\frac{x+2}{x^2-1} = \infty$$

例 1.6.5　求 $\lim\limits_{x\to -2}\dfrac{x+2}{x^2-4}$.

解：$\lim\limits_{x\to -2}\dfrac{x+2}{x^2-4} = \lim\limits_{x\to -2}\dfrac{1}{x-2} = -\dfrac{1}{4}$

例 1.6.6　求 $\lim\limits_{x\to 0}\dfrac{\sqrt{x+4}-2}{3x}$.

解：$\lim\limits_{x\to 0}\frac{\sqrt{x+4}-2}{3x}=\lim\limits_{x\to 0}\frac{(\sqrt{x+4}-2)(\sqrt{x+4}+2)}{3x(\sqrt{x+4}+2)}$

$$=\lim_{x\to 0}\frac{x}{3x(\sqrt{x+4}+2)}=\lim_{x\to 0}\frac{1}{3(\sqrt{x+4}+2)}=\frac{1}{12}$$

对于例 1.6.5 和例 1.6.6，分子和分母的极限都是 0，我们称这类极限为"$\frac{0}{0}$型"，求这类极限时，一般是先约去分母中的零因式（极限为零的因式），然后利用极限的四则运算法则等方法来求.

例 1.6.7 求$\lim\limits_{x\to 1}\left(\frac{2}{x^2-1}-\frac{1}{x-1}\right)$.

$$\lim_{x\to 1}\left(\frac{2}{x^2-1}-\frac{1}{x-1}\right)=\lim_{x\to 1}\frac{2-x-1}{x^2-1}=\lim_{x\to 1}\frac{1-x}{x^2-1}=\lim_{x\to 1}\frac{-1}{x+1}=-\frac{1}{2}$$

在例 1.6.7 中，两项的极限都是∞，称这类极限为"∞ − ∞ 型"，对于这类极限，一般可以先转化为一个分式的形式，然后再求极限.

例 1.6.8 求$\lim\limits_{x\to\infty}\frac{3x^3-x+2}{2x^3+x^2-5}$.

解：分子分母同除以 x^3 得

$$\lim_{x\to\infty}\frac{3x^3-x+2}{2x^3+x^2-5}=\lim_{x\to\infty}\frac{3-\frac{1}{x^2}+\frac{2}{x^3}}{2+\frac{1}{x}-\frac{5}{x^3}}=\frac{3}{2}$$

例 1.6.9 求$\lim\limits_{x\to\infty}\frac{2x^3+x-2}{2x^4-3x^2+1}$.

解：分子分母同除以 x^4 得

$$\lim_{x\to\infty}\frac{2x^3+x-2}{2x^4-3x^2+1}=\lim_{x\to\infty}\frac{\frac{2}{x}+\frac{1}{x^3}-\frac{2}{x^4}}{2-\frac{3}{x^2}+\frac{1}{x^4}}=\frac{0}{2}=0$$

在例 1.6.8 与例 1.6.9 中，分子与分母的极限都是∞，我们称这类极限为"$\frac{\infty}{\infty}$型"，求这类极限时，可以先将分子、分母分别同时除以自变量的最高次幂，然后再求其极限.

例 1.6.10 求$\lim\limits_{x\to\infty}\frac{4x^4-x^3+1}{3x^3+2x-3}$.

解：因为

$$\lim_{x\to\infty}\frac{3x^3+2x-3}{4x^4-x^3+1}=\lim_{x\to\infty}\frac{\frac{3}{x}+\frac{2}{x^3}-\frac{3}{x^4}}{4-\frac{1}{x}+\frac{1}{x^4}}=0$$

所以

$$\lim_{x\to\infty}\frac{4x^4-x^3+1}{3x^3+2x-3}=\infty$$

一般地，对于有理函数的极限有以下结论：

$$\lim_{x\to\infty}\frac{a_0x^n+a_1x^{n-1}+\cdots+a_n}{b_0x^m+b_1x^{m-1}+\cdots+b_m}=\lim_{x\to\infty}\frac{a_0x^n}{b_0x^m}=\begin{cases}0, & n<m\\ \dfrac{a_0}{b_0}, & n=m\\ \infty, & n>m\end{cases}$$

其中，$a_0\neq 0, b_0\neq 0, m, n$ 为非负整数. 可见，这类极限只与分子与分母的最高次项有关，故这一结论俗称“抓大头”.

例 1.6.11　求 $\lim\limits_{x\to\infty}\dfrac{(2x^2+1)^{30}(4x^2+x-2)^{10}}{(6x^2+4x-1)^{40}}$.

解：如果将分子、分母展开，不难看出分子和分母的最高次项分别为 $2^{30}\cdot 4^{10}x^{80}$ 和 $6^{40}x^{80}$，故

$$\lim_{x\to\infty}\frac{(2x^2+1)^{30}(4x^2+x-2)^{10}}{(6x^2+4x-1)^{40}}=\lim_{x\to\infty}\frac{2^{30}\cdot 4^{10}x^{80}}{6^{40}x^{80}}=\frac{2^{10}}{3^{40}}$$

例 1.6.12　设函数 $f(x)=\begin{cases}\dfrac{x^4+x^3-1}{2x^2-x+2}, & x\leqslant 0\\ 4x-\dfrac{1}{2}, & x>0\end{cases}$，求 $\lim\limits_{x\to 0}f(x)$，$\lim\limits_{x\to -1}f(x)$ 和 $\lim\limits_{x\to -\infty}f(x)$.

解：因为

$$\lim_{x\to 0^-}f(x)=\lim_{x\to 0^-}\frac{x^4+x^3-1}{2x^2-x+2}=\frac{0^4+0^3-1}{2\cdot 0^2-0+2}=-\frac{1}{2}$$

$$\lim_{x\to 0^+}f(x)=\lim_{x\to 0^+}\left(4x-\frac{1}{2}\right)=-\frac{1}{2}$$

$$\lim_{x\to 0^-}f(x)=\lim_{x\to 0^+}f(x)$$

所以

$$\lim_{x\to 0}f(x)=-\frac{1}{2}$$

$$\lim_{x\to -1}f(x)=\lim_{x\to -1}\frac{x^4+x^3-1}{2x^2-x+2}=\frac{(-1)^4+(-1)^3-1}{2(-1)^2-(-1)+2}=-\frac{1}{5}$$

$$\lim_{x\to -\infty}f(x)=\lim_{x\to -\infty}\frac{x^4+x^3-1}{2x^2-x+2}=\infty$$

例 1.6.13　求 $\lim\limits_{n\to\infty}\left(\dfrac{1}{n^2}+\dfrac{2}{n^2}+\cdots+\dfrac{n}{n^2}\right)$.

解：$\lim\limits_{n\to\infty}\left(\dfrac{1}{n^2}+\dfrac{2}{n^2}+\cdots+\dfrac{n}{n^2}\right)=\lim\limits_{n\to\infty}\dfrac{1+2+\cdots+n}{n^2}$

$$= \lim_{n \to \infty} \frac{(1+n)n}{2n^2} = \lim_{n \to \infty} \frac{n^2+n}{2n^2} = \frac{1}{2}$$

定理 1.6.2（复合函数极限的运算法则） 设 $\lim_{x \to x_0} \varphi(x) = u_0$，但在点 x_0 的某去心邻域内 $\varphi(x) \neq u_0$，又 $\lim_{u \to u_0} f(u) = A$，则复合函数 $f[\varphi(x)]$ 当 $x \to x_0$ 时的极限也存在，且

$$\lim_{x \to x_0} f[\varphi(x)] = \lim_{u \to u_0} f(u) = A$$

定理 1.6.2 说明：如果函数 $f(u)$ 和 $\varphi(x)$ 满足定理的条件，则作代换 $u = \varphi(x)$ 可把求复合函数 $f[\varphi(x)]$ 的极限 $\lim_{x \to x_0} f[\varphi(x)]$ 转化为求较简单函数 $f(u)$ 的极限 $\lim_{u \to u_0} f(u)$.

例 1.6.14 求 $\lim_{x \to 1}(\sqrt{4x^3+x-1}+2)$.

解：令 $u = 4x^3+x-1$，则当 $x \to 1$ 时，$u \to 4$，于是由复合函数的极限运算法则得

$$\lim_{x \to 1}(\sqrt{4x^3+x-1}+2) = \lim_{u \to 4}(\sqrt{u}+2) = \sqrt{4}+2 = 4$$

习题 1.6

1. 求下列极限：

（1）$\lim_{x \to 2}(3x^2+7x+2)$；

（2）$\lim_{x \to 1}(2x^2-x+1)$；

（3）$\lim_{x \to 0}\frac{x+1}{x^2+x+2}$；

（4）$\lim_{x \to 1}\frac{2x}{x^2-1}$；

（5）$\lim_{x \to 1}\left(x^2+\frac{x}{x^3+1}\right)$；

（6）$\lim_{\Delta x \to 0}\frac{(x+\Delta x)^2-x^2}{\Delta x}$；

（7）$\lim_{x \to 0}\frac{\sqrt{4+x}-2}{x}$；

（8）$\lim_{x \to 1}\frac{x^3-1}{x^2-1}$.

2. 求下列极限：

（1）$\lim_{n \to \infty}\left(\frac{1}{1 \times 2}+\frac{1}{2 \times 3}+\cdots+\frac{1}{n \times (n+1)}\right)$；

（2）$\lim_{x \to \infty}\frac{(2x-1)^{30}}{(x+2)^{15}(2x-5)^{15}}$；

（3）$\lim_{x \to \infty}\frac{4x^3-2x^2+x}{3x^3+2x}$；

（4）$\lim_{n \to \infty}\frac{4n^2-n+2}{2n^2+3n+2}$；

（5）$\lim_{x \to \infty}\frac{x+\sin x}{3x+\cos x}$；

（6）$\lim_{x \to \infty}\frac{x^2-1}{x^4+x}(1-\sin x)$.

3. 设函数：

$$f(x) = \begin{cases} 2x+1, & x \leqslant 0 \\ x^2+1, & 0 < x \leqslant 2 \\ \dfrac{x^2+2x-2}{x^2+1}, & x > 2 \end{cases}$$

（1）讨论 $f(x)$ 在点 $x=0$ 及 $x=2$ 处的极限；

（2）求 $\lim\limits_{x\to+\infty}f(x)$.

4. 已知 $\lim\limits_{x\to 3}\dfrac{x^2-2x-k}{x-3}=4$，求 k 的值.

5. 已知 $\lim\limits_{x\to\infty}\left(\dfrac{x^2+1}{x}-ax-b\right)=1$，求常数 a，b 的值.

1.7 两个重要极限

两个重要极限是求极限的重要方法，下面介绍这两个重要极限.

1.7.1 第一重要极限

第一重要极限是指

$$\lim_{x\to 0}\frac{\sin x}{x}=1$$

第一重要极限有两个基本特征：分母是无穷小，分子是正弦函数，且正弦函数的自变量与分母相同.

例 1.7.1 求 $\lim\limits_{x\to\infty}x\sin\dfrac{1}{x}$.

解： 令 $u=\dfrac{1}{x}$，则

$$\lim_{x\to\infty}x\sin\frac{1}{x}=\lim_{x\to\infty}\frac{\sin\frac{1}{x}}{\frac{1}{x}}=\lim_{u\to 0}\frac{\sin u}{u}=1$$

实际上，利用复合函数的极限运算法则可得第一重要极限的更一般的形式：若当 $x\to x_0$ 时，$\varphi(x)\to 0\ (\varphi(x)\neq 0)$，则

$$\lim_{x\to x_0}\frac{\sin\varphi(x)}{\varphi(x)}=1 \qquad (1-3)$$

这正是第一重要极限的含义，我们以后利用第一重要极限求极限时，一般都是先把要求的极限化为式（1－3）的形式，然后再写结果. 式（1－3）说明：当 $\varphi(x)\to 0$ 时，$\sin\varphi(x)\sim\varphi(x)$.

例 1.7.2 求 $\lim\limits_{x\to 0}\dfrac{\arcsin x}{x}$.

解： 令 $t=\arcsin x$，则 $x=\sin t$，且当 $x\to 0$ 时，$t\to 0$，于是

$$\lim_{x\to 0}\frac{\arcsin x}{x}=\lim_{t\to 0}\frac{t}{\sin t}=1$$

例 1.7.3 求$\lim\limits_{x\to 0}\dfrac{1-\cos x}{\dfrac{x^2}{2}}$.

解： $\lim\limits_{x\to 0}\dfrac{1-\cos x}{\dfrac{x^2}{2}}=\lim\limits_{x\to 0}\dfrac{4\sin^2\dfrac{x}{2}}{x^2}=\lim\limits_{x\to 0}\dfrac{\sin^2\dfrac{x}{2}}{\left(\dfrac{x}{2}\right)^2}=\lim\limits_{x\to 0}\left(\dfrac{\sin\dfrac{x}{2}}{\dfrac{x}{2}}\right)^2=1$

例 1.7.3 说明：当 $x\to 0$ 时，$1-\cos x\sim\dfrac{1}{2}x^2$，这一结果我们以后在求极限时可以直接使用.

例 1.7.4 求$\lim\limits_{x\to 0}\dfrac{\sin 3x}{\sin 5x}$.

解： $\lim\limits_{x\to 0}\dfrac{\sin 3x}{\sin 5x}=\lim\limits_{x\to 0}\dfrac{\dfrac{\sin 3x}{3x}\cdot 3x}{\dfrac{\sin 5x}{5x}\cdot 5x}=\lim\limits_{x\to 0}\dfrac{\dfrac{\sin 3x}{3x}}{\dfrac{\sin 5x}{5x}}\cdot\dfrac{3}{5}=\dfrac{3}{5}\dfrac{\lim\limits_{x\to 0}\dfrac{\sin 3x}{3x}}{\lim\limits_{x\to 0}\dfrac{\sin 5x}{5x}}=\dfrac{3}{5}$

在求极限时，我们经常使用下面的等价无穷小的替换定理.

定理 1.7.1 设 $x\to x_0$ 时，$\alpha,\alpha',\beta,\beta'$均为无穷小，且 $\alpha\sim\alpha',\beta\sim\beta'$，若$\lim\limits_{x\to x_0}\dfrac{\alpha'}{\beta'}$存在，则

$$\lim_{x\to x_0}\frac{\alpha}{\beta}=\lim_{x\to x_0}\frac{\alpha'}{\beta'}$$

这个定理表明，在求两个无穷小量之比的极限时，分子、分母可用适当的等价无穷小替换，从而使计算简便快捷.

例 1.7.5 求$\lim\limits_{x\to 1}\dfrac{\sin(2x-2)}{\sin(5x-5)}$.

解： 由第一重要极限可知，$x\to 1$ 时，$\sin(2x-2)\sim 2x-2$，$\sin(5x-5)\sim 5x-5$，所以

$$\lim_{x\to 1}\frac{\sin(2x-2)}{\sin(5x-5)}=\lim_{x\to 1}\frac{2x-2}{5x-5}=\lim_{x\to 1}\frac{2(x-1)}{5(x-1)}=\lim_{x\to 1}\frac{2}{5}=\frac{2}{5}$$

例 1.7.6 求 $\lim\limits_{x\to 0}\dfrac{1-\cos x}{\sin^2 x}$.

解： 当 $x\to 0$ 时，$\sin x\sim x$，$1-\cos x\sim\dfrac{1}{2}x^2$，所以

$$\lim_{x\to 0}\frac{1-\cos x}{\sin^2 x}=\lim_{x\to 0}\frac{\frac{1}{2}x^2}{x^2}=\frac{1}{2}$$

1.7.2　第二重要极限

第二重要极限是指

$$\lim_{x\to\infty}\left(1+\frac{1}{x}\right)^{x}=e$$

第二重要极限的基本特征：底数为 1 与无穷小两项的和，指数与底数的第二项无穷小互为倒数. 利用复合函数的极限运算法则可得第二重要极限的一般形式：

若当 $x\to x_0$ 时，$\varphi(x)\to\infty$，则

$$\lim_{x\to x_0}\left(1+\frac{1}{\varphi(x)}\right)^{\varphi(x)}=e \qquad (1-4)$$

和第一重要极限求极限的方法类似，在利用第二重要极限求极限时，也是先把要求的极限化为式（1－4）的形式，然后再写结果. 若底数的极限等于 1，指数的极限为∞，称这类极限为“1^{∞}型”. 第二重要极限是“1^{∞}型”的极限，以后在求“1^{∞}型”的极限时，可考虑利用第二重要极限.

例 1.7.7　求 $\lim\limits_{x\to\infty}\left(1+\frac{2}{x}\right)^{x}$.

解： $\lim\limits_{x\to\infty}\left(1+\frac{2}{x}\right)^{x}=\lim\limits_{x\to\infty}\left[\left(1+\frac{2}{x}\right)^{\frac{x}{2}}\right]^{2}=e^{2}$

例 1.7.8　求 $\lim\limits_{x\to 0}(1-2x)^{\frac{1}{x}+1}$.

解： $\lim\limits_{x\to 0}(1-2x)^{\frac{1}{x}+1}=\lim\limits_{x\to 0}\left[(1-2x)^{\frac{1}{x}}\cdot(1-2x)\right]$

$$=\lim_{x\to 0}\left[(1-2x)^{\frac{1}{-2x}}\right]^{-2}\cdot\lim_{x\to 0}(1-2x)=e^{-2}\times 1=e^{-2}$$

例 1.7.9　求 $\lim\limits_{x\to\infty}\left(\frac{x-1}{x+2}\right)^{x}$.

解： $\lim\limits_{x\to\infty}\left(\frac{x-1}{x+2}\right)^{x}=\lim\limits_{x\to\infty}\left(\frac{1-\frac{1}{x}}{1+\frac{2}{x}}\right)^{x}=\lim\limits_{x\to\infty}\frac{\left[\left(1-\frac{1}{x}\right)^{-x}\right]^{-1}}{\left[\left(1+\frac{2}{x}\right)^{\frac{x}{2}}\right]^{2}}=\frac{e^{-1}}{e^{2}}=e^{-3}$

例 1.7.10　求 $\lim\limits_{x\to 0}\frac{\ln(1+x)}{x}$.

解： $\lim\limits_{x\to 0}\frac{\ln(1+x)}{x}=\lim\limits_{x\to 0}\frac{1}{x}\ln(1+x)=\lim\limits_{x\to 0}\ln(1+x)^{\frac{1}{x}}=\ln e=1$

可见，当 $x\to 0$ 时，$\ln(1+x)\sim x$.

1.7.3 第二重要极限的应用举例

在解决实际问题时，有时会用到第二重要极限，下面介绍其在金融学中的应用．金融学中经常采用连续复利模型．为了更好地理解这一概念，我们首先介绍一下银行计算利息的两种常用方法：单利与复利．

单利是指计算利息时，以最初的存款作为本金计算利息，所生利息不记入本金重复计算利息，如定期存款利息的计算．复利则是指银行在一定期限内结息一次，结息后将利息加入本金，作为下一期的本金重复计算利息的计息的方法，如到期自动转存．

若无利息税，采用单利计算利息，则本利和的计算公式为

$$A = P + mPr = P(1 + mr) \tag{1-5}$$

采用复利计算利息，若一年结息一次，无利息税，则本利和的计算公式为

$$A = P(1 + r)^m \tag{1-6}$$

其中，P 表示本金，A 表示本利和，m 表示存期（以年为单位），公式（1－5）中的 r 表示与存期相对应的年利率．公式（1－6）中的 r 表示一年期的定期存款利率．

若将一年分为 n 期，按照复利计算利息，不难理解，一年末的本利和为

$$A = P\left(1 + \frac{r}{n}\right)^n$$

若存期为 m 年，则 m 年末的本利和为

$$P\left[\left(1 + \frac{r}{n}\right)^n\right]^m = P\left(1 + \frac{r}{n}\right)^{mn}$$

若把一年分为无限期，即 $n \to \infty$，则得 m 年末的本利和为

$$\lim_{n\to\infty} P\left(1 + \frac{r}{n}\right)^{mn} = P\lim_{n\to\infty}\left[\left(1 + \frac{r}{n}\right)^{\frac{n}{r}}\right]^{mr} = Pe^{mr} \tag{1-7}$$

按照公式（1－7）来计算利息的复利方法称为连续复利．

例 1.7.11 如果将 10000 元按以下方式存入银行：（1）按 5 年定期存入；（2）按 1 年定期存入，但到期自动转存；（3）按照连续复利来计算利息．其中，利率与存款期限之间的关系如 1.1 部分中表 1－1 所示，假定存款利率不变，5 年后本利和各为多少？

解：（1）$P = 10000$，$m = 5$，$r = 5.75\%$，由公式（1－5）得：

$$A = P + Pmr = 10000 + 10000 \times 5 \times 0.0575 = 12875$$

（2）$P = 10000$，$m = 5$，$r = 3.87\%$，由公式（1－6）得：

$$A = P(1 + r)^m = 10000(1 + 0.0387)^5 \approx 12093$$

（3）$P = 10000$，$m = 5$，$r = 3.87\%$，由公式（1－7）得：

$$A = Pe^{rm} = 10000e^{0.0387 \times 5} \approx 12135$$

习题 1.7

1. 求下列函数的极限：

(1) $\lim\limits_{x\to 0}\frac{\sin 2x}{\sin 3x}$；　(2) $\lim\limits_{x\to\infty}x\sin\frac{1}{4x}$；

(3) $\lim\limits_{x\to 0}\frac{\cos x-1}{\sin(2x)}$；　(4) $\lim\limits_{x\to 1}\frac{\sin(x^2-1)}{x-1}$；

(5) $\lim\limits_{x\to 0}\frac{x^2\sin\frac{1}{x}}{\sin x}$；　(6) $\lim\limits_{x\to 0}\frac{\sqrt{x+1}-1}{\sin(\sin x)}$.

2. 求下列函数的极限：

(1) $\lim\limits_{x\to\infty}\left(1+\frac{3}{x}\right)^{-2x}$；　(2) $\lim\limits_{x\to\infty}\left(\frac{x}{x+2}\right)^{3x}$；

(3) $\lim\limits_{x\to 0}\left(\frac{1}{1+3x}\right)^{\frac{1}{3x}}$；　(4) $\lim\limits_{x\to\infty}\left(\frac{x-2}{x+2}\right)^{\frac{x}{2}}$；

(5) $\lim\limits_{t\to 0}(1+2t)^{\frac{1}{t}+2}$；　(6) $\lim\limits_{x\to 0}\sqrt[x]{1-x}$.

3. 小王将 50000 元按以下两种方式存入银行：(1) 按 5 年定期存入；(2) 按 1 年定期存入，但到期自动转存. 假定存款利率不变，5 年后所得的利息各应为多少？若按照连续复利来计算利息呢？其中利率与存款期限之间的关系如 1.1 部分表 1－1 所示.

1.8 函数的连续性

在自然界中，许多现象的变化都是连续的，如动植物的生长，气温的变化等，如果将它们视为以时间 t 为自变量的函数，则当自变量变动很微小时，函数（气温等）的变化也很微小，这种特性就是函数的连续性.

1.8.1 连续的概念

1.8.1.1 改变量

定义 1.8.1 变量 t 从一个初值 t_0 变到终值 t_1，终值 t_1 与初值 t_0 的差 t_1-t_0 就称为变量 t 在点 t_0 的改变量，记作 Δt，即 $\Delta t=t_1-t_0$. 改变量可以为正，可以为负，也可以为零.

设有函数 $y=f(x)$，当自变量 x 从 x_0 改变到 $x_0+\Delta x$ 时，函数 y 相应地由

$f(x_0)$改变到$f(x_0+\Delta x)$，令 $\Delta y=f(x_0+\Delta x)-f(x_0)$，则 Δx 为自变量 x 在点 x_0 的改变量，Δy 则为函数$f(x)$在点 x_0 的相应改变量.

1.8.1.2 连续的概念

函数在某点 x_0 连续是指当自变量改变很小时，相应的函数的改变量也很小，这可从函数的图形（见图 1－27（1））直观地看出，否则，在该点就不连续，如图 1－27（2）所示.

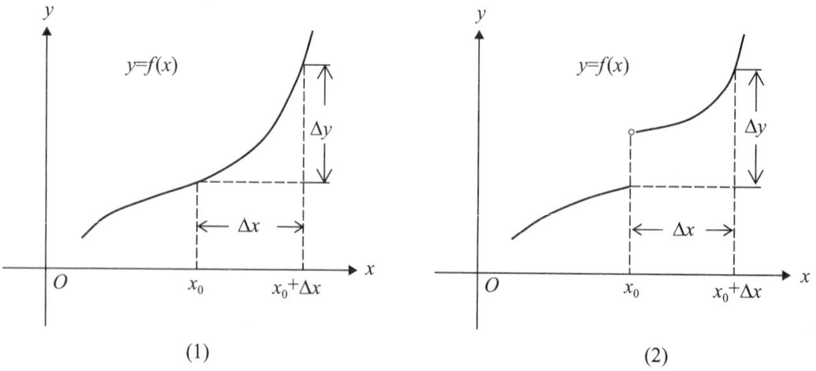

图 1－27

定义 1.8.2 设函数 $y=f(x)$在点 x_0 的某邻域内有定义，如果

$$\lim_{\Delta x\to 0}\Delta y=\lim_{\Delta x\to 0}[f(x_0+\Delta x)-f(x_0)]=0 \tag{1-8}$$

则称函数$f(x)$在点 x_0 连续，并称点 x_0 为$f(x)$的连续点.

令 $x=x_0+\Delta x$，则当 $\Delta x\to 0$ 时，$x\to x_0$，式（1－8）可化为下面的等价形式：

$$\lim_{x\to x_0}f(x)=f(x_0) \tag{1-9}$$

由式（1－9）可以看出，若函数$f(x)$在 x_0 点连续，则$f(x)$在 x_0 点必须同时满足以下三个条件：

(1)$f(x)$在 x_0 点有定义；

(2)极限$\lim\limits_{x\to x_0}f(x)$存在；

(3)$\lim\limits_{x\to x_0}f(x)=f(x_0)$.

例 1.8.1 判断函数$f(x)=\begin{cases}\dfrac{\sin x}{x}, & x\neq 1\\ 1, & x=1\end{cases}$在点 $x=1$ 处是否连续.

解： 因为$\lim\limits_{x\to 1}f(x)=\lim\limits_{x\to 1}\dfrac{\sin x}{x}=1=f(1)$，所以函数$f(x)$在点 $x=1$ 处连续.

1.8.1.3 左连续与右连续

有时我们只讨论函数在某点的左侧或右侧连续的情况，下面引入左连续与右连续的概念.

定义 1.8.3　若 $\lim\limits_{x \to x_0^-} f(x) = f(x_0)$，则称函数 $f(x)$ 在点 x_0 左连续；若 $\lim\limits_{x \to x_0^+} f(x) = f(x_0)$，则称函数 $f(x)$ 在点 x_0 右连续.

关于连续、左连续和右连续有以下结论：

定理 1.8.1　函数 $f(x)$ 在点 x_0 连续的充分必要条件是 $f(x)$ 在点 x_0 既左连续又右连续.

该定理通常用来讨论分段函数在分界点处的连续性.

1.8.1.4　函数在区间上连续的概念

定义 1.8.4　如果函数 $f(x)$ 在开区间 (a, b) 内任意一点都连续，则称函数 $f(x)$ 在开区间 (a, b) 内连续.

定义 1.8.5　如果函数 $f(x)$ 在开区间 (a, b) 内任意一点都连续，且在 a 点右连续，在 b 点左连续，则称函数 $f(x)$ 在闭区间 $[a, b]$ 上连续.

连续函数的图形是一条连绵而不断开的曲线. 由 1.6 部分的公式（1－1）、公式（1－2）可以得出，多项式函数与有理函数在其定义域内都是连续的，利用函数连续性的定义和其他一些相关知识，我们还能得出：所有的基本初等函数在其定义域内都是连续的.

例 1.8.2　设 $f(x) = \begin{cases} \dfrac{\sin x}{x}, & x < 0 \\ x, & x \geqslant 0 \end{cases}$，试讨论函数 $f(x)$ 在点 $x = 0$ 处的连续性.

解： 在点 $x = 0$ 处，$f(0) = 0$，$\lim\limits_{x \to 0^-} f(x) = \lim\limits_{x \to 0^-} \dfrac{\sin x}{x} = 1$，$\lim\limits_{x \to 0^+} f(x) = \lim\limits_{x \to 0^+} x = 0$，

因 $\lim\limits_{x \to 0^+} f(x) = f(0)$，$\lim\limits_{x \to 0^-} f(x) \neq f(0)$，故函数 $f(x)$ 在 $x = 0$ 点右连续，但不左连续，从而在 $x = 0$ 点不连续，此时 $x = 0$ 点称为间断点.

1.8.1.5　函数的间断点

定义 1.8.6　设函数 $f(x)$ 在点 x_0 的某空心邻域内有定义，若以下三个条件：

(1) $f(x)$ 在点 x_0 有定义；

(2) 极限 $\lim\limits_{x \to x_0} f(x)$ 存在；

(3) $\lim\limits_{x \to x_0} f(x) = f(x_0)$.

至少有一个不满足，则函数 $f(x)$ 在点 x_0 不连续，称点 x_0 为 $f(x)$ 的间断点或不连续点.

例 1.8.3　设函数 $f(x) = \begin{cases} \dfrac{\sqrt{1+x} - 1}{x}, & x \neq 0 \\ a, & x = 0 \end{cases}$，当 a 为何值时 $f(x)$ 在点 $x = 0$ 处的连续，当 a 为何值时，$f(x)$ 在点 $x = 0$ 处不连续.

解： 因为 $\lim\limits_{x \to 0} f(x) = \lim\limits_{x \to 0} \dfrac{\sqrt{1+x} - 1}{x} = \lim\limits_{x \to 0} \dfrac{x}{x(\sqrt{1+x} + 1)} = \lim\limits_{x \to 0} \dfrac{1}{\sqrt{1+x} + 1} = \dfrac{1}{2}$，

$f(0)=a$，所以当 $a=\frac{1}{2}$时，$\lim\limits_{x\to 0}f(x)=f(0)$，函数 $f(x)$ 在 $x=0$ 处连续．当 $a\neq\frac{1}{2}$ 时，$\lim\limits_{x\to 0}f(x)\neq f(0)$，函数 $f(x)$ 在 $x=0$ 处不连续．

1.8.2　初等函数的连续性

根据连续函数的定义和极限的运算法则，可以直接得到连续函数的运算法则．

定理 1.8.2（四则运算法则）　设函数 $f(x)$ 和 $g(x)$ 在点 x_0 处连续，则

(1) $f(x)\pm g(x)$ 在点 x_0 连续；

(2) $f(x)\cdot g(x)$ 在点 x_0 连续；

(3) $\frac{f(x)}{g(x)}$（其中 $g(x_0)\neq 0$）在点 x_0 连续．

定理 1.8.2 可简述为：连续函数经过四则运算后得到的函数在其定义区间上还是连续函数．

定理 1.8.3（复合函数的连续性）　设 $u=\varphi(x)$ 在点 x_0 处连续，$y=f(u)$ 在对应的点 u_0（即 $u_0=\varphi(x_0)$）连续，则复合函数 $y=f[\varphi(x)]$ 在点 x_0 连续．

定理 1.8.3 可简述为：由连续函数复合而成的复合函数在其定义区间上还是连续函数．

初等函数是由基本初等函数经过有限次四则运算和复合运算得到的，而基本初等函数在其定义域内都是连续的，所以由定理 1.8.2 和定理 1.8.3 可得出以下结论．

定理 1.8.4　初等函数在其定义区间上都是连续的．

根据定理 1.8.4 和连续的定义可知，求初等函数在其定义区间上的点 x_0 处的极限，只要求出函数在该点处的函数值就可以了．若 x_0 不在初等函数 $f(x)$ 的定义区间上，在计算 $\lim\limits_{x\to x_0}f(x)$ 时，我们通常的做法是通过对函数 $f(x)$ 进行等价变形（指保持极限不变），如约去零因子，以后还有洛比达法则等，使 x_0 落在等价变形后的初等函数的定义区间上，然后将 x_0 代入变形后的初等函数，即可求出极限 $\lim\limits_{x\to x_0}f(x)$．

例 1.8.4　求 $\lim\limits_{x\to 1}[\ln(3-2x)+e^{\sin(x-1)}]$．

解：由于 $\ln(3-2x)+e^{\sin(x-1)}$ 是初等函数，$x=1$ 在其定义区间上，根据初等函数的连续性，它在点 $x=1$ 连续，因此

$$\lim_{x\to 1}[\ln(3-2x)+e^{\sin(x-1)}]=\ln(3-2\times 1)+e^{\sin(1-1)}=\ln 1+e^{0}=1$$

例 1.8.5　求 $\lim\limits_{x\to 0}\frac{\tan x}{x}$．

解：$\lim\limits_{x\to 0}\frac{\tan x}{x}=\lim\limits_{x\to 0}\frac{\sin x}{x\cos x}=\lim\limits_{x\to 0}\frac{x}{x\cos x}=\lim\limits_{x\to 0}\frac{1}{\cos x}=\frac{1}{\cos 0}=1$

例 1.8.6　求$\lim\limits_{x\to 0}\frac{\arctan x}{x}$.

解：令 $t=\arctan x$，则 $x=\tan t$，且当 $x\to 0$ 时，$t\to 0$，于是

$$\lim_{x\to 0}\frac{\arctan x}{x}=\lim_{t\to 0}\frac{t}{\tan t}=1$$

例 1.8.7　求$\lim\limits_{x\to 0}\frac{e^x-1}{x}$.

解：令 $t=e^x-1$，则 $x=\ln(1+t)$，故

$$\lim_{x\to 0}\frac{e^x-1}{x}=\lim_{t\to 0}\frac{t}{\ln(1+t)}=\lim_{t\to 0}\frac{t}{t}=1$$

由前面的一些例子我们不难得到以下结论：当 $x\to 0$ 时，$x\sim\sin x\sim\tan x\sim\arcsin x\sim\arctan x\sim\ln(1+x)\sim e^x-1$. 以后在求极限时经常用到这些结论.

例 1.8.8　求$\lim\limits_{x\to 0}\frac{x\ln(1+x)}{1-\cos x}$.

解：当 $x\to 0$ 时，$\ln(1+x)\sim x, 1-\cos x\sim\frac{1}{2}x^2$，故

$$\lim_{x\to 0}\frac{x\ln(1+x)}{1-\cos x}=\lim_{x\to 0}\frac{x\cdot x}{\frac{1}{2}x^2}=2$$

例 1.8.9　求函数 $y=\frac{2}{x-1}$的间断点.

解：因为函数 $y=\frac{2}{x-1}$为初等函数，定义区间为$(-\infty,1)\cup(1,+\infty)$，故在$(-\infty,1)\cup(1,+\infty)$上连续；而在 $x=1$ 处没有定义，所以 $x=1$ 为函数 $y=\frac{2}{x-1}$的唯一间断点.

1.8.3　分段函数的连续性

以上我们主要研究了初等函数的连续性，下面研究分段函数的连续性. 由于分段函数在除了分界点之外的各开区间内都是初等函数，因此在各开区间内，分段函数都是连续的，故研究分段函数的连续性关键是研究其在分界点处的连续性.

例 1.8.10　设 $f(x)=\begin{cases}x^2\sin\frac{1}{x}, & x<0\\ 1, & x=0\\ e^{-\frac{1}{x}}+1, & x>0\end{cases}$，试讨论函数 $f(x)$ 在其定义域内的连续性.

解：当 $x\in(-\infty,0)$时，$f(x)=x^2\sin\frac{1}{x}$；当 $x\in(0,+\infty)$时，$f(x)=e^{-\frac{1}{x}}+1$；它们均为初等函数，因此$f(x)$在$(-\infty,0)$和$(0,+\infty)$内都连续.

在 $x=0$ 点，$f(0-0)=\lim\limits_{x\to0^-}x^2\sin\frac{1}{x}=0$，$f(0)=1$，$f(0-0)\neq f(0)$，所以$f(x)$在 $x=0$ 点间断.

综上可知，函数$f(x)$在$(-\infty,0)$和$(0,+\infty)$内连续，在 $x=0$ 点不连续.

例 1.8.11 设$f(x)=\begin{cases}\frac{\sin2x}{x}, & x<0\\(x+k)^2, & x\geqslant0\end{cases}$在其定义域内连续，求常数 k 的值.

解：因为$f(x)$在其定义域内连续，所以$f(x)$必在 $x=0$ 处连续，故应有

$$\lim_{x\to0^-}f(x)=\lim_{x\to0^+}f(x)=f(0)$$

而$\lim\limits_{x\to0^-}f(x)=\lim\limits_{x\to0^-}\frac{\sin2x}{x}=\lim\limits_{x\to0^-}\frac{2x}{x}=2$，$\lim\limits_{x\to0^+}f(x)=f(0)=k^2$，所以 $k^2=2$，即 $k=\pm\sqrt{2}$.

1.8.4 闭区间上连续函数的性质

函数在闭区间上连续，反映在几何上就是其图形在该闭区间内是一条连绵不断的曲线，由此我们不难得到闭区间上连续函数的下面三个重要性质.

定理 1.8.5（最值性） 若函数$f(x)$在闭区间$[a,b]$上连续，则$f(x)$在$[a,b]$上一定能取得最小值和最大值（见图 1－28）.

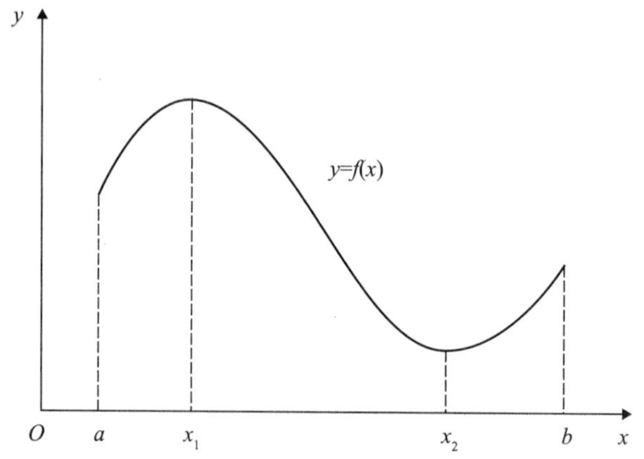

图 1－28

从图 1－28 显然可以看出，$f(x_1)$为函数的最大值，$f(x_2)$为函数的最小值.

定理 1.8.6（有界性） 若函数$f(x)$在闭区间$[a,b]$上连续，则$f(x)$在$[a,b]$上有界.

由定理 1.8.5 可知函数$f(x)$在闭区间$[a,b]$既有最大值又有最小值，所以函数

$f(x)$在闭区间$[a, b]$既有上界又有下界，从而有界.

定理 1.8.7（介值定理）　若函数$f(x)$在闭区间$[a, b]$上连续，则$f(x)$必能取得介于最大值 M 与最小值 m 之间的一切实数（见图 1－29）.

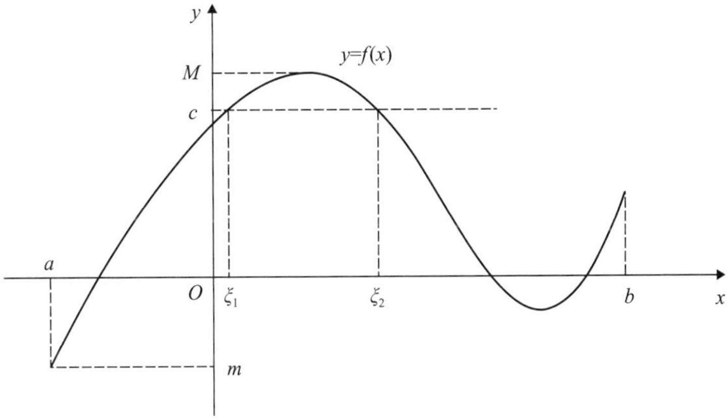

图 1－29

从图 1－29 可以看出，对给定的常数 c，当 $m<c<M$ 时，我们可找到两点 ξ_1, ξ_2，使得$f(\xi_1)=f(\xi_2)=c$，即函数值可取得 c.

推论（零点定理） 若函数$f(x)$在闭区间$[a, b]$上连续，$f(a)$与$f(b)$异号，则在(a, b)内至少存在一点 ξ，使得$f(\xi)=0$（见图 1－30）.

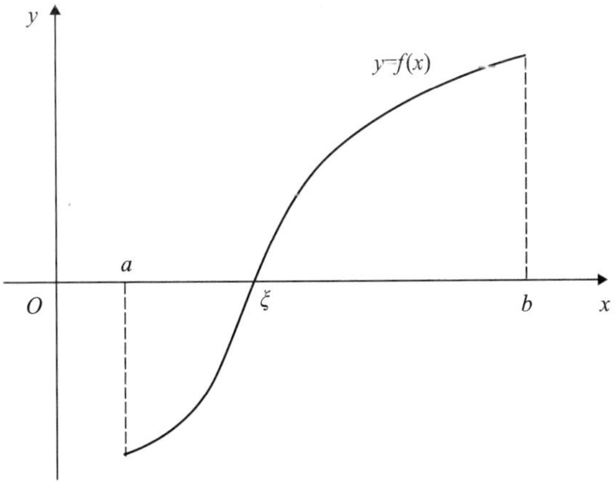

图 1－30

对于定理 1.8.5、定理 1.8.6 和定理 1.8.7，连续和闭区间这两个条件如果有一条不满足，则这三个定理不一定成立.

例如，连续函数$f(x)=5x$ 在开区间$(1, 5)$上既没有最大值，也没有最小值.

例 1.8.12　证明方程 $x^4+2x-1=0$ 在 $(0, 1)$ 内至少存在一个实根.

证明： 令 $f(x)=x^4+2x-1$，则 $f(x)$ 在 $[0,1]$ 上连续，且 $f(0)=-1<0$，$f(1)=2>0$，由零点定理可得在 $(0,1)$ 内至少存在一点 ξ，使得 $f(\xi)=\xi^4+2\xi-1=0$，即方程 $x^4+2x-1=0$ 在 $(0,1)$ 内至少存在一个实根.

习题 1.8

1. 函数 $f(x)$ 在点 x_0 处有定义是 $f(x)$ 在点 x_0 处连续的（　　）.

A. 必要不充分条件　　B. 充分不必要条件

C. 充分必要条件　　D. 既不充分又不必要条件

2. 设函数 $f(x)=\begin{cases}\dfrac{\sqrt{x+9}-3}{x}, & x\neq 0\\ k, & x=0\end{cases}$ 在点 $x=0$ 处连续，求常数 k 的值.

3. 设 $f(x)=\begin{cases}x^2+1, & x<0\\ x, & 0\leqslant x\leqslant 1\\ 2-x, & 1<x\leqslant 2\end{cases}$，试判断函数 $f(x)$ 在点 $x=0$ 和 $x=1$ 处是否连续.

4. 设 $f(x)=\begin{cases}\dfrac{1}{x}\sin 2x, & x<0\\ a, & x=0\\ x\sin\dfrac{1}{x}+b, & x>0\end{cases}$，若函数 $f(x)$ 在其定义域内连续，求常数 a，b 的值.

5. 求下列函数的间断点：

（1）$f(x)=\dfrac{x+2}{x^2+x-2}$

（2）$f(x)=\begin{cases}\dfrac{\sin x}{2x}, & x\neq 0\\ 0, & x=0\end{cases}$

6. 求下列极限：

（1）$\lim\limits_{x\to 1}\dfrac{x\sin(2x-2)}{\arctan(5x^2-5x)}$

（2）$\lim\limits_{x\to 1}\dfrac{\sqrt{x^2-1}}{\ln\left(\sin\dfrac{\pi}{4}x\right)}$

（3）$\lim\limits_{x\to 0}\dfrac{\tan x-\sin x}{\sin^3 x}$

（4）$\lim\limits_{x\to\infty}x\tan\dfrac{2x}{x^2+1}$

7. 求函数 $f(x)=\frac{x^2+2x-3}{x^2+x-6}$ 的连续区间，并求 $\lim\limits_{x\to 0}f(x)$，$\lim\limits_{x\to -3}f(x)$ 及 $\lim\limits_{x\to\infty}f(x)$.

8. 证明方程 $e^{3x}-x=2$ 在（0，1）内至少存在一个实根.

本章小结

函数是微积分的主要研究对象. 本章首先介绍了函数的概念，函数反映了变量之间的某种依赖关系，包含定义域和对应法则两个要素，两个函数相同当且仅当其定义域和对应法则均相同. 函数的基本特性包括单调性、奇偶性、周期性、有界性等. 初等函数和分段函数是微积分研究的两类主要函数. 在经济学中常用的函数有成本函数、收益函数、利润函数、需求函数和供给函数等.

极限是微积分学的基本研究方法，它研究一个变量的变化对另一个变量所产生的影响趋势. 本章介绍了极限的概念、极限的性质、极限的运算法则、无穷小量和无穷大量. 无穷小量是在某一变化过程中极限为零的函数，无穷大量是在某一变化过程中绝对值无限增大的函数. 极限的运算法则、两个重要极限、等价无穷小的替换和初等函数的连续性是求极限的重要方法. 无穷小量乘以有界变量还是无穷小量是求极限的一个常用结论. 熟记以下结论：当 $x\to 0$ 时，$x\sim\sin x\sim\tan x\sim\arcsin x\sim\arctan x\sim\ln(1+x)\sim e^x-1$，$1-\cos x\sim\frac{1}{2}x^2$，可简化某些极限的求法.

连续函数是常见的一类函数，本章最后介绍了函数连续的定义和闭区间上连续函数的性质. 函数在某点连续是指当自变量改变量趋近于 0 时，函数的改变量也趋近于 0，当函数在某点连续时，其在该点处的极限等于在该点处的函数值. 初等函数在其定义区间上都是连续的，闭区间上的连续函数具有最值性、有界性和介值性.

自测题 1

1. 填空题.

（1）函数 $y=\lg\left[\left(\frac{1}{2}\right)^x-1\right]$ 的定义域是________.

（2）若 $f(x-1)=x^2-2x+2$，则函数 $f(x)=$________.

（3）设 $\lim\limits_{x\to 2}f(x)=3$，$\lim\limits_{x\to 2}g(x)=1$，则 $\lim\limits_{x\to 2}[2f(x)-3g(x)]=$________.

（4）设函数 $f(x)=\begin{cases}\frac{\sin 2x}{x}, & x<0\\ 3x+k, & x\geqslant 0\end{cases}$ 在 $x=0$ 处存在极限，则常数 $k=$________.

（5）$\lim\limits_{x\to\infty}\left(1-\frac{3}{x}\right)^x=$________.

(6) 函数 $f(x)=\dfrac{x^2-4}{x-2}$ 的间断点是________.

2. 选择题.

(1) 函数 $f(x)=\dfrac{5^x-5^{-x}+6x}{2}$ (　　).

A. 是奇函数　　B. 是偶函数

C. 既是奇函数，又是偶函数　　D. 既不是奇函数，也不是偶函数

(2) 当项数 $n\to\infty$ 时，数列 $0,\dfrac{1}{3},\dfrac{2}{4},\dfrac{3}{5},\dfrac{4}{6},\cdots$ 是 (　　).

A. 以 0 为极限　　B. 以 1 为极限

C. 以 $\dfrac{n-1}{n+1}$ 为极限　　D. 极限不存在

(3) 下列极限存在的是 (　　).

A. $\lim\limits_{x\to\infty}\sin x$　　B. $\lim\limits_{x\to 0}e^{\frac{1}{x}}$

C. $\lim\limits_{x\to 0}\dfrac{1}{e^x-1}$　　D. $\lim\limits_{x\to\infty}\dfrac{2x^3-5x}{x^3+x+2}$

(4) 设 $\lim\limits_{x\to 0}\dfrac{\sin ax}{x}=3$，则 a 的值是 (　　).

A. $\dfrac{1}{3}$　　B. 1

C. 2　　D. 3

(5) 当 $x\to 0$ 时，x 是 $\sin x-x$ 的 (　　).

A. 高阶无穷小量　　B. 低阶无穷小量

C. 等价无穷小量　　D. 同阶无穷小量

(6) $\lim\limits_{x\to 0}\dfrac{\sin x}{|x|}=$ (　　).

A. 1　　B. -1

C. 0　　D. 不存在

(7) $\lim\limits_{x\to 0}\dfrac{\sqrt{1+3x}-1}{\tan 2x}=$ (　　).

A. $\dfrac{3}{2}$　　B. 0

C. 1　　D. $\dfrac{3}{4}$

(8) 设函数 $f(x)=\begin{cases}\dfrac{1-e^x}{6x}, & x\neq 0\\ k, & x=0\end{cases}$ 在点 $x=0$ 处连续，则 k 等于 (　　).

A. 0　　　　B. $-\frac{1}{6}$

C. $\frac{1}{2}$　　　　D. 2

3. 判断下列命题正确还是错误：

(1) $f(x)=\frac{x}{x}$与$g(x)=1$是相同的函数. (　　)

(2) 函数$f(x)=\frac{1}{x}$在$(0,3)$内是有界函数. (　　)

(3) 若$\lim\limits_{n\to\infty}u_n$存在，则数列$\{u_n\}$有界，反之也成立. (　　)

(4) $\lim\limits_{x\to\infty}e^{\frac{1}{x}}=0$. (　　)

(5) 若函数$f(x)$在点x_0连续，则它在该点必有极限. (　　)

4. 求下列极限：

(1) $\lim\limits_{x\to1}\frac{x^2-3x+2}{x^2-1}$　　(2) $\lim\limits_{x\to+\infty}\frac{\sqrt{x^2-3x}}{2x+1}$

(3) $\lim\limits_{x\to0}\ln\frac{\arcsin x}{x}$　　(4) $\lim\limits_{x\to\frac{\pi}{6}}\ln(2\cos2x)$

(5) $\lim\limits_{x\to0}\frac{\ln(1+2x)}{\tan5x}$　　(6) $\lim\limits_{x\to+\infty}\left(\frac{x}{1+x}\right)^{3x}$

(7) $\lim\limits_{x\to\infty}\frac{(x^2+1)\arctan x}{2x^4+x}$　　(8) $\lim\limits_{n\to\infty}2^n\sin\frac{x}{2^n}$

5. 设函数$f(x)=\begin{cases}\sin x+2, & x\leqslant0\\ x^2+1, & 0<x\leqslant1\\ \frac{2}{x}, & x>1\end{cases}$，判断$f(x)$在点$x=0$和$x=1$处是否连续.

6. 设某商品的价格为8，产量为x时的成本为$C(x)=7+2x+x^2$：

(1) 求该商品的利润函数.

(2) 产量为多少时利润最大？

拓展阅读

我国古代朴素的极限思想

《庄子·天下篇》记载“一日之棰，日取其半，万世不竭”，意思是一尺长的木棒，每日截取它的一半，永远截不完，这里蕴含着极限的思想.

一尺长的木棒，第一天截取一半，余下的长度是$\frac{1}{2}$，第二天截取余下木棒长度的一半，余下木棒的长度是$\frac{1}{2^2}$，第三天再截取余下木棒长度的一半，余下木棒的长度是$\frac{1}{2^3}$，这样一直截下去，余下木棒的长度就可以构成一个数列：

$$\frac{1}{2},\frac{1}{2^2},\frac{1}{2^3},\cdots,\frac{1}{2^n},\cdots$$

一方面，由于数列的每一项都不为零，说明余下的木棒永远截不完；另一方面，余下木棒的长度可无限趋近于零，表示随着数列项数 n 的无限增大，所对应的项$\frac{1}{2^n}$无限趋近于零，体现在数学上，就相当于当 $n\to\infty$ 时，数列$\left\{\frac{1}{2^n}\right\}$的极限为零，即

$$\lim_{n\to\infty}\frac{1}{2^n}=0$$

可见，我国古人的想法蕴含了朴素的极限思想．后来，我国魏晋时期的伟大数学家刘徽利用“割圆术”计算圆的面积和圆周率的方法则是极限思想的重要应用．《九章算术注》中记载，“割之弥细，所失弥少，割之有割，以至于不可割，则与圆周合体而无所失矣”．刘徽基于极限这一思想计算圆周率的方法，奠定了此后千余年来中国圆周率计算在世界上的领先地位．我们有理由相信，在我们的共同努力下，中华民族一定会为世界数学的发展做出更大的贡献．

极限这一思想方法是无限与有限、精确与近似，运动与静止的辩证统一，大家在学习中要注意领会．

第2章

一元函数微分学及其应用

学习目的与要求

- 理解导数的概念和几何意义，会求曲线的切线方程和法线方程
- 熟练掌握导数的四则运算法则、复合函数的求导法则和基本初等函数的导数公式，会利用它们求初等函数的导数
- 理解高阶导数的概念，会求函数的高阶导数
- 理解微分的概念，会求函数的微分
- 掌握洛必达法则，会用洛必达法则求几种未定式的极限
- 会用导数讨论函数的单调性，求函数的极值和最值
- 会用导数讨论曲线的凹、凸性和求曲线的拐点
- 理解边际函数和弹性函数的概念，会利用导数进行边际分析和弹性分析

一元函数微分学是微积分的重要组成部分，主要研究一元函数的导数、微分及其应用，其中导数反映了因变量相对于自变量变化的快慢程度，微分则表示当自变量有微小变化时引起的因变量的大致改变量. 在解决实际问题中，它们有着广泛的应用. 本章主要介绍导数与微分的概念、运算及其应用.

2.1 导数的概念

2.1.1 引例

导数概念同数学中的其他很多概念一样，是从现实世界中许多实际问题里抽象出来的. 下面从与导数概念的形成有密切关系的两个问题，即物体运动的瞬时

速度问题和曲线在某点处的切线斜率问题，引出导数的概念.

2.1.1.1 瞬时速度问题

例 2.1.1 设某一物体沿直线作变速运动，物体的位移方程为 $s=f(t)$，求物体在 t_0 时刻的瞬时速度.

解： 先求近似值：取 Δt 很小，则物体在 $[t_0,t_0+\Delta t]$ 这段时间内的平均速度 $\bar{v}$ 比较接近 t_0 时刻的瞬时速度 $v(t_0)$，把其作为物体在 t_0 时刻的瞬时速度的近似值是合适的，从而得瞬时速度 $v(t_0)$ 的近似值为

$$v(t_0)\approx\bar{v}=\frac{\Delta s}{\Delta t}=\frac{f(t_0+\Delta t)-f(t_0)}{\Delta t}$$

再求精确值：可以想象，Δt 越小，用平均速度 $\bar{v}$ 表示 t_0 时刻的瞬时速度 $v(t_0)$ 一般越精确，因而当 Δt 无限变小时，即 $\Delta t\to 0$ 时，平均速度 $\bar{v}$ 的极限即为物体在 t_0 时刻的瞬时速度，故

$$v(t_0)=\lim_{\Delta t\to 0}\frac{f(t_0+\Delta t)-f(t_0)}{\Delta t}$$

2.1.1.2 切线的斜率问题

为了解决这一问题，我们首先明确曲线在某点处切线的概念．设 M 为曲线 $y=f(x)$ 上一定点，在 M 附近取曲线上另外一点 N，作割线 MN，当点 N 沿曲线趋于点 M 时，割线 MN 的极限位置 MT 即为曲线 $y=f(x)$ 在点 M 处的切线（见图 2-1）. 切线的定义为我们求切线斜率提供了一个思路：先求出切线附近的割线 MN 的斜率，作为切线 MT 斜率的近似值，再让点 N 无限趋近于点 M，即令 $\Delta x\to 0$，割线 MN 斜率的极限即为切线 MT 的斜率.

例 2.1.2 求曲线 $y=f(x)$ 在点 $M(x_0,f(x_0))$ 处的切线斜率.

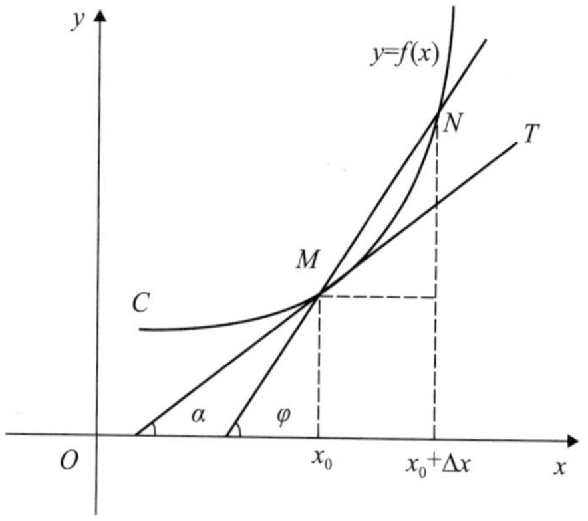

图 2-1

解： 先求近似值：取点 $N(x_0+\Delta x,f(x_0+\Delta x))$ 为曲线上距离点 $M(x_0,f(x_0))$ 较近的一点，则割线 MN 和切线 MT 比较接近，因而此时割线 MN 的斜率 K_{MN} 和

切线 MT 的斜率 K_{MT} 比较接近，从而可用割线 MN 的斜率作为切线 MT 的斜率近似值，求得切线 MT 的斜率近似值为

$$K_{MT}\approx K_{MN}=\frac{f(x_0+\Delta x)-f(x_0)}{\Delta x}$$

再求精确值：令 $\Delta x\to 0$，对割线斜率取极限得切线斜率为

$$K_{MT}=\lim_{\Delta x\to 0}\frac{f(x_0+\Delta x)-f(x_0)}{\Delta x}$$

从上面的两个实际问题可以看出：尽管两个问题的实际意义不同，但从抽象的数量关系来看，它们的实质是一样的，都归结为计算当自变量的改变量趋于 0 时，函数改变量与自变量改变量的比值的极限．这种特殊形式的极限就是所谓的导数．

另外，从以上两个引例，大家注意领会极限的重要作用：通过取极限可以使近似值逐渐逼近并最终转化为精确值（真实值），以后我们还会经常用到这一思想方法．

2.1.2　导数的定义

定义 2.1.1　设函数 $y=f(x)$ 在点 x_0 的某邻域内有定义，Δx 表示自变量在点 x_0 的改变量，相应的函数的改变量为 $\Delta y=f(x_0+\Delta x)-f(x_0)$，若极限

$$\lim_{\Delta x\to 0}\frac{\Delta y}{\Delta x}=\lim_{\Delta x\to 0}\frac{f(x_0+\Delta x)-f(x_0)}{\Delta x} \tag{2-1}$$

存在，则称此极限为函数 $f(x)$ 在点 x_0 处的导数，记作 $f'(x_0)$，并称函数 $f(x)$ 在点 x_0 可导．若该极限不存在，则称函数 $f(x)$ 在点 x_0 不可导．

注：（1）若令 $x=x_0+\Delta x$，则式（2-1）可化为如下等价形式：

$$f'(x_0)=\lim_{x\to x_0}\frac{f(x)-f(x_0)}{x-x_0} \tag{2-2}$$

（2）若极限 $\lim\limits_{\Delta x\to 0}\dfrac{f(x_0+\Delta x)-f(x_0)}{\Delta x}$ 为无穷大，导数是不存在的，但为了叙述方便，我们称 $f(x)$ 在点 x_0 的导数为无穷大，并记作 $f'(x_0)=\infty$．此时曲线 $y=f(x)$ 在点 $M(x_0,f(x_0))$ 处的切线垂直于 x 轴，切线方程为 $x=x_0$．

（3）函数 $y=f(x)$ 在点 x_0 的导数还可以表示为 $y'|_{x=x_0}$，$\left.\dfrac{dy}{dx}\right|_{x=x_0}$，$\left.\dfrac{df}{dx}\right|_{x=x_0}$ 和 $y'(x_0)$ 等形式．

（4）导数 $f'(x_0)$ 反映了函数 $y=f(x)$ 在点 x_0 处因变量 y 关于自变量 x 的变化率，其绝对值越大，y 相对于 x 的变化越快，若其为正，则表明 y 与 x 的变化方向相同，若其为负，则表明 y 与 x 的变化方向相反．

由导数的定义可得：

（1）若变速直线运动物体的位移方程为 $s=f(t)$，则物体在 t_0 时刻的瞬时速

度等于 $s=f(t)$ 在 t_0 处的导数 $f'(t_0)$.

（2）曲线 $y=f(x)$ 在点 (x_0,y_0) 处的切线的斜率等于 $y=f(x)$ 在点 x_0 处的导数 $f'(x_0)$.

例 2.1.3 求 $f(x)=x^2$ 在点 $x=2$ 处的导数.

解：（解法 1）根据式（2－1）有

$$f'(2)=\lim_{\Delta x\to 0}\frac{f(2+\Delta x)-f(2)}{\Delta x}=\lim_{\Delta x\to 0}\frac{(2+\Delta x)^2-2^2}{\Delta x}$$
$$=\lim_{\Delta x\to 0}\frac{2^2+4\Delta x+(\Delta x)^2-2^2}{\Delta x}=\lim_{\Delta x\to 0}(4+\Delta x)=4$$

（解法 2）根据式（2－2）有

$$f'(2)=\lim_{x\to 2}\frac{f(x)-f(2)}{x-2}=\lim_{x\to 2}\frac{x^2-2^2}{x-2}$$
$$=\lim_{x\to 2}(x+2)=4$$

2.1.3 导数的几何意义

由例 2.1.2 和导数的定义可得导数的几何意义：函数 $y=f(x)$ 在点 x_0 处的导数 $f'(x_0)$ 表示曲线 $y=f(x)$ 在点 $M(x_0,y_0)$ 处的切线的斜率，即 $f'(x_0)=k_{MT}$，如图 2－1 所示.

根据直线的点斜式方程，易得切线的方程为：

$$y-y_0=f'(x_0)(x-x_0)$$

过切点 M 且与切线垂直的直线称为曲线 $y=f(x)$ 在点 M 处的法线，若 $f'(x_0)\neq 0$，则法线的斜率为 $-\frac{1}{f'(x_0)}$，从而法线方程为：

$$y-y_0=-\frac{1}{f'(x_0)}(x-x_0)$$

例 2.1.4 求曲线 $f(x)=x^3$ 在点 $(1,1)$ 处的切线方程和法线方程.

解： $f'(1)=\lim_{x\to 1}\frac{f(x)-f(1)}{x-1}=\lim_{x\to 1}\frac{x^3-1^3}{x-1}=\lim_{x\to 1}(x^2+x+1)=3$

故切线斜率为 $k=f'(1)=3$，切线方程为 $y-1=3(x-1)$，即 $3x-y-2=0$，法线方程为 $y-1=-\frac{1}{3}(x-1)$，即 $x+3y-4=0$.

2.1.4 左、右导数

在定义 2.1.1 中，若 Δx 分别只从小于 0 的方向或大于 0 的方向趋近于 0，即得左、右导数的定义.

定义 2.1.2　若极限

$$\lim_{\Delta x \to 0^-} \frac{f(x_0+\Delta x)-f(x_0)}{\Delta x}$$

存在，则称此极限值为函数 $f(x)$ 在点 x_0 处的左导数，记作 $f'_-(x_0)$，即

$$f'_-(x_0)=\lim_{\Delta x \to 0^-} \frac{f(x_0+\Delta x)-f(x_0)}{\Delta x}$$

类似的可定义 $f(x)$ 在点 x_0 处的右导数为

$$f'_+(x_0)=\lim_{\Delta x \to 0^+} \frac{f(x_0+\Delta x)-f(x_0)}{\Delta x}$$

左、右导数的定义式还有如下等价形式

$$f'_-(x_0)=\lim_{x \to x_0^-} \frac{f(x)-f(x_0)}{x-x_0}$$

$$f'_+(x_0)=\lim_{x \to x_0^+} \frac{f(x)-f(x_0)}{x-x_0}$$

由导数和左、右导数的定义可得函数在一点处的左导数、右导数和导数有如下关系.

定理 2.1.1　函数 $y=f(x)$ 在点 x_0 处可导的充分必要条件是其在点 x_0 处的左、右导数都存在且相等.

该定理主要用于研究分段函数在分界点处的可导性.

例 2.1.5　判断函数 $f(x)=\begin{cases}\sin x, & x<0\\ x, & x\geqslant 0\end{cases}$ 在点 $x=0$ 处是否可导，若可导，求 $f'(0)$.

解：$f'_-(0)=\lim\limits_{x\to 0^-}\dfrac{f(x)-f(0)}{x-0}=\lim\limits_{x\to 0^-}\dfrac{\sin x-0}{x-0}=\lim\limits_{x\to 0^-}\dfrac{\sin x}{x}=1$

$f'_+(0)=\lim\limits_{x\to 0^+}\dfrac{f(x)-f(0)}{x-0}=\lim\limits_{x\to 0^+}\dfrac{x-0}{x-0}=\lim\limits_{x\to 0^+}\dfrac{x}{x}=1$

$f'_-(0)=f'_+(0)=1$

所以函数 $f(x)$ 在点 $x=0$ 处可导，且 $f'(0)=1$.

2.1.5　导函数的定义

若函数 $y=f(x)$ 在开区间 (a, b) 内的每一个点处都可导，则称函数 $y=f(x)$ 在开区间 (a, b) 内可导，这时对于区间 (a, b) 内的每一点 x，都有一个导数 $f'(x)$ 与之对应，并且随着 x 的变化而变化，是关于 x 的函数，称 $f'(x)$ 为函数 $y=f(x)$ 在区间 (a, b) 内的导函数，简称导数，记为 $f'(x)$，y' 或 $\dfrac{dy}{dx}$ 等.

函数 $y=f(x)$ 在闭区间 $[a, b]$ 上可导是指函数 $y=f(x)$ 在区间 (a, b) 内处处可

导，且在左端点 a 处的右导数存在，在右端点 b 处的左导数存在.

将导数的定义式（2-1）中的 x_0 换为 x 即得导函数的定义式

$$f'(x)=\lim_{\Delta x\to 0}\frac{\Delta y}{\Delta x}=\lim_{\Delta x\to 0}\frac{f(x+\Delta x)-f(x)}{\Delta x}$$

$f(x)$在点 x_0 处的导数$f'(x_0)$是导函数$f'(x)$在点 x_0 处的函数值，即

$$f'(x_0)=f'(x)|_{x=x_0}$$

因此，求$f(x)$在点 x_0 处的导数$f'(x_0)$，可先求出$f(x)$的导函数$f'(x)$，然后将 x_0 代入$f'(x)$即可.

例 2.1.6 设$f(x)=\sqrt{x}$，求$f'(x)$，$f'(1)$，$f'(4)$.

解：

$$f'(x)=\lim_{\Delta x\to 0}\frac{f(x+\Delta x)-f(x)}{\Delta x}=\lim_{\Delta x\to 0}\frac{\sqrt{x+\Delta x}-\sqrt{x}}{\Delta x}$$

$$=\lim_{\Delta x\to 0}\frac{(\sqrt{x+\Delta x}-\sqrt{x})(\sqrt{x+\Delta x}+\sqrt{x})}{\Delta x(\sqrt{x+\Delta x}+\sqrt{x})}$$

$$=\lim_{\Delta x\to 0}\frac{1}{(\sqrt{x+\Delta x}+\sqrt{x})}=\frac{1}{2\sqrt{x}}$$

所以$f'(1)=\dfrac{1}{2\sqrt{1}}=\dfrac{1}{2}$，$f'(4)=\dfrac{1}{2\sqrt{4}}=\dfrac{1}{4}$

2.1.6 可导与连续的关系

根据导数与连续的定义可得：

定理 2.1.2 如果函数 $y=f(x)$在点 x_0 处可导，则在点 x_0 处连续.

这个定理的逆命题不成立，即如果函数 $y=f(x)$在点 x_0 处连续，则它在点 x_0 处不一定可导，故连续是可导的必要不充分条件. 例如，$y=|x|$在点 $x=0$ 处连续，但不可导. 这可从其图形（见图 1-23）直观地看出来，其图形在点 $x=0$ 处比较尖（一般比较尖的点为不可导点），但没有断开，所以 $y=|x|$在点 $x=0$ 处连续但不可导.

习题 2.1

1. 设$f(x)=\ln x$，利用导数定义求$f'(1)$，并求曲线 $y=f(x)$在点$(1,0)$处的切线与法线方程.

2. 设$f(x)=5x^2$，利用导数定义求$f'(x)$，并利用此结果求$f'(1)$，$f'(-10)$.

3. 已知做变速直线运动的某物体的位移方程为 $s=t^2+5$，求物体在 $t=2$ 时的速度.

4. 判断函数 $y=x^{\frac{1}{3}}$在点 $x=0$ 处是否可导，并求曲线 $y=x^{\frac{1}{3}}$在点（0，0）处的

切线方程.

5. 证明 $y=|x|$ 在点 $x=0$ 处连续但不可导.

6. 设 $f'(x_0)=4$，求 $\lim\limits_{h\to 0}\dfrac{f(x_0+4h)-f(x_0)}{h}$.

2.2 导数的基本公式与运算法则

尽管利用导数定义可以求函数的导数，但是若对每个函数都根据定义求导，计算量无疑很大，尤其是当一个函数的表达式比较复杂时，直接根据定义求导数将变得非常困难，因此我们需要寻找更加简便有效的求导方法. 在本节中，我们给出基本初等函数的求导公式和导数的四则运算法则、复合函数的求导法则，而初等函数是由基本初等函数经过四则运算和复合运算得到的，借助这些公式和法则，我们就能方便快捷地求初等函数的导数，进一步也能求分段函数的导数了.

2.2.1 基本初等函数的导数公式

例 2.2.1 求 $f(x)=\sin x$ 的导数.

解：
$$(\sin x)'=\lim_{\Delta x\to 0}\frac{\sin(x+\Delta x)-\sin x}{\Delta x}=\lim_{\Delta x\to 0}\frac{2\cos\left(x+\frac{\Delta x}{2}\right)\sin\frac{\Delta x}{2}}{\Delta x}$$
$$=\lim_{\Delta x\to 0}\cos\left(x+\frac{\Delta x}{2}\right)\lim_{\Delta x\to 0}\frac{\sin\frac{\Delta x}{2}}{\frac{\Delta x}{2}}=\cos x$$

这样我们就得到了正弦函数的求导公式：$(\sin x)'=\cos x$.

根据导数定义，我们还可得到一些基本初等函数的导数公式，一并列在下面：

(1) $(C)'=0$；　　(2) $(x^n)'=nx^{n-1}$（n 为任意实数）；

(3) $(\sin x)'=\cos x$；　　(4) $(\cos x)'=-\sin x$；

(5) $(a^x)'=a^x\ln a\,(a>0$,且 $a\neq 1)$；　　(6) $(e^x)'=e^x$；

(7) $(\log_a x)'=\dfrac{1}{x\ln a}\,(a>0$,且 $a\neq 1)$；　　(8) $(\ln x)'=\dfrac{1}{x}$.

反三角函数的求导公式，则可利用以下结论求出：

定理 2.2.1 设函数 $y=f(x)$ 的反函数为 $x=f^{-1}(y)$，若 $y=f(x)$ 可导，则 $x=f^{-1}(y)$ 也可导，且
$$f'(x)(f^{-1}(y))'=1 \tag{2-3}$$

例 2.2.2 求 $y=\arcsin x$ 的导数.

解： $y=\arcsin x$ 的反函数为 $x=\sin y$，由公式（2-3）得

$$(\arcsin x)'=\frac{1}{(\sin y)'}=\frac{1}{\cos y}=\frac{1}{\sqrt{1-(\sin y)^2}}=\frac{1}{\sqrt{1-x^2}},\quad x\in(-1,1)$$

类似的可推出其余三个反三角函数的导数，一并写在下面，以后可直接使用.

$$(\arcsin x)'=\frac{1}{\sqrt{1-x^2}}\qquad (\arccos x)'=-\frac{1}{\sqrt{1-x^2}}$$

$$(\arctan x)'=\frac{1}{1+x^2}\qquad (\operatorname{arccot} x)'=-\frac{1}{1+x^2}$$

例 2.2.3 求下列函数的导数：

（1）$y=3^x$；（2）$y=\log_4 x$；（3）$y=\sin\dfrac{\pi}{12}$；（4）$y=x^5$.

解：（1）$(3^x)'=3^x\ln 3$.

（2）$(\log_4 x)'=\dfrac{1}{x\ln 4}$.

（3）$\left(\sin\dfrac{\pi}{12}\right)'=0$.

（4）$(x^5)'=5x^4$.

2.2.2 导数的四则运算法则

定理 2.2.2 设函数 $u=u(x)$ 与 $v=v(x)$ 在点 x 处导，则它们的和、差、积、商也可导，且

（1）$[u(x)+v(x)]'=u'(x)+v'(x)$；

（2）$[u(x)-v(x)]'=u'(x)-v'(x)$；

（3）$[u(x)v(x)]'=u'(x)v(x)+u(x)v'(x)$；

（4）$\left[\dfrac{u(x)}{v(x)}\right]'=\dfrac{u'(x)v(x)-u(x)v'(x)}{v^2(x)}$ $(v(x)\neq 0)$.

为了便于记忆，以上四个运算法则可简写为：

（1）$(u+v)'=u'+v'$；

（2）$(u-v)'=u'-v'$；

（3）$(uv)'=u'v+uv'$；

（4）$\left(\dfrac{u}{v}\right)'=\dfrac{u'v-uv'}{v^2}$ $(v\neq 0)$.

注：（1）定理 2.2.2 中的公式（1）、（2）、（3）可推广到有限个函数的情况，三个函数 u、v、w 的乘积的求导公式为

$$(uvw)'=u'vw+uv'w+uvw'$$

（2）$(Cu)'=Cu'$（C 为常数）；

（3）$\left(\frac{1}{v}\right)'=-\frac{v'}{v^2}$.

例 2.2.4　求下列函数的导数：

（1）$y=\tan x$；

（2）$y=\sec x$.

解：（1）$(\tan x)'=\left(\frac{\sin x}{\cos x}\right)'=\frac{(\sin x)'\cos x-\sin x(\cos x)'}{\cos^2 x}$

$$=\frac{\cos^2 x+\sin^2 x}{\cos^2 x}=\frac{1}{\cos^2 x}=\sec^2 x$$

（2）$(\sec x)'=\left(\frac{1}{\cos x}\right)'=\frac{\sin x}{\cos^2 x}=\frac{1}{\cos x}\cdot\frac{\sin x}{\cos x}=\sec x\tan x$

类似可得：$(\cot x)'=-\csc^2 x$，$(\csc x)'=-\csc x\cot x$

例 2.2.5　求下列函数的导数：

（1）$y=\frac{x}{1+x^2}$；

（2）$y=4\tan x-x$；

（3）$y=x^3\cdot\cos x\cdot\ln x$.

解：（1）$y'=\left(\frac{x}{1+x^2}\right)'=\frac{x'(1+x^2)-x(1+x^2)'}{(1+x^2)^2}$

$$=\frac{1\cdot(1+x^2)-x[1'+(x^2)']}{(1+x^2)^2}=\frac{(1+x^2)-x\cdot 2x}{(1+x^2)^2}=\frac{1-x^2}{(1+x^2)^2}$$

（2）$y'=(4\tan x)'-x'=4(\tan x)'-1=4\sec^2 x-1$

（3）$y'=(x^3)'\cdot\cos x\cdot\ln x+x^3\cdot(\cos x)'\cdot\ln x+x^3\cdot\cos x\cdot(\ln x)'$

$$=3x^2\cos x\ln x-x^3\sin x\ln x+x^2\cos x$$

例 2.2.6　设函数 $f(x)=(1+x^3)\operatorname{arccot}x$，求 $f'(0)$.

解：$f'(x)=(1+x^3)'\cdot\operatorname{arccot}x+(1+x^3)\cdot(\operatorname{arccot}x)'$

$$=3x^2\cdot\operatorname{arccot}x-(1+x^3)\cdot\frac{1}{1+x^2}$$

$$f'(0)=3\cdot 0^2\cdot\operatorname{arccot}0-(1+0^3)\cdot\frac{1}{1+0^2}=-1$$

2.2.3　复合函数的求导法则

我们已经知道 $(e^x)'=e^x$，那么对于复合函数 $y=e^{2x}$ 是否有 $(e^{2x})'=e^{2x}$ 呢？我们求一下便知.

$(e^{2x})'=(e^x\cdot e^x)'=(e^x)'\cdot e^x+e^x\cdot(e^x)'=2e^{2x}$，可见 $(e^{2x})'\neq e^{2x}$，这说明直

接套用基本初等函数的求导公式求复合函数的导数是不行的，需要给出复合函数的求导法则.

定理 2.2.3 设 $y=f[g(x)]$ 是由 $y=f(u)$ 与 $u=g(x)$ 复合而成，$u=g(x)$ 在点 x 处可导，$y=f(u)$ 在对应的点 u 处可导，则复合函数 $y=f[g(x)]$ 在点 x 处也可导，且

$$y'=\{f[g(x)]\}'=f'(u)\cdot g'(x) \tag{2-4}$$

在求复合函数的导数时，首先要把复合函数分解成两个较简单的函数，然后代入公式（2-4）即可求出.

复合函数的求导法则可推广到有限次复合的情形，例如，设 $y=f\{g[h(x)]\}$ 是由 $y=f(u)$，$u=g(v)$ 与 $v=h(x)$ 复合而成，则有

$$\frac{dy}{dx}=f'(u)\cdot g'(v)\cdot h'(x)$$

例 2.2.7 求下列函数的导数：

（1）$y=e^{2x}$；

（2）$y=(2x-7)^{10}$；

（3）$y=3^{\cos x}$；

（4）$y=\ln|x|$.

解：（1）$y=e^{2x}$ 可分解为 $y=e^u$，$u=2x$，由公式（2-4）得

$$y'=(e^u)'(2x)'=2e^u=2e^{2x}$$

（2）$y=(2x-7)^{10}$ 可分解为 $y=u^{10}$，$u=2x-7$，由公式（2-4）得

$$y'=(u^{10})'(2x-7)'=10u^9\cdot 2=20(2x-7)^9$$

（3）$y=3^{\cos x}$ 可分解为 $y=3^u$，$u=\cos x$，由公式（2-4）得

$$y'=(3^u)'(\cos x)'=3^u\ln 3\cdot(-\sin x)=-3^{\cos x}\ln 3\sin x$$

（4）当 $x>0$ 时，$y'=(\ln|x|)'=(\ln x)'=\dfrac{1}{x}$

当 $x<0$ 时，$y'=(\ln|x|)'=[\ln(-x)]'=\dfrac{1}{-x}(-x)'=\dfrac{1}{x}$

所以

$$y'=(\ln|x|)'=\frac{1}{x}$$

熟练使用复合函数的求导公式（2-4）之后，可直接把公式（2-4）的中间变量 u 换成 $g(x)$，而不必写出中间变量和分解后的函数，只要心里记住它们即可.

例 2.2.8 证明 $(x^\alpha)'=\alpha x^{\alpha-1}$，$\alpha$ 为任意实数.

证明：$(x^\alpha)'=(e^{\alpha\ln x})'=e^{\alpha\ln x}(\alpha\ln x)'=x^\alpha\cdot\dfrac{\alpha}{x}=\alpha x^{\alpha-1}$

为了便于查找和记忆，我们将所有的基本初等函数的求导公式列在下面，一

定要熟练掌握这些公式.

基本初等函数的导数公式：

(1) $(C)'=0$　　(2) $(x^{\alpha})'=\alpha x^{\alpha-1}$

(3) $(\sin x)'=\cos x$　　(4) $(\cos x)'=-\sin x$

(5) $(\tan x)'=\sec^2 x$　　(6) $(\cot x)'=-\csc^2 x$

(7) $(\sec x)'=\sec x\tan x$　　(8) $(\csc x)'=-\csc x\cot x$

(9) $(a^x)'=a^x\ln a$　　(10) $(e^x)'=e^x$

(11) $(\log_a x)'=\dfrac{1}{x\ln a}$　　(12) $(\ln x)'=\dfrac{1}{x}$

(13) $(\arcsin x)'=\dfrac{1}{\sqrt{1-x^2}}$　　(14) $(\arccos x)'=-\dfrac{1}{\sqrt{1-x^2}}$

(15) $(\arctan x)'=\dfrac{1}{1+x^2}$　　(16) $(\text{arccot}\, x)'=-\dfrac{1}{1+x^2}$

例 2.2.9　求下列函数的导数：

(1) $y=\ln\sin x+(2x+7)^{\frac{3}{2}}+\ln 3$

(2) $y=\ln[\ln(\ln x)]$

(3) $y=e^{\sin\frac{1}{x}}$

(4) $y=\dfrac{\sqrt{x}+x^2\cot 2x+x}{x^2}$

解： (1) $y'=(\ln\sin x)'+[(2x+7)^{\frac{3}{2}}]'+(\ln 3)'$

$$=\frac{1}{\sin x}\cdot(\sin x)'+\frac{3}{2}(2x+7)^{\frac{1}{2}}\cdot(2x+7)'+0$$

$$=\cot x+3(2x+7)^{\frac{1}{2}}$$

(2) $y'=\dfrac{1}{\ln(\ln x)}\cdot[\ln(\ln x)]'=\dfrac{1}{\ln(\ln x)}\cdot\dfrac{1}{\ln x}\cdot(\ln x)'$

$$=\frac{1}{\ln(\ln x)}\cdot\frac{1}{\ln x}\cdot\frac{1}{x}=\frac{1}{x\ln x\ln(\ln x)}$$

(3) $y'=e^{\sin\frac{1}{x}}\left(\sin\dfrac{1}{x}\right)'=e^{\sin\frac{1}{x}}\cdot\cos\dfrac{1}{x}\cdot\left(\dfrac{1}{x}\right)'=-\dfrac{1}{x^2}e^{\sin\frac{1}{x}}\cdot\cos\dfrac{1}{x}$

(4) $y'=(x^{-\frac{3}{2}}+\cot 2x+x^{-1})'=(x^{-\frac{3}{2}})'+(\cot 2x)'+(x^{-1})'$

$$=-\frac{3}{2}x^{-\frac{5}{2}}-2\csc^2 2x-x^{-2}$$

例 2.2.10　求函数 $y=x^x$ 的导数.

解： $y'=(x^x)'=(e^{x\ln x})'=e^{x\ln x}\cdot(x\ln x)'$

$$=e^{x\ln x}\cdot(\ln x+1)=x^x\cdot(\ln x+1)$$

形如 $y=f(x)^{g(x)}$ 的函数叫做幂指函数，其特点是底数和指数都含有自变量，幂指函数既不是幂函数，也不是指数函数，求其导数时，既不能用幂函数的求导公式，也不能用指数函数的求导公式．一般方法是利用对数恒等式 $N=e^{\ln N}$ 把它转化为复合函数，然后利用复合函数的求导法则来求．

2.2.4 分段函数的求导

以上研究了初等函数的求导问题，除此之外，有时还会遇到分段函数的求导问题，下面介绍分段函数的求导．

分段函数的求导大体可分两步：

（1）利用求导公式和求导法则求它在分界点外的各开区间内的导数．

（2）利用左、右导数的定义求出它在分界点处的左、右导数，进而判断它在分界点处的可导性．

例 2.2.11 设 $f(x)=x|x|=\begin{cases}-x^2, & x<0\\ x^2, & x\geqslant 0\end{cases}$，求 $f'(x)$．

解： 当 $x<0$ 时，$f'(x)=(-x^2)'=-2x$

当 $x>0$ 时，$f'(x)=(x^2)'=2x$

当 $x=0$ 时，$f'_-(0)=\lim\limits_{x\to 0^-}\dfrac{-x^2-0}{x-0}=\lim\limits_{x\to 0^-}(-x)=0$，$f'_+(0)=\lim\limits_{x\to 0^+}\dfrac{x^2-0}{x-0}=\lim\limits_{x\to 0^+}x=0$，$f'_-(0)=f'_+(0)=0$，所以 $f'(0)=0$．

故

$$f'(x)=\begin{cases}-2x, x<0\\ 2x, x\geqslant 0\end{cases}$$

习题 2.2

1．选择题．

（1）曲线 $y=ke^x$ 在点 $x=0$ 处的切线与直线 $2x-y-10=0$ 平行，则 k 的值为（　　）．

A. 2　　B. 3

C. 4　　D. 0

（2）曲线 $y=x^3-3x$ 在下列（　　）点的切线与 y 轴垂直．

A.（0，0）　　B.（3，18）

C.（1，－2）　　D.（2，2）

（3）曲线 $y=x+e^x$ 在点 $x=0$ 处的法线方程是（　　）．

A. $2x-y+1=0$　　B. $x+2y-2=0$

C. $2x+y-2=0$　　D. $x-y+2=0$

(4) 已知曲线 $y=-x^3+2$ 和直线 $y=-6x+b$ 相切，则 b 的值为（　　）.

A. $2+4\sqrt{2}$　　B. $2-4\sqrt{2}$

C. $4\sqrt{2}-2$　　D. $2+4\sqrt{2}$ 或 $2-4\sqrt{2}$

(5) 下列函数中导数等于 $\sin 2x$ 的是（　　）.

A. $\sin^2 x$　　B. $\cos 2x$

C. $\cos^2 x$　　D. $1+\frac{1}{2}\cos 2x$

2. 求下列函数的导数：

(1) $y=x^5-3x^2$；　　(2) $y=\frac{4}{x^5}+\frac{7}{x^4}-\frac{2}{x}+12$；

(3) $y=\sqrt{x\sqrt{x}}+\frac{1}{x\sqrt[3]{x}}$；　　(4) $y=2\tan x+\sec x-2$；

(5) $y=\sin x\cos x$；　　(6) $y=x^2\arctan x$；

(7) $y=(5+7x)(4+2x)$；　　(8) $y=x^3e^x\ln x$；

(9) $y=\frac{\cos x}{1+\sin x}$；　　(10) $y=\frac{x-1}{x+1}$；

(11) $y=2^x-3\operatorname{arccot}x+\cos 1$；　　(12) $y=\frac{e^x}{x^2}+x\log_3 x+\ln 3$.

3. 计算下列函数在指定点处的导数：

(1) $y=\sin x+\cos x$，求 $\left.\frac{dy}{dx}\right|_{x=0}$，$\left.\frac{dy}{dx}\right|_{x=\frac{\pi}{2}}$；

(2) $r=\theta\sin\theta+\frac{1}{2}\cos\theta$，求 $\left.\frac{dr}{d\theta}\right|_{\theta=\frac{\pi}{4}}$；

(3) $y=e^x+x^e$，求 $y'(0)$；

(4) $f(x)=3^x\ln x$，求 $f'(1)$；

(5) $y=\frac{2x}{2x+1}$，求 $y'|_{x=2}$.

4. 以初速度 v_0 竖直上抛的物体，其上升高度 s 与时间 t 的关系为 $s=v_0t-\frac{1}{2}gt^2$，求：

(1) 物体的速度 $v(t)$；

(2) 物体达到最高点的时刻；

(3) 物体上升的最大高度.

5. 求抛物线 $y=x^2+2x+1$ 在点(1, 4)处的切线方程和法线方程.

6. 求下列复合函数的导数

(1) $y=\cos(3-2x)$；　　(2) $y=\sin x^n$；

(3) $y=\sin^n x$；　　(4) $y=\sin nx$；

(5) $y=\ln(\sec x+\tan x)$;　(6) $y=\ln(\cot x-\csc x)$;

(7) $y=\arccos(2x)$;　(8) $y=-\ln\cos x$;

(9) $y=\operatorname{arccot}e^{x}$;　(10) $y=\arctan 2^{x}$;

(11) $y=\lg(1+e^{x})$;　(12) $y=e^{-x^2}$;

(13) $y=\dfrac{1}{\sqrt{1-x^2}}$;　(14) $y=\arcsin\dfrac{x}{a}(a>0)$;

(15) $y=\sin(\sin x)$;　(16) $y=\cos e^{x}$.

7. 求下列函数的导数：

(1) $y=e^{x}\sin 3x$;　(2) $y=\sec^2 3x$;

(3) $y=\sqrt{\ln x}+\ln\sqrt{x}$;　(4) $y=e^{\arctan\sqrt{x}}$;

(5) $y=\left(\arcsin\dfrac{x}{2}\right)^3$;　(6) $y=\ln\dfrac{1-x}{1+x}$.

8. 求下列函数的导数：

(1) $y=x^{\sin x}$;　(2) $y=x^{2x}$;

(3) $y=\dfrac{\sqrt{(x-1)(x-2)}}{\sqrt[3]{(x-3)(x-4)}}$.

9. 设$f\left(\dfrac{1}{x}\right)=x^2-\dfrac{1}{x}$，求$f'(x)$，$f'(4)$.

10. 求$y=f(e^{x})\cdot e^{f(x)}$的导数.

11. 判断$y=\begin{cases}x^2\sin\dfrac{1}{x}, & x\neq 0\\ 0, & x=0\end{cases}$在点$x=0$处的可导性与连续性.

12. 求$y=\sin|x|$的导数.

2.3 高阶导数

在实际问题中，我们会遇到求一个函数的导数的导数问题. 例如，已知作变速直线运动物体的位移方程为$s=f(t)$，求物体的加速度$a(t)$. 从例2.1.1我们已经知道，速度$v(t)$是$s=f(t)$的导数，即

$$v(t)=f'(t)$$

而加速度又是反映物体速度变化快慢的物理量，可知加速度$a(t)$就是速度$v(t)$对于时间t的导数，即

$$a(t)=v'(t)=[f'(t)]'$$

于是加速度$a(t)$就是路程$f(t)$的导数的导数，称为$f(t)$的二阶导数，记作$f''(t)$.

定义 2.3.1　若 $y=f(x)$ 的导数 $f'(x)$ 仍可导，则称 $f'(x)$ 的导数 $[f'(x)]'$ 为函数 $y=f(x)$ 的二阶导数，记作

$$f''(x),\ \frac{d^2y}{dx^2},\ y'' \text{或} \frac{d^2f}{dx^2}$$

类似的，二阶导数的导数称为三阶导数，记作

$$f'''(x),\ \frac{d^3y}{dx^3},\ y''' \text{或} \frac{d^3f}{dx^3}$$

一般，$f(x)$ 的 $n-1$ 阶导数的导数称为 $f(x)$ 的 n 阶导数，记作

$$f^{(n)}(x),\ \frac{d^ny}{dx^n},\ y^{(n)} \text{或} \frac{d^nf}{dx^n}$$

函数 $f(x)$ 在 $x=x_0$ 处的 n 阶导数，记作

$$f^{(n)}(x_0),\ \left.\frac{d^ny}{dx^n}\right|_{x=x_0} \text{或}\ y^{(n)}(x_0)$$

二阶及二阶以上的导数称为高阶导数. 由高阶导数的定义可知，求函数的高阶导数，只需逐阶求导即可.

例 2.3.1　求 $y=x^3+2x^2+3x+5$ 的二阶导数.

解： $y'=3x^2+4x+3$

$y''=(3x^2+4x+3)'=6x+4$

例 2.3.2　$y=x^2\ln x$，求 y''' 及 $y'''(1)$.

解： $y'=2x\ln x+x^2\cdot\frac{1}{x}=2x\ln x+x$

$y''=2\ln x+2x\cdot\frac{1}{x}+1=2\ln x+3$

$y'''=\frac{2}{x}$，$y'''(1)=2$

例 2.3.3　已知 $y^{(n-1)}=x^2\sin x$，求 $y^{(n)}$.

解： $y^{(n)}=(x^2\sin x)'=2x\sin x+x^2\cos x$

例 2.3.4　已知自由落体的运动方程是 $s(t)=\frac{1}{2}gt^2$，求其速度 $v(t)$ 和加速度 $a(t)$.

解： $v(t)=s'(t)=gt$，$a(t)=s''(t)=(gt)'=g$

例 2.3.5　求 $y=e^{ax}$ 的二阶、三阶及 n 阶导数.

解： $y'=ae^{ax}$

$y''=(ae^{ax})'=a^2e^{ax}$

$y'''=(a^2e^{ax})'=a^3e^{ax}$

……

$y^{(n)}=a^ne^{ax}$

习题 2.3

1. 求下列函数的二阶导数：

(1) $y=\ln(1+x)$；　　(2) $y=e^{t}\sin t$；

(3) $y=e^{\cos x}$；　　(4) $y=\left(\sin\dfrac{x}{2}+\cos\dfrac{x}{2}\right)^{2}$；

(5) $y=\tan x$；　　(6) $y=\dfrac{e^{x}}{x}$；

(7) $y=\sqrt{1-x^{2}}$；　　(8) $y=\ln(4-x^{2})$.

2. 若 $f(x)=(x+8)^{10}$，求 $f''(-8)$.

3. 设 $y^{(n-2)}=ax^{2}+bx+c$，求 $y^{(n)}$.

4. 求证：函数 $y=e^{x}\sin x$ 满足关系式

$$y''-2y'+2y=0$$

5. 已知某物体做直线运动，位移函数为 $s=3\sin 2t$，求物体的加速度. 并证明

$$\frac{d^{2}s}{dt^{2}}+4s=0$$

6. 求下列函数的 n 阶导数：

(1) $y=e^{2x}$；　　(2) $y=x^{n}$.

2.4 微分

函数的导数 $f'(x)$ 表示函数 $f(x)$ 在点 x 处的变化率，它描述了函数 $f(x)$ 在点 x 处变化的快慢程度. 有时我们还需了解当自变量在点 x 处有一微小改变量 Δx 时，函数取得的相应改变量 Δy 的大小，但按式子 $\Delta y=f(x+\Delta x)-f(x)$ 直接计算其精确值常常非常烦琐，而在实际问题中，往往只需求出它的近似值，那么我们能否找到一个计算函数改变量近似值的方法呢？下面将要介绍的微分就是计算函数改变量的近似值的一个非常有效的方法.

2.4.1 微分的概念

为了更好地理解微分的概念，先来看一个例子.

例 2.4.1 如图 2-2 所示，有一边长为 x 的正方形金属薄片受热膨胀，其边长增加了 Δx，问其面积 S 改变了多少？

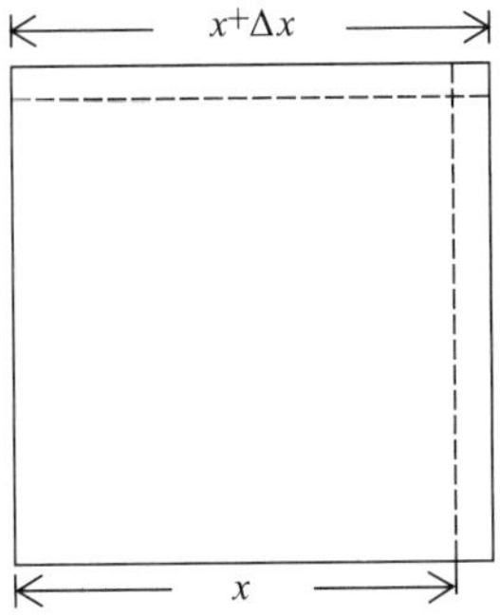

图 2 – 2

解： $\Delta S=(x+\Delta x)^2-x^2=2x\Delta x+(\Delta x)^2$

从上式可以看出，ΔS 可分成两部分，第一部分 $2x\Delta x$ 是 Δx 的线性函数，是 ΔS 的主要构成部分，第二部分 $(\Delta x)^2$（即右上角小正方形的面积），当 $\Delta x\to 0$ 时是比 Δx 高阶的无穷小量，即若 Δx 很小，它将比 $2x\Delta x$ 小得多，只占 ΔS 的很小的一部分，因此当边长的改变量很微小时，该部分可忽略不计，从而 ΔS 可用第一部分近似表示，即

$$\Delta S\approx 2x\Delta x(\Delta x\text{ 很小})$$

在这里，$2x\Delta x$ 就是函数 $S=x^2$ 在点 x 处的微分，可见在 Δx 很小时，函数的改变量约等于函数的微分，因此可用微分近似计算函数的改变量. 下面我们给出微分的一般定义.

定义 2. 4. 1　设 Δx 表示函数 $y=f(x)$ 在点 x 处的自变量的改变量，$\Delta y=f(x+\Delta x)-f(x)$ 表示相应的函数的改变量，如果 Δy 可表示为 Δx 的线性函数 $A\Delta x$（A 与 Δx 无关）与 Δx 的高阶无穷小量的和，即

$$\Delta y=A\Delta x+o(\Delta x)$$

则称函数 $y=f(x)$ 在点 x 处可微，并称 $A\Delta x$ 为函数 $f(x)$ 在点 x 处的微分，用 dy 表示，即

$$dy=A\Delta x \tag{2-5}$$

根据微分的定义可得，函数 $S=x^2$ 在点 x 处可微，且其微分为

$$dS=2x\cdot\Delta x$$

2. 4. 2　微分的计算

由微分的定义可以求出函数的微分，但对于比较复杂的函数，利用定义求其微分是非常困难的，求微分的关键是求 A，可以发现在例 2. 4. 1 中，$A=2x$ 恰好是函数 $S=x^2$ 的导数，那么它是否具有必然性呢？下面的定理给出了肯定的回答.

定理 2. 4. 1　函数 $y=f(x)$ 在点 x 处可微的充分必要条件是其在点 x 处可导，且其微分为

$$dy = f'(x)\Delta x \qquad (2-6)$$

从该定理可以看出：定义式（2－5）中的 A 就是 $f(x)$ 在点 x 处的导数，求函数 $f(x)$ 的微分的关键是求其导数，可导与可微是等价的.

例 2.4.2 求函数 $y=x^2$，当 x 由 1 改变到 1.01，1.001 时，函数的改变量与相应的微分，以及用微分表示函数改变量产生的绝对误差.

解：$(x^2)'=2x$，当 x 由 1 改变到 1.01，$\Delta x=0.01$

$\Delta y=1.01^2-1^2=0.0201$

$dy=2x\cdot\Delta x=2\times0.01=0.02$

此时绝对误差为 $|\Delta y-dy|=|0.0201-0.02|=0.0001$.

当 x 由 1 改变到 1.001，$\Delta x=0.001$

$\Delta y=1.001^2-1^2=0.002001$

$dy=2x\cdot\Delta x=2\times0.001=0.002$

此时绝对误差为 $|\Delta y-dy|=|0.002001-0.002|=0.000001$.

从该例可以看出，Δx 越小，微分越接近于函数值的改变量.

令 $y=x$，由式（2－6）可得 $dx=\Delta x$，即自变量的微分与自变量的改变量相等，这样式（2－6）可化为

$$dy=f'(x)dx \qquad (2-7)$$

我们以后在计算微分时，习惯上写成式（2－7）的形式. 从式（2－7）可以看出，函数的微分等于函数的导数与自变量微分的乘积，求微分的问题可归结为求导问题，因此求微分与求导数的方法，统称为微分法. 另外，由式（2－7）可得

$$f'(x)=\frac{dy}{dx}$$

即函数的导数等于函数的微分 dy 与自变量的微分 dx 之商，因此导数也叫微商.

由式（2－7）可得，由 $y=f(u)$，$u=\varphi(x)$ 复合而成的复合函数 $y=f[\varphi(x)]$ 的微分是 $dy=f'[\varphi(x)]\cdot\varphi'(x)dx$，由于 $\varphi'(x)dx$ 恰好是 $u=\varphi(x)$ 的微分 du，故

$$dy=f'(u)du$$

注意，在这里 u 是中间变量，而当 u 是自变量时，$dy=f'(u)du$ 也成立，由此可见，无论 u 是自变量还是中间变量，函数 $y=f(u)$ 的微分都是同一个形式

$$dy=f'(u)du$$

称这一性质为一阶微分形式的不变性，而导数不具有这一性质，这使得求微分的运算比求导数的运算更加灵活.

例 2.4.3 求下列函数的微分：

（1）$y=xe^x$；（2）$y=\ln(x^4+1)$.

解：（1）因为 $y'=e^x+xe^x$，所以

$$dy=y'dx=(e^x+xe^x)dx$$

（2）**解法 1**　因为 $y'=\dfrac{4x^3}{1+x^4}$，所以

$$dy=y'dx=\frac{4x^3}{1+x^4}dx$$

解法 2　令 $u=(x^4+1)$，则

$$dy=d\ln u=(\ln u)'du=\frac{1}{u}du=\frac{1}{x^4+1}d(x^4+1)=\frac{1}{x^4+1}(x^4+1)'dx=\frac{4x^3}{x^4+1}dx$$

例 2.4.4　某厂生产 x 件产品的利润为 $L(x)=6\sqrt{1000x-x^2}$ 元，当产量由 100 件增至 102 件时，利润大约增加了多少，增加后的利润约为多少元？

解： 产量从 100 件增至 102 件时，自变量的改变量 $\Delta x=2$ 相对于原产量 $x=100$ 很小，因此用微分 dL 表示 ΔL，误差很小，所以有

$$\Delta L\approx dL\Big|_{\substack{x=100\\ \Delta x=2}}=L'(x)\Delta x\Big|_{\substack{x=100\\ \Delta x=2}}=6\cdot\frac{1000-2x}{2\sqrt{1000x-x^2}}\cdot\Delta x\Big|_{\substack{x=100\\ \Delta x=2}}$$

$$=6\cdot\frac{1000-2\times100}{2\sqrt{1000\times100-100^2}}\cdot2=16$$

从而

$$L(102)=L(100)+\Delta L\approx L(100)+dL=1816$$

即利润约增加了 16 元，增加后的利润约为 1816 元.

此题若直接计算 ΔL 则较难，可见，在实际问题中利用微分来近似计算函数值的改变量以及近一步计算变化后的函数值，有时是非常方便的.

习题 2.4

1. 填空题.

（1）$d(3x+C)=(\quad)dx$；　（2）$d(\quad)=3dx$；

（3）$d(x^2+C)=(\quad)dx$；　（4）$d(\quad)=2xdx$；

（5）$d(\quad)=(2x-1)dx$；　（6）$d(\quad)=e^x dx$.

（7）$d(\quad)=\cos t dt$；　（8）$d(\quad)=\dfrac{1}{1+x^2}dx$；

（9）$-\sin x dx=d(\quad)$；　（10）$\sec^2 x dx=d(\quad)$.

2. 已知 $y=x^3-x$，计算在点 $x=2$ 处，当 Δx 分别等于 1，0.1，0.01 时的函数的改变量 Δy、微分 dy 及 $|\Delta y-dy|$；从中你能得到什么规律？

3. 求下列函数的微分：

（1）$y=\dfrac{1}{x}+2\sqrt{x}$；　（2）$y=\cos x^2$；

（3）$y=\arcsin\sqrt{x}$；　（4）$y=\ln(\cos x+\sin x)$；

（5）$y=e^{-x}\cos 3x$；　（6）$y=x\sin 2x$.

2.5 导数在求函数极限中的应用——洛比达法则

前面我们学习了导数的概念及其计算方法，在此基础上，我们来介绍导数的应用.

在学习无穷小量与无穷大量时，我们已经知道，如果当 $x\to x_0$ 时，两个函数 $f(x)$ 与 $g(x)$ 都是无穷小量或无穷大量，则二者比值的极限 $\lim\limits_{x\to x_0}\dfrac{f(x)}{g(x)}$ 可能存在，也可能不存在，在极限存在的情况下，会有各种不同的结果，通常把这种极限称为未定式或不定式，并分别记为"$\dfrac{0}{0}$型"或"$\dfrac{\infty}{\infty}$型". 例如，$\lim\limits_{x\to 0}\dfrac{1-\cos x}{x^2}$ 是"$\dfrac{0}{0}$型"未定式，$\lim\limits_{x\to+\infty}\dfrac{e^x}{x^3}$ 是"$\dfrac{\infty}{\infty}$型"未定式. 计算这些未定式的极限的一个重要方法是洛比达法则.

2.5.1 "$\dfrac{0}{0}$型"未定式

定理 2.5.1（洛比达法则 Ⅰ） 若函数 $f(x)$ 与 $g(x)$ 满足：

（1）$\lim\limits_{x\to x_0}f(x)=0$，$\lim\limits_{x\to x_0}g(x)=0$；

（2）在点 x_0 的某去心邻域内，$f(x)$ 与 $g(x)$ 都可导，且 $g'(x)\neq 0$；

（3）$\lim\limits_{x\to x_0}\dfrac{f'(x)}{g'(x)}$ 存在或为无穷大；

则

$$\lim_{x\to x_0}\frac{f(x)}{g(x)}=\lim_{x\to x_0}\frac{f'(x)}{g'(x)}$$

洛比达法则把两个函数的比值的极限转化为它们的导数的比值的极限.

例 2.5.1 利用洛比达法则求第一重要极限 $\lim\limits_{x\to 0}\dfrac{\sin x}{x}$.

解：第一重要极限是"$\dfrac{0}{0}$型"未定式，由洛比达法则可得

$$\lim_{x\to 0}\frac{\sin x}{x}=\lim_{x\to 0}\frac{(\sin x)'}{x'}=\lim_{x\to 0}\frac{\cos x}{1}=\cos 0=1$$

例 2.5.2 求 $\lim\limits_{x\to 0}\dfrac{1-\cos x}{x^2}$.

解：这是"$\dfrac{0}{0}$型"未定式，由洛比达法则得

$$\lim_{x\to 0}\frac{1-\cos x}{x^2}=\lim_{x\to 0}\frac{\sin x}{2x}=\frac{1}{2}\lim_{x\to 0}\frac{\sin x}{x}=\frac{1}{2}$$

例 2.5.3　求$\lim\limits_{x\to 1}\dfrac{x^3-3x+2}{x^3-x^2-x+1}$.

解: $\lim\limits_{x\to 1}\dfrac{x^3-3x+2}{x^3-x^2-x+1}=\lim\limits_{x\to 1}\dfrac{3x^2-3}{3x^2-2x-1}=\lim\limits_{x\to 1}\dfrac{6x}{6x-2}=\dfrac{3}{2}$

在求极限的过程中，出现的极根如果仍然是“$\dfrac{0}{0}$型”，并且满足洛比达法则的其他两个条件，可继续使用洛比达法则，但若不是“$\dfrac{0}{0}$型”，则不能使用洛比达法则，否则可能会导致错误，例如上式中的$\lim\limits_{x\to 1}\dfrac{6x}{6x-2}$已不是“$\dfrac{0}{0}$型”，不能再对它使用洛比达法则.

例 2.5.4　求$\lim\limits_{x\to 0}\dfrac{\tan x-x}{x^2\sin x}$.

解: 本题若直接使用洛比达法则,大家会发现分母的导数求起来比较烦琐,这里我们先作一个等价无穷小的替换,将 $\sin x$ 替换为 x 可得

$$\lim_{x\to 0}\frac{\tan x-x}{x^2\sin x}=\lim_{x\to 0}\frac{\tan x-x}{x^2\cdot x}=\lim_{x\to 0}\frac{\sec^2 x-1}{3x^2}=\lim_{x\to 0}\frac{\tan^2 x}{3x^2}=\lim_{x\to 0}\frac{x^2}{3x^2}=\frac{1}{3}$$

可见，在求极限时，要注意灵活运用各种方法，以简化运算.

2.5.2　“$\dfrac{\infty}{\infty}$型”　未定式

定理 2.5.2（洛比达法则 Ⅱ） 若函数 $f(x)$ 与 $g(x)$ 满足:

（1）$\lim\limits_{x\to x_0}f(x)=\infty$，$\lim\limits_{x\to x_0}g(x)=\infty$；

（2）在点 x_0 的某去心邻域内，$f(x)$ 与 $g(x)$ 都可导，且 $g'(x)\neq 0$；

（3）$\lim\limits_{x\to x_0}\dfrac{f'(x)}{g'(x)}$存在或为无穷大；

则

$$\lim_{x\to x_0}\frac{f(x)}{g(x)}=\lim_{x\to x_0}\frac{f'(x)}{g'(x)}$$

注: 对 $x\to x_0^+$, $x\to x_0^-$, $x\to\infty$, $x\to-\infty$, $x\to+\infty$ 的情形，洛比达法则 Ⅰ 、Ⅱ 仍然成立.

例 2.5.5　求 $\lim\limits_{x\to+\infty}\dfrac{\ln x}{\sqrt{x}}$.

解: $\lim\limits_{x\to+\infty}\dfrac{\ln x}{\sqrt{x}}=\lim\limits_{x\to+\infty}\dfrac{\frac{1}{x}}{\frac{1}{2\sqrt{x}}}=\lim\limits_{x\to+\infty}\dfrac{2}{\sqrt{x}}=0$

例 2.5.6 求 $\lim\limits_{x\to+\infty}\dfrac{e^x}{x^3}$.

解： $\lim\limits_{x\to+\infty}\dfrac{e^x}{x^3}=\lim\limits_{x\to+\infty}\dfrac{e^x}{3x^2}=\lim\limits_{x\to+\infty}\dfrac{e^x}{6x}=\lim\limits_{x\to+\infty}\dfrac{e^x}{6}=+\infty$

例 2.5.7 求 $\lim\limits_{x\to+\infty}\dfrac{\dfrac{\pi}{2}-\arctan x}{\dfrac{1}{x}}$.

解： $\lim\limits_{x\to+\infty}\dfrac{\dfrac{\pi}{2}-\arctan x}{\dfrac{1}{x}}=\lim\limits_{x\to+\infty}\dfrac{-\dfrac{1}{1+x^2}}{-\dfrac{1}{x^2}}=\lim\limits_{x\to+\infty}\dfrac{x^2}{1+x^2}=\lim\limits_{x\to+\infty}\dfrac{2x}{2x}=1$

例 2.5.8 求 $\lim\limits_{x\to+\infty}\dfrac{x+\sin x}{x}$.

解： 该极限为“$\dfrac{\infty}{\infty}$型”，但因为极限 $\lim\limits_{x\to+\infty}\dfrac{(x+\sin x)'}{x'}=\lim\limits_{x\to+\infty}\dfrac{1+\cos x}{1}=\lim\limits_{x\to+\infty}(1+\cos x)$不存在且不等于$\infty$，所以不能使用洛比达法则，但并不能就此说明极限 $\lim\limits_{x\to+\infty}\dfrac{x+\sin x}{x}$不存在. 事实上

$$\lim_{x\to+\infty}\frac{x+\sin x}{x}=\lim_{x\to+\infty}\left(1+\frac{\sin x}{x}\right)=1$$

从此例可以看出，洛比达法则在求未定式极限时不是万能的，当$\lim\limits_{x\to x_0}\dfrac{f'(x)}{g'(x)}$不存在且不等于$\infty$时，洛比达法则不能使用，需改用其他方法来求.

2.5.3 其他五种类型未定式

“$\dfrac{0}{0}$型”和“$\dfrac{\infty}{\infty}$型”是未定式的两种基本类型，除此之外，还有其他五种类型，它们分别是“$0\cdot\infty$型”，“$\infty-\infty$型”，“1^∞型”，“0^0型”和“∞^0型”. 其中，“$0\cdot\infty$型”是指形如$\lim\limits_{x\to x_0}f(x)\cdot g(x)$（当$x\to x_0$时，$f(x)\to0$，$g(x)\to\infty$）的未定式，“$\infty-\infty$型”是指形如$\lim\limits_{x\to x_0}[f(x)-g(x)]$（当$x\to x_0$时，$f(x)\to\infty$，$g(x)\to\infty$）的未定式，而“$1^\infty$型”，“$0^0$型”，“$\infty^0$型”的形式皆为$\lim\limits_{x\to x_0}f(x)^{g(x)}$型，只是当$x\to x_0$时，$f(x)$，$g(x)$的极限不同而已. 例如，若$x\to x_0$时，$f(x)\to\infty$，$g(x)\to0$，则$\lim\limits_{x\to x_0}f(x)^{g(x)}$为“$\infty^0$型”.

例 2.5.9 求 $\lim\limits_{x\to0^+}x\ln x$.

解： $\lim\limits_{x\to0^+} x\ln x=\lim\limits_{x\to0^+}\dfrac{\ln x}{\dfrac{1}{x}}=\lim\limits_{x\to0^+}\dfrac{\dfrac{1}{x}}{-\dfrac{1}{x^2}}=\lim\limits_{x\to0^+}(-x)=0$

对于“$0\cdot\infty$ 型”未定式，通常是先转化为一个分式的形式，一般是“$\dfrac{0}{0}$型”或“$\dfrac{\infty}{\infty}$型”，然后求解.

例 2.5.10　求 $\lim\limits_{x\to-1}\left(\dfrac{1}{x+1}-\dfrac{3}{x^3+1}\right)$.

解： $\lim\limits_{x\to-1}\left(\dfrac{1}{x+1}-\dfrac{3}{x^3+1}\right)=\lim\limits_{x\to-1}\dfrac{x^2-x-2}{x^3+1}=\lim\limits_{x\to-1}\dfrac{2x-1}{3x^2}=-1$

对于“$\infty-\infty$ 型”未定式，一般也是先转化为一个分式的形式，然后求解.

例 2.5.11　求 $\lim\limits_{x\to1} x^{\frac{1}{x-1}}$.

解： $\lim\limits_{x\to1} x^{\frac{1}{x-1}}=\lim\limits_{x\to1} e^{\frac{\ln x}{x-1}}=e^{\lim\limits_{x\to1}\frac{\ln x}{x-1}}=e^{\lim\limits_{x\to1}\frac{\frac{1}{x}}{1}}=e$

对于“1^∞ 型”“0^0 型”“∞^0 型”这三种幂指函数型的未定式 $\lim\limits_{x\to x_0} f(x)^{g(x)}$，一般先利用对数恒等式化为 $\lim\limits_{x\to x_0} e^{g(x)\ln f(x)}$，从而使指数 $g(x)\ln f(x)$ 转化为“$0\cdot\infty$ 型”，然后进一步转化为“$\dfrac{0}{0}$型”或“$\dfrac{\infty}{\infty}$型”来求. 另外，对于“1^∞ 型”，也可利用第二重要极限来求.

习题 2.5

1. 若 $\lim\limits_{x\to a} f(x)=\infty$，$\lim\limits_{x\to a} g(x)=0$，则 $\lim\limits_{x\to a}[f(x)\cdot g(x)]$（　　）.

A. 必为无穷大量　　B. 必为无穷小量

C. 为非零常数　　D. 可能存在也可能不存在

2. 利用洛比达法则求下列极限：

（1）$\lim\limits_{x\to0}\dfrac{\ln(1+2x)}{x}$；　　（2）$\lim\limits_{x\to0}\dfrac{e^x-e^{-x}}{\sin x}$；

（3）$\lim\limits_{x\to a}\dfrac{\sin x-\sin a}{x-a}$；　　（4）$\lim\limits_{x\to\pi}\dfrac{\tan 3x}{\sin 5x}$；

（5）$\lim\limits_{x\to+\infty}\dfrac{\ln\left(1+\dfrac{1}{x}\right)}{\operatorname{arccot} x}$；　　（6）$\lim\limits_{x\to0}\dfrac{e^x-e^{-x}-2x}{x-\sin x}$；

（7）$\lim\limits_{x\to1}\dfrac{x^2-1}{2x^2-3x+1}$；　　（8）$\lim\limits_{x\to0}\dfrac{1-\cos x}{x\sin x}$；

（9）$\lim\limits_{x \to 0} \frac{x - \sin x}{\sin x^3}$；（10）$\lim\limits_{x \to 0} \frac{a^x - 1}{3x}$.

3. 利用洛比达法则求下列极限：

（1）$\lim\limits_{x \to +\infty} \frac{\ln^3 x}{x}$；（2）$\lim\limits_{x \to +\infty} \frac{x^2 + \ln x}{e^x}$；

（3）$\lim\limits_{x \to +\infty} \frac{e^{2x}}{x^2}$；（4）$\lim\limits_{x \to \frac{\pi}{2}} \frac{\tan x}{\tan 3x}$.

4. 求下列极限：

（1）$\lim\limits_{x \to \infty} x(e^{\frac{1}{x}} - 1)$；（2）$\lim\limits_{x \to 1} (1 - x^2) \tan \frac{\pi x}{2}$；

（3）$\lim\limits_{x \to 0} \left(\frac{1}{x} - \frac{1}{e^x - 1} \right)$；（4）$\lim\limits_{x \to \frac{\pi}{2}} (\sec x - \tan x)$.

5. 求 $\lim\limits_{x \to +\infty} x^{\frac{1}{x}}$，并进一步求$\lim\limits_{n \to \infty} \sqrt[n]{n}$.

2.6 导数在研究函数单调性和极值上的应用

本节我们利用导数这一工具来讨论函数单调性，并进而给出函数极值和最值的求法.

2.6.1 函数单调性的判定

函数单调性的定义在第一章已经给出，但是根据定义判别函数的单调性一般比较烦琐，在我们学习了导数之后，利用导数这一工具将使函数的单调性的判别变得非常简便.

考察图 2－3 和图 2－4 容易看出，当切线的斜率为正时，函数单调增加，当切线的斜率为负时，函数单调减少，由于切线斜率是函数在切点处的导数，于是我们可以利用导数的符号来研究函数的单调性，并且可以得到以下判定定理.

定理 2.6.1 设函数 $f(x)$ 在 $[a, b]$ 上连续，在 (a, b) 内可导：

（1）若在 (a, b) 内 $f'(x) > 0$，则 $f(x)$ 在 $[a, b]$ 上单调增加；

（2）若在 (a, b) 内 $f'(x) < 0$，则 $f(x)$ 在 $[a, b]$ 上单调减少.

注：（1）定理 2.6.1 中的闭区间换成其他各种区间（包括无穷区间），结论也成立.

（2）定理 2.6.1 的条件 $f'(x) > 0$（或 $f'(x) < 0$），若放宽为 $f'(x) \geqslant 0$（或 $f'(x) \leqslant 0$），且等号仅在个别孤立点取得，则结论仍然成立.

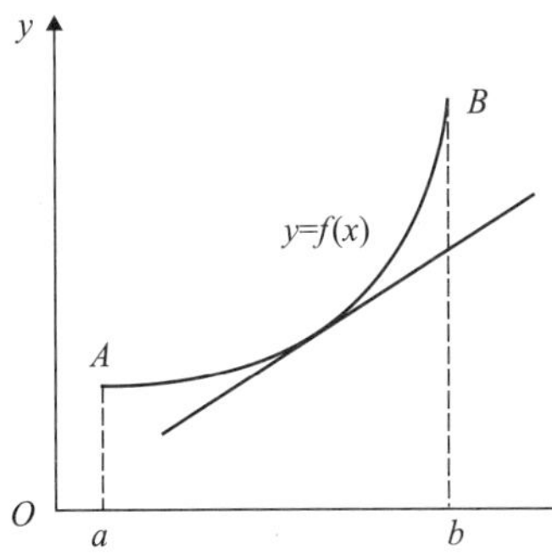

图 2－3

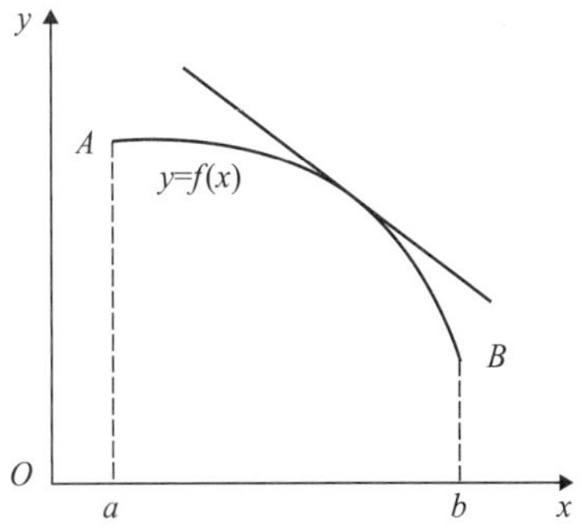

图 2－4

例如，在区间$(-\infty,+\infty)$内函数$f(x)=x^3$的导数$f'(x)=3x^2\geqslant 0$，等号仅在点$x=0$处成立，所以函数$f(x)=x^3$在区间$(-\infty,+\infty)$内是单调增加的.

例 2.6.1　讨论函数$f(x)=4e^x-4x+7$的单调性.

解：函数$f(x)=4e^x-4x+7$的定义域为$(-\infty,+\infty)$，

$$f'(x)=4e^x-4=4(e^x-1)$$

当$x<0$时，$f'(x)<0$，所以$f(x)=4e^x-4x+7$在$(-\infty,0]$上单调减少；当$x>0$时，$f'(x)>0$，所以$f(x)=4e^x-4x+7$在$[0,+\infty)$内单调增加.

例 2.6.2　讨论函数$f(x)=\sqrt[3]{x^2}-2$的单调性.

解：函数$f(x)=\sqrt[3]{x^2}-2$的定义域为$(-\infty,+\infty)$

$$f'(x)=\frac{2}{3\sqrt[3]{x}},\ (x\neq 0)$$

$x=0$为不可导点．当$x<0$时，$f'(x)<0$，所以$f(x)=\sqrt[3]{x^2}-2$在$(-\infty,0]$内单调减少；当$x>0$时，$f'(x)>0$，所以$f(x)=\sqrt[3]{x^2}-2$在$[0,+\infty)$内单调增加.

使函数$f(x)$的导数$f'(x)$等于零的点，称为函数$f(x)$的驻点．例如，在例2.6.1中，$f(x)=4e^x-4x+7$的导数为$f'(x)=4e^x-4=4(e^x-1)$，容易看出$f'(0)=0$，所以$x=0$是函数$f(x)$的驻点.

从以上两例可以看出，驻点（如例2.6.1）或不可导点（如例2.6.2）可能是单调区间的分界点．实际上函数单调区间的分界点也只能在驻点和不可导点取得，但驻点和不可导点不一定都是单调区间的分界点．因此，讨论函数$f(x)$的单调性，可以先求出驻点和不可导点，然后用这些点将函数的定义域划分为若干个子区间，判断导数$f'(x)$在各个子区间内的符号，从而确定出函数$f(x)$在各个子区间上的单调性．当驻点和不可导点比较多时，我们通常列表讨论函数的单调性.

例 2.6.3　求函数$f(x)=2x^3+3x^2-12x+1$的单调区间.

解：函数的定义域为$(-\infty,+\infty)$，$f'(x)=6x^2+6x-12$，令$f'(x)=6x^2+6x-12=6(x+2)(x-1)=0$，得$x_1=-2$，$x_2=1$．列表如表2－1所示．

表 2 - 1

x	$(-\infty,-2)$	-2	$(-2,1)$	1	$(1,+\infty)$
$f'(x)$	+	0	-	0	+
$f(x)$	↗		↘		↗

所以函数 $f(x)=2x^3+3x^2-12x+1$ 的单调递增区间为 $(-\infty,-2]$ 和 $[1,+\infty)$；单调递减区间为 $[-2,1]$.

2.6.2 函数的极值及其求法

什么是函数的极值呢？观察函数 $y=f(x)$ 的图形，如图 2 - 5 所示，点 p_1，p_4 是曲线上的峰点，对应的横坐标分别是 x_1，x_4，函数 $f(x)$ 在点 x_1 处的函数值 $f(x_1)$ 比 x_1 附近点处的函数值都大，在 x_4 处也有同样的情形出现，在这里 $f(x_1)$，$f(x_4)$ 就是函数 $f(x)$ 的极大值. 曲线上的点 p_2，p_5 则是曲线的谷点，对应的横坐标分别是 x_2，x_5，函数 $f(x)$ 在 x_2 处的函数值比 x_2 附近的点处的函数值都小，在 x_5 处也有同样的情形出现，在这里 $f(x_2)$，$f(x_5)$ 称为函数 $f(x)$ 的极小值.

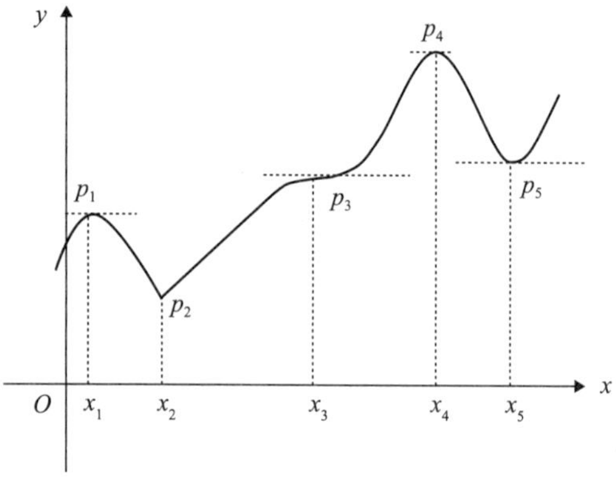

图 2 - 5

定义 2.6.1 设有函数 $f(x)$，如果存在点 x_0 的某个去心邻域，使得该去心邻域内的任意 x 都有 $f(x)<f(x_0)$，则称 $f(x_0)$ 为函数 $f(x)$ 的极大值，称 x_0 为函数 $f(x)$ 的极大值点；如果存在点 x_0 的某个去心邻域，使得该去心邻域内的任意 x 恒有 $f(x)>f(x_0)$，则称 $f(x_0)$ 为函数 $f(x)$ 的极小值，称 x_0 为函数 $f(x)$ 的极小值点.

函数的极大值与极小值统称为函数的极值，极大值点与极小值点统称为函数的极值点.

函数的极值是局部性的概念，只是与极值点 x_0 附近的函数值相比较 $f(x_0)$ 是最大的或是最小的，但并不一定是我们要讨论区间上最大的或最小的函数值.

那么，函数在哪些点取得极值呢？观察图 2 - 5 可以看出，在函数的极值点处，曲线或者有水平切线，如 x_1、x_4、x_5，或者切线不存在，如在点 x_2 处，由此可以推断，极值可以在驻点或不可导点处取到，实际上极值只能在驻点或不可导点处取到.

定理 2.6.2（极值的必要条件） 如果$f(x)$在点 x_0 处可导，且在点 x_0 处取得极值，则$f'(x_0)=0$（即 x_0 为驻点）.

定理 2.6.2 表明，若函数在可导点处取得极值，则该点一定是驻点，但反过来，驻点不一定是极值点，例如$f(x)=x^3$，$f'(x)=3x^2$，可知 $x=0$ 是函数的驻点，但不是极值点. 另外，函数的不可导点也不一定是极值点，例如$f(x)=\sqrt[3]{x}$，$x=0$ 是不可导点，但从函数$f(x)=\sqrt[3]{x}$的图形可以看出，它不是极值点. 那么，如何判断一个函数的驻点和不可导点是否为极值点呢？利用定理 2.6.1，我们可以得到下面的判定定理.

定理 2.6.3（第一充分条件） 设函数$f(x)$点 x_0 处连续，在点 x_0 的某个去心邻域内可导：

（1）如果在点 x_0 的某左邻域内，$f'(x)>0$，在点 x_0 的某右邻域内，$f'(x)<0$，则$f(x)$在点 x_0 处取得极大值$f(x_0)$；

（2）如果在点 x_0 的某左邻域内，$f'(x)<0$，在点 x_0 的某右邻域内，$f'(x)>0$，则$f(x)$在点 x_0 处取得极小值$f(x_0)$；

（3）如果在点 x_0 的某邻域内，$f'(x)$不变号，那么 x_0 不是$f(x)$的极值点.

定理 2.6.3 的结论从几何图形上观察是显然的：在第（1）种情况下，函数$f(x)$在点 x_0 的某邻域内连续，当 $x<x_0$ 时，$f'(x)>0$ 可知函数$f(x)$单调增加，曲线上升；当 $x>x_0$ 时，$f'(x)<0$，函数$f(x)$单调减少，曲线下降，曲线在点 p_1 处达到顶峰，如图 2-6（1）所示，所以$f(x)$在点 x_0 处取得极大值$f(x_0)$. 类似的，在第（2）种情况下，$f(x)$在点 x_0 附近的图形如图 2-6（2）所示，故$f(x)$在点 x_0 处取得极小值$f(x_0)$. 在第（3）种情况下，在点 x_0 的某去心邻域内$f'(x)$不变号，故$f(x)$的单调性不变，$f(x_0)$不是极值.

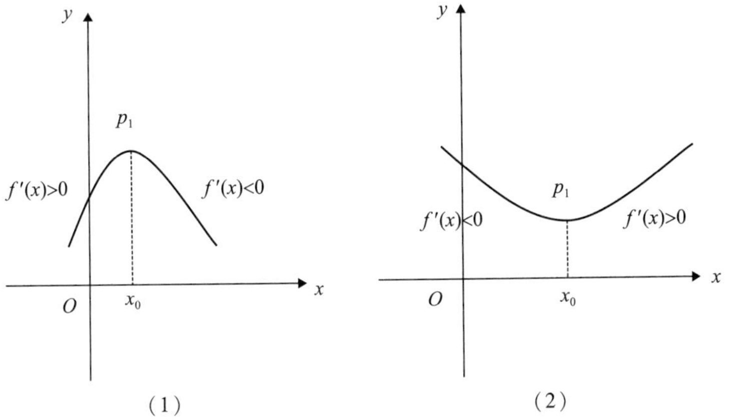

图 2-6

有了定理 2.6.3，求连续函数的极值大致可遵循以下步骤：

（1）求函数的定义域；

（2）求 $f(x)$ 的导数，并求出驻点和不可导点；

（3）用驻点和不可导点将定义域分成若干个子区间，列表讨论 $f'(x)$ 在各子区间内的符号变化情况，据此确定函数的极值.

例 2.6.4 求函数 $f(x)=x^3-3x^2-9x+5$ 的极值.

解： 函数 $f(x)$ 的定义域是 $(-\infty,+\infty)$，由

$$f'(x)=3x^2-6x-9=3(x+1)(x-3)$$

可知，$f(x)$ 没有不可导点. 令 $f'(x)=0$，得驻点 $x_1=-1$，$x_2=3$. 用驻点将定义域分成三个子区间 $(-\infty,-1)$，$(-1,3)$，$(3,+\infty)$，列表 2-2.

表 2-2

x	$(-\infty,-1)$	-1	$(-1,3)$	3	$(3,+\infty)$
$f'(x)$	+	0	−	0	+
$f(x)$	↗	极大值 10	↘	极小值 −22	↗

由表可知，极大值为 $f(-1)=10$，极小值为 $f(3)=-22$.

例 2.6.5 求函数 $f(x)=x-\dfrac{3}{2}x^{\frac{2}{3}}$ 的单调区间和极值.

解： 函数 $f(x)$ 的定义域是 $(-\infty,+\infty)$. 由 $f'(x)=1-\dfrac{1}{\sqrt[3]{x}}$ 可得不可导点为 $x=0$. 令 $f'(x)=0$，得驻点 $x=1$. 列表 2-3.

表 2-3

x	$(-\infty,0)$	0	$(0,1)$	1	$(1,+\infty)$
$f'(x)$	+	不存在	−	0	+
$f(x)$	↗	极大值 0	↘	极小值 $-\frac{1}{2}$	↗

由表可知，函数的单调增加区间为 $(-\infty,0]$ 和 $[1,+\infty)$，单调减少区间为 $[0,1]$. 极大值为 $f(0)=0$，极小值为 $f(1)=-\dfrac{1}{2}$.

当函数 $f(x)$ 在驻点处的二阶导数存在且不为零时，也可以用下述定理来判定 $f(x)$ 在驻点处的极值情况.

定理 2.6.4（第二充分条件） 设 $f(x)$ 在点 x_0 处具有二阶导数，且 $f'(x_0)=0$，$f''(x_0)\neq 0$，则：

（1）当 $f''(x_0)<0$ 时，函数 $f(x)$ 在点 x_0 处取得极大值；

（2）当 $f''(x_0)>0$ 时，函数 $f(x)$ 在点 x_0 处取得极小值.

注： 当 $f''(x_0)=0$ 时，则点 x_0 可能为极值点，也可能不是极值点，此时利用定理 2.6.4 无法判断驻点 x_0 是否为极值点，可改用定理 2.6.3 判定.

例 2.6.6　求函数 $f(x)=x^3+3x^2-24x-20$ 的极值.

解： $f'(x)=3x^2+6x-24=3(x+4)(x-2)$，令 $f'(x)=0$ 得驻点 $x_1=-4$，$x_2=2$. $f''(x)=6x+6$，因为 $f''(-4)=-18<0$，$f''(2)=18>0$，所以，$f(-4)=60$ 为极大值，$f(2)=-48$ 为极小值.

2.6.3　函数的最大值、最小值的求法

在日常生活和经济活动中经常遇到求最大利润、最小成本等问题，这些问题归结到数学上就是求函数的最大值或最小值问题. 通常情况下，最大值、最小值，与极大值、极小值是有区别的. 对于在区间 $[a, b]$ 上的连续函数 $f(x)$ 来说，$f(x)$ 在点 x_0 处取得最大值或最小值 $f(x_0)$，是指 $f(x_0)$ 在整个区间 $[a, b]$ 上最大或最小，而 $f(x)$ 在点 x_0 处取得极大值或极小值 $f(x_0)$ 则是指 $f(x_0)$ 在点 x_0 的某一个邻域内最大或最小. 极值只能在区间内部的驻点或不可导点处取得，而最值既可在区间内部的极值点处取得，也可在区间的端点处取得，故连续函数的最大值和最小值可在以下几类点处取得：驻点，不可导点和区间端点. 因此，求连续函数 $f(x)$ 在闭区间 $[a, b]$ 上的最大值和最小值，只需要分别求出 $f(x)$ 在其驻点、不可导点以及端点 a，b 处的函数值，然后比较这几个函数值的大小，这些值中的最大者就是函数在 $[a, b]$ 上的最大值，最小者就是函数在 $[a, b]$ 上的最小值.

例 2.6.7　求函数 $f(x)=2x^3+3x^2-12x+14$ 在 $[-3, 4]$ 上的最大值与最小值.

解： $f'(x)=6(x+2)(x-1)$，令 $f'(x)=0$ 得驻点 $x_1=-2$，x_2-1. 计算 $f(x)$ 在区间端点及驻点 x_1，x_2 处的函数值得：

$$f(-3)=23,\ f(-2)=34,\ f(1)=7,\ f(4)=142$$

所以最大值是 $f(4)=142$，最小值是 $f(1)=7$.

注： 在以下两种特殊情况下，最值的计算变得更简单：

(1) 若函数 $f(x)$ 在 $[a, b]$ 上为连续单调函数，则函数的最值在端点处取到；

(2) 如果连续函数在某区间内只有唯一的极值点 x_0，若 $f(x_0)$ 为极大值，则 $f(x_0)$ 也是最大值；若 $f(x_0)$ 为极小值，则 $f(x_0)$ 也是最小值.

例 2.6.8　有一个边长为 a 的正方形铁皮，在四角上各剪去一个边长为 x 的小正方形，用剩下的部分做成一个无盖的长方体盒子，问：剪去的正方形的边长 x 为多少时，盒子的容积最大？

解： 由题意可得盒子是高为 x、底面是边长为 $a-2x$ 的正方形，故盒子容积为

$$V(x)=(a-2x)^2x \quad \left(0<x<\frac{a}{2}\right)$$

$$V'(x)=(a-2x)(a-6x)$$

令 $V'(x)=0$，得 $x_1=\frac{a}{6}, x_2=\frac{a}{2}$（舍去），$V''(x)=24x-8a$，$V''\left(\frac{a}{6}\right)=-4a<0$，故 $V(x)$ 在 $x=\frac{a}{6}$ 处取得极大值，因为 $x=\frac{a}{6}$ 是唯一的极值点，所以当 $x=\frac{a}{6}$ 时，$V(x)$ 也取得最大值，即 $x=\frac{a}{6}$ 时，盒子的容积最大.

习题 2.6

1. 填空题.

（1）若函数 $f(x)$ 在点 x_0 处可导，且 $f(x_0)$ 为极小值，则极限 $\lim\limits_{h\to 0}\frac{f(x_0+h)-f(x_0)}{h}$ = ________.

（2）函数 $f(x)=\ln(1+x^2)$ 的驻点为________，在闭区间 $[1,3]$ 上的最小值等于________.

（3）函数 $y=e^{x^2}$ 的单调增加区间是________，极值点为________，在该点函数取得极________值.

（4）设函数 $f(x)$ 在 x_0 处的一阶导数 $f'(x_0)=0$，二阶导数 $f''(x_0)>0$，则 $f(x_0)$ 是 $f(x)$ 的极________值.

（5）已知函数 $f(x)=k\sin x+\frac{1}{3}\sin 3x$ 在点 $x=\frac{\pi}{3}$ 取得极值，则常数 $k=$ ______.

2. 选择题.

（1）函数 $y=x-\arctan x$ 在 $(-\infty,+\infty)$ 内（　　）.

A. 单调增加　　　　B. 单调减少

C. 不单调　　　　D. 不连续

（2）以下结论正确的是（　　）.

A. 函数 $f(x)$ 的不可导点一定是 $f(x)$ 的极值点

B. 若 x_0 为 $f(x)$ 的驻点，则 x_0 必为 $f(x)$ 的极值点

C. 若 $f(x)$ 在点 x_0 处有极值，且 $f'(x_0)$ 存在，则必有 $f'(x_0)=0$

D. 若 $f(x)$ 在点 x_0 处连续，则 $f'(x_0)$ 一定存在

（3）函数 $y=f(x)$ 在点 $x=0$ 处的二阶导数存在，且 $f'(0)=0$，$f''(0)=0$，则下列结论正确的是（　　）.

A. $x=0$ 不一定是函数 $f(x)$ 的驻点

B. $x=0$ 一定是函数 $f(x)$ 的极小值点

C. $x=0$ 不一定是函数 $f(x)$ 的极值点

D. $x=0$ 一定是函数 $f(x)$ 的极大值点

(4) 函数 $f(x)=x^3-12x$ 在区间 $[-3,3]$ 上的最大值在点（　　）处取得.

A. $x=-3$　　B. $x=3$

C. $x=-2$　　D. $x=2$

(5) 下列函数在 $(-\infty,+\infty)$ 内单调增加的是（　　）.

A. $y=x^3+x$　　B. $y=-x$

C. $y=x^2+x$　　D. $y=\sin x$

(6) 设 $y=f'(x)$ 的图形如图 2－7 所示，则下列结论正确的是（　　）.

A. $x=-1$ 是 $y=f(x)$ 驻点，但不是其极值点

B. $x=-1$ 不是 $y=f(x)$ 驻点

C. $x=-1$ 为 $y=f(x)$ 的极小值点

D. $x=-1$ 为 $y=f(x)$ 的极大值点

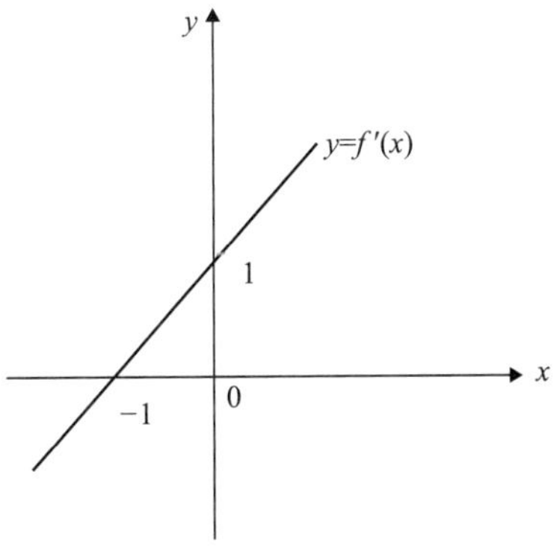

图 2－7

3. 如果函数 $y=f(x)$ 的导数如下，求函数的单调递增区间.

(1) $f'(x)=x(x-2)$；

(2) $f'(x)=(x+1)^2(x+2)$.

4. 求下列函数的单调区间：

(1) $y=\frac{1}{3}x^3-x^2-3x-1$；

(2) $y=\frac{2}{3}x-\sqrt[3]{x^2}$；

(3) $y=(1+\sqrt{x})x$；

(4) $y=2x^2-\ln x$.

5. 求下列函数的极值：

(1) $f(x)=2x^3-6x^2-18x+7$；

(2) $f(x)=x-\ln(1+x)$；

(3) $f(x)=x^2e^{-x}$；

(4) $f(x)=1-\sqrt[3]{(x-2)^2}$.

6. 求下列函数的最大值、最小值：

(1) $f(x)=x^4-8x^2+2$, $x\in[-1, 3]$;

(2) $f(x)=\sin x+\cos x$, $x\in[0, 2\pi]$;

(3) $f(x)=\frac{1}{2}x-\sqrt{x}$, $x\in[0, 9]$;

(4) $f(x)=x-\frac{1}{x}$, $x\in[1, +\infty)$;

(5) $f(x)=x+\frac{1}{x}$, $x\in(0, +\infty)$.

7. 欲围一个面积是150平方米的矩形场地，沿矩形场地四周建造高度相同的围墙，已知围墙正面材料价格为60元/平方米，其余三面材料的价格为30元/平方米，问：矩形场地正面长 x 与宽 y 各为多少时，才能使得所用材料费用最省？

8. 某工厂生产一个能装2000立方厘米的圆柱体铝罐，底面半径是多少时，所用材料最省（不考虑厚度）？

9. 身体对一定剂量的某种药物的反应可以用下面的方程表示

$$R=M^2\left(\frac{C}{2}-\frac{M}{3}\right)$$

其中，C 是一个常数，M 是血液中吸收的药物量，R 表示体温，以摄氏度为单位进行测量，$\frac{dR}{dM}$反映了人体对药物的敏感程度，求用药量 M 是多少时，人体对药物最敏感.

2.7 导数在研究曲线凹凸性上的应用

上一节我们研究了函数的单调性和极值，知道了单调性，我们就可以知道函数的图形是上升还是下降，但仅知道这些还不能准确地知道函数图形的走向，如图2-8中的两条曲线虽然都是上升的，图形却有明显的不同：曲线 ACD 是凸的，曲线 ABD 是凹的，即它们的凹凸性是不同的. 为了准确地描绘函数的图形，需要研究曲线的凹凸性.

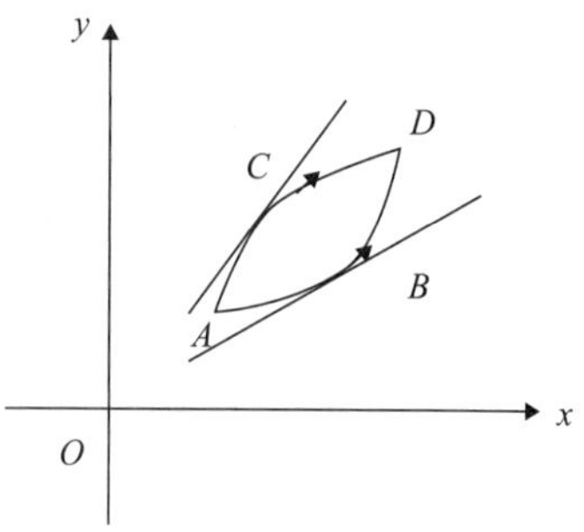

图2-8

2.7.1 曲线的凹凸性

对于曲线 ACD，我们可以看出它在每个点处的切线都在其上方，而对于曲线

ABD，它在每个点处的切线都在其下方，这正是凸和凹的本质特征.

定义 2.7.1　设函数 $f(x)$ 在区间 (a, b) 内可导，如果曲线 $y=f(x)$ 上任意一点处的切线都在曲线的上方，则称该曲线是凸的（用 $\cap$ 表示），并称区间 (a, b) 为该曲线的凸区间；如果曲线 $y=f(x)$ 上任意一点处的切线都在曲线的下方，则称该曲线是凹的（用 $\cup$ 表示），并称区间 (a, b) 为该曲线的凹区间. 曲线的凹和凸统称为曲线的凹凸性.

曲线的凹凸性具有明显的几何意义：当 x 逐渐增大时，凸曲线（见图 2-9（1））上每一点的切线的斜率是逐渐减小的，即导数 $f'(x)$ 是单调减少的函数；而对于凹曲线（见图 2-9（2）），随着 x 的增大，其上每一点的切线的斜率是逐渐增加的，即导数 $f'(x)$ 是单调增加的函数. 反之亦成立，于是我们得到下述判断曲线凹凸性的定理.

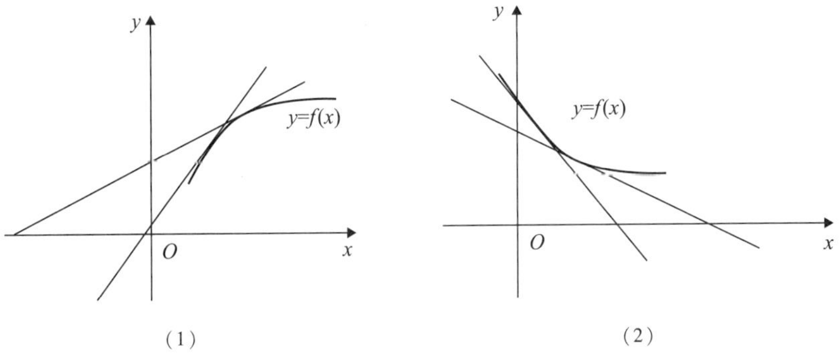

图 2-9

定理 2.7.1　设函数 $f(x)$ 在 $[a, b]$ 上连续，在 (a, b) 内具有二阶导数：

（1）若在 (a, b) 内，$f''(x)>0$，则曲线 $f(x)$ 在 $[a, b]$ 上是凹的；

（2）若在 (a, b) 内，$f''(x)<0$，则曲线 $f(x)$ 在 $[a, b]$ 上是凸的.

例 2.7.1　判定曲线 $y=x-\ln(1+x)$ 的凹凸性.

解： 函数 $y=x-\ln(1+x)$ 的定义域是 $(-1, +\infty)$. 因为 $y'=1-\dfrac{1}{1+x}$，$y''=\dfrac{1}{(1+x)^2}>0$，所以函数 $y=x-\ln(1+x)$ 在 $(-1, +\infty)$ 内是凹的.

例 2.7.2　求曲线 $y=x^3$ 的凹区间、凸区间.

解： 函数的定义域为 $(-\infty, +\infty)$. $y'=3x^2$，$y''=6x$

当 $x<0$ 时，$y''<0$，所以 $(-\infty, 0)$ 为曲线的凸区间；

当 $x>0$ 时，$y''>0$，所以 $(0, +\infty)$ 是曲线的凹区间.

2.7.2　曲线的拐点

在例 2.7.2 中，我们注意到点 $(0,0)$ 是曲线由凸变凹的分界点，此类分界点称为曲线的拐点.

定义 2.7.2 连续曲线上，凸弧与凹弧的分界点称为曲线的拐点.

注：拐点是曲线上的点，是相对于曲线而言，因此只能说点$(x_0, f(x_0))$是拐点，而不能说点 x_0 是拐点.

如何寻找曲线 $y=f(x)$的拐点呢？因为曲线的凹凸性是由二阶导数 $f''(x)$的符号来判断的，所以若$f''(x)$在 x_0 的左、右两侧临近处异号，则点$(x_0, f(x_0))$就是曲线的一个拐点，因此要寻找拐点，只要找使 $f''(x)$符号发生变化的分界点即可. 如果函数$f(x)$在区间(a, b)内具有二阶连续导数，则在这样的分界点处必有$f''(x)=0$；此外，$f(x)$的二阶导数不存在的点，也可能是$f''(x)$的符号发生变化的分界点.

判定曲线的凹凸性与拐点的一般步骤为：

(1) 求函数的定义域；

(2) 求函数的二阶导数$f''(x)$，找出满足$f''(x)=0$ 的点和二阶导数不存在的点；

(3) 用满足$f''(x)=0$ 的点和二阶导数不存在的点将定义域分成若干个子区间，列表讨论$f''(x)$在各子区间内的符号变化情况，据此确定曲线的凹区间、凸区间和拐点.

例 2.7.3 求曲线 $y=x^{\frac{5}{3}}-x+1$ 的凹区间、凸区间与拐点.

解：函数$f(x)$的定义域为$(-\infty, +\infty)$. $y'=\frac{5}{3}x^{\frac{2}{3}}-1$，$y''=\frac{10}{9}x^{-\frac{1}{3}}$，$x=0$ 是函数的二阶导数不存在的点. 以 $x=0$ 为分界点划分定义域，列表 2-4.

表 2-4

x	$(-\infty, 0)$	0	$(0, +\infty)$
$f''(x)$	−	0	+
$f(x)$	∩	拐点 (0, 1)	∪

故函数$f(x)$的凸区间为$(-\infty, 0)$，凹区间为$(0, +\infty)$，拐点为$(0,1)$.

例 2.7.4 求$f(x)=\ln(1+x^2)$的单调区间、极值、凹区间、凸区间和拐点.

解：函数的定义域为$(-\infty, +\infty)$，$f'(x)=\frac{2x}{1+x^2}$，令$f'(x)=0$ 得驻点 $x=0$，无不可导点，以 $x=0$ 划分区间，列表 2-5.

表 2-5

x	$(-\infty, 0)$	0	$(0, +\infty)$
$f'(x)$	−	0	+
$f(x)$	↘	极小值	↗

$f''(x)=\dfrac{2[(1+x^2)-2x\cdot 2x]}{(1+x^2)^2}=\dfrac{2(1-x^2)}{(1+x^2)^2}$，令 $f''(x)=0$，得 $x=-1$ 与 $x=1$，无二阶不可导点. 以 $x=-1$ 与 $x=1$ 划分区间，列表 2－6.

表 2－6

x	$(-\infty,-1)$	-1	$(-1,1)$	1	$(1,+\infty)$
$f''(x)$	$-$	0	$+$	0	$-$
$f(x)$	$\cap$	拐点 $(-1,\ \ln 2)$	$\cup$	拐点 $(1,\ \ln 2)$	$\cap$

由表 2－5 和表 2－6 可知，函数 $f(x)$ 的单调减少区间为 $(-\infty,0)$，单调增加区间为 $(0,+\infty)$；极小值为 $f(0)=0$，函数的凸区间为 $(-\infty,-1)$ 与 $(1,+\infty)$，凹区间为 $(-1,1)$；拐点为 $(-1,\ln 2)$ 和 $(1,\ln 2)$.

习题 2.7

1. 填空题.

(1) 曲线 $y=x^3-3x+1$ 的拐点是________.

(2) 曲线 $y=x^3-6x+2$ 的拐点是________.

(3) 曲线 $y=\dfrac{\ln x}{x}$ 的凸区间是________，凹区间是________，拐点是________.

(4) 曲线 $y=(x-1)^6$ 的凹区间为________.

2. 选择题.

(1) 曲线 $y=e^{-x}$ 在定义区间内是（　　）.

A. 上升且凹的　　B. 上升且凸的

C. 下降且凹的　　D. 下降且凸的

(2) 曲线 $y=6x-24x^2+x^4$ 的凸区间是（　　）.

A. $(-2,2)$　　B. $(-\infty,0)$

C. $(0,+\infty)$　　D. $(-\infty,+\infty)$

(3) 曲线 $y=x^3$ 的拐点坐标是（　　）.

A. $(-1,1)$　　B. $(0,0)$

C. $(1,1)$　　D. $(2,8)$

(4) 已知函数 $f(x)$ 在区间 (a,b) 内二阶可导，若在区间 (a,b) 内，$f'(x)>0$，且 $f''(x)<0$，则曲线 $y=f(x)$ 在区间 (a,b) 内（　　）.

A. 上升且凹的　　B. 上升且凸的

C. 下降且凹的　　D. 下降且凸的

(5) $y=e^{x}-e^{-x}$在定义域内（　　）.

A. 有极值有拐点　　B. 有极值无拐点

C. 无极值有拐点　　D. 无极值无拐点

(6) 若点$(1,4)$为曲线$y=ax^{3}+bx^{2}$的拐点，则常数a，b的值为（　　）.

A. $a=-6$，$b=2$　　B. $a=6$，$b=-2$

C. $a=-2$，$b=6$　　D. $a=2$，$b=-6$

(7) 设函数$f(x)$的导函数$f'(x)$的图形如图2－10所示，则下列结论正确的是（　　）.

A. 在$(-\infty,-1)$内，曲线$y=f(x)$是凸的

B. 在$(-\infty,+\infty)$内，曲线$y=f(x)$是凹的

C. 在$(-\infty,+\infty)$内，曲线$y=f(x)$是凸的

D. 在$(-\infty,+\infty)$内，曲线$y=f(x)$是直线

(8) 设函数$y=f(x)$的二阶导数y''存在，且$f(x)$的导数$y=f'(x)$的图形如图2－11所示，则下列结论肯定正确的是（　　）.

A. 点$(-1,f(-1))$为曲线$y=f(x)$的拐点

B. 点$(0,f(0))$为曲线$y=f(x)$的拐点

C. 在$(-\infty,0)$内，曲线$y=f(x)$是凸的

D. 在$(-1,+\infty)$内，曲线$y=f(x)$是凹的

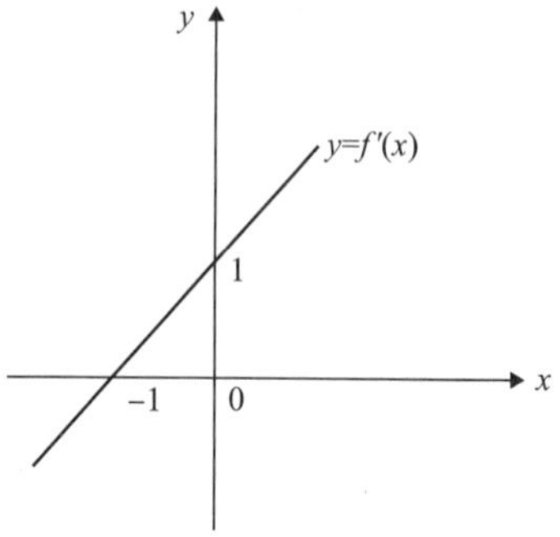

图 2－10

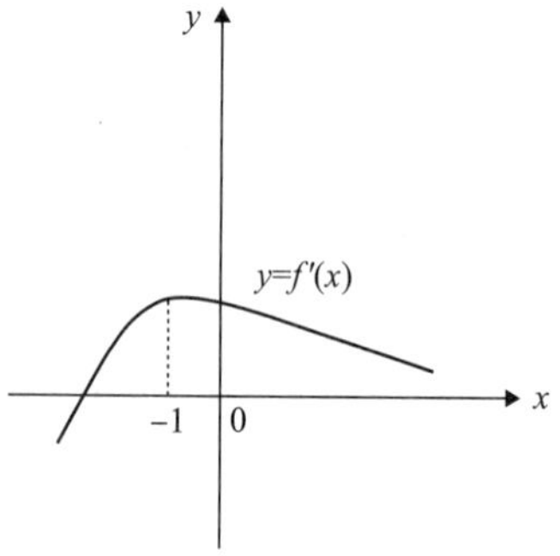

图 2－11

3. 求下列各函数图形的凹区间、凸区间及拐点：

(1) $y=2x\ln x-x^{2}$；

(2) $y=x^{\frac{7}{5}}+x+2$；

(3) $y=(x-2)e^{x}$；

(4) $y=\frac{3}{2}x^{4}-3x^{3}+\frac{1}{2}x+1$.

4. 求函数$f(x)=x^{2}+\frac{1}{x}$的单调区间、极值、凹区间、凸区间及拐点.

2.8 导数在经济管理和经济分析中的应用

导数是经济分析的重要数学工具，本节将介绍导数在经济决策中的两个重要应用——边际分析与弹性分析，然后利用导数解决经济管理和经济分析中的最值问题.

2.8.1 边际函数与边际分析

为了了解“边际”的含义，我们先看下面的引例.

假设某金属冶炼厂的日产量为 1000 吨，在此基础上，如果工厂希望每日再多生产 1 吨金属，那么其首先要考虑：多生产 1 吨金属是否会带来利润的增加?

利润是否增加是由多生产 1 吨金属所产生的附加成本和附加收入的大小决定的，只有附加收入大于附加成本，才会带来利润的增加. 这种多生产 1 吨金属的附加成本、附加收入及其利润的改变量就分别称为边际成本、边际收入和边际利润.

设金属冶炼厂的总成本函数为 $C(x)$，则产量由 1000 吨增加到 1001 吨时的边际成本为 $C(1001)-C(1000)$，因

$$C(1001)-C(1000)\approx C'(1000)(1001-1000)=C'(1000)$$

故 $C'(1000)$ 近似等于产量由 1000 吨增加到 1001 吨时的边际成本，在经济学中，习惯上把 $C'(1000)$ 称为边际成本.

定义 2.8.1　函数 $y=f(x)$ 的导数 $f'(x)$ 称为边际函数.

它表示在点 x 处，当自变量 x 改变 1 个单位时，因变量 y 近似改变的单位数. 在经济学中解释边际函数的具体意义时，通常略去“近似”二字.

例如，$f'(2)=3$ 表示在点 $x=2$ 处，当自变量 x 再改变 1 个单位时，因变量 y 改变 3 个单位，即：当自变量 x 再增加 1 个单位时，因变量 y 将增加 3 个单位；当自变量 x 再减少 1 个单位时，因变量 y 将减少 3 个单位.

例 2.8.1　设某金属冶炼厂的固定成本为 5000 万元，生产 x 吨金属的可变成本为 $0.00001x^2+0.9x$（万元），如果每吨金属的售价为 1 万元，问该厂能否决策将日产量从 1000 吨增加到 1001 吨？此时利润改变了多少?

解： 该厂生产 x 吨金属的总成本与总收入分别为

$$C(x)=5000+0.00001x^2+0.9x,\ R(x)=1\cdot x=x$$

边际成本与边际收入分别为

$$C'(x)=0.00002x+0.9,\ R'(x)=1$$

当 $x=1000$ 时，有 $C'(1000)=0.92$，$R'(1000)=1$，所以

$$C'(1000)<R'(1000)$$

产量为 1000 时的边际利润为

$$L'(1000)=R'(1000)-C'(1000)=0.08$$

因此，当日产量由 1000 吨增加到 1001 吨时带来的附加收入高于附加成本，即利润增加了，增加值为 0.08 万元，因此可以采取每日增加 1 吨产量的决策.

例 2.8.2 设某厂生产 x 件产品的成本是 $C(x)=100+\frac{1}{100}x^2$，收入是 $R(x)=20x-\frac{3}{100}x^2$，试求：

（1）边际成本、边际收入和边际利润；

（2）当产量为 200 件和 300 件时的边际利润，并说明其经济意义.

解：（1）边际成本 $C'(x)=\frac{1}{50}x$；

边际收入 $R'(x)=20-\frac{3}{50}x$；

边际利润 $L'(x)=R'(x)-C'(x)=20-\frac{2}{25}x.$

（2）当产量为 200 件时的边际利润为

$$L'(200)=20-\frac{2}{25}\times 200=4$$

其经济意义为：当产量为 200 件时，再多生产 1 件产品，利润将增加 4 个单位，再少生产 1 件产品，利润将减少 4 个单位. 此时，提高产量可增加利润.

当产量为 300 件时的边际利润为

$$L'(300)=20-\frac{2}{25}\times 300=-4$$

其经济意义为：当产量为 300 件时，再多生产 1 件产品，利润将减少 4 个单位，再少生产 1 件产品，利润将增加 4 个单位. 此时，降低产量可增加利润.

2.8.2 弹性函数与弹性分析

导数 $f'(x)$ 反映了函数在点 x 处的绝对变化率，即当自变量改变一个单位时，函数大致改变了几个单位数，但它与我们采用的量纲有关，即受到量纲的影响，为了克服这一缺陷，我们需要研究相对变化率，即自变量变化 1% 时，函数将变化百分之几，这就是下面将要介绍的弹性的概念.

2.8.2.1 弹性概念

定义 2.8.2 函数 $y=f(x)$ 在点 x_0 处的相对改变量 $\frac{\Delta y}{y_0}$ 与自变量的相对改变量

$\frac{\Delta x}{x_0}$之比，在 $\Delta x \to 0$ 时的极限称为函数 $y=f(x)$ 在点 x_0 处的弹性，也称为相对变化率，用$\left.\frac{Ey}{Ex}\right|_{x=x_0}$表示，即

$$\left.\frac{Ey}{Ex}\right|_{x=x_0}=\lim_{\Delta x \to 0}\frac{\frac{\Delta y}{y_0}}{\frac{\Delta x}{x_0}}=\frac{x_0}{y_0}\lim_{\Delta x \to 0}\frac{\Delta y}{\Delta x}=\frac{x_0}{f(x_0)}f'(x_0)$$

若函数 $y=f(x)$ 在 (a, b) 内每一点处均有弹性$\frac{x}{f(x)}f'(x)$，则称$\frac{x}{f(x)}f'(x)$为 $f(x)$ 的弹性函数，简称弹性，记作$\frac{Ey}{Ex}$，即

$$\frac{Ey}{Ex}=\frac{x}{f(x)}f'(x)$$

注：（1）函数 $y=f(x)$ 的弹性$\frac{Ey}{Ex}$表示当 x 产生 1% 的改变时，$f(x)$ 近似改变的百分数.

例如，$\left.\frac{Ey}{Ex}\right|_{x=2}=3$ 表示在点 $x=2$ 处，当 x 增加 1% 时，y 近似增加 3%（以后一般省略近似二字）.

（2）弹性表示函数 $f(x)$ 在点 x 处的相对变化率，与所采用的量纲无关，因此不受量纲的限制，与边际函数相比，这一点是一个很大的进步.

（3）弹性的数值可以为正值、零或负值. 若弹性的数值为正值，则两个变量变化方向相同，若弹性的数值为负值，则两个变量变化方向相反. 弹性的绝对值越大，说明因变量对自变量的变化越敏感.

2.8.2.2　需求价格弹性

弹性概念在经济学中应用非常广泛，下面主要介绍需求对价格的弹性.

定义 2.8.3　设某种商品的市场需求量为 Q，价格为 P，需求函数 $Q=f(P)$ 可导，则称

$$\frac{EQ}{EP}=f'(P)\frac{P}{f(P)}$$

为该商品的需求价格弹性，简称需求弹性. 需求弹性习惯上用 E_P 表示.

需求弹性 E_P 表示某种商品需求量 Q 对价格 P 变化的敏感程度，即表示价格 P 变化 1%（即$\frac{\Delta P}{P}=1\%$）时，需求量将变化 $E_P\%$（即$\frac{\Delta Q}{Q}=E_P\%$）. 生活常识告诉我们，价格上涨，需求量一般将下降，即需求量一般为价格的递减函数，所以需求弹性 E_P 一般为负值. 因此，需求弹性的经济含义为：当某种商品的价格下降（或上升）1% 时，其需求量将增加（或减少）$|E_P|\%$.

当我们比较商品需求弹性的大小时，通常是比较其弹性的绝对值 $|E_P|$ 的大小.

2.8.2.3 总收益与需求弹性的关系

当$|E_P|>1$（即$E_P<-1$）时，称为富有弹性，即商品需求量的变化幅度大于价格的变化幅度．当价格上涨时，需求量下降的幅度大于价格上涨的幅度，总收益减少；当价格下降时，需求量上涨的幅度大于价格下降的幅度，总收益增加．因此，在商品富有弹性时，为增加收益，应适当降低价格．

当$|E_P|<1$（即$-1<E_P<0$）时，称为缺乏弹性，即商品需求量的变化幅度小于价格的变化幅度．当价格上涨时，需求量下降的幅度小于价格上涨的幅度，总收益增加；当价格下降时，需求量上涨的幅度小于价格下降的幅度，总收益减少．因此，在商品缺乏弹性时，为增加收益，应适当提高价格．

当$|E_P|=1$（即$E_P=-1$）时，称为单位弹性，即商品需求量的相对变化与价格的相对变化基本相等，涨价或降价对收益基本没有影响，此时收益最大．

综上所述，总收益的变化受需求弹性的制约，应当提价还是降价由商品需求弹性决定．

例 2.8.3 设某种商品需求量 Q 与价格 P 的关系为 $Q(P)=1600e^{-P}$

（1）求需求弹性 E_P；

（2）求当价格 $P=3$ 时的需求弹性，此时为增加销售收入，应提价还是降价？

解：（1）$E_P=\dfrac{P}{Q(P)}\cdot Q'(P)=\dfrac{P}{1600e^{-P}}\cdot(-1600e^{-P})=-P$

（2）当商品的价格 $P=3$ 元时，$E_P=-3$

说明当价格 $P=3$ 元时，需求弹性为$|E_P|=|-3|=3>1$，表示这种商品的需求对价格富有弹性，即当价格下降 1% 时，商品的需求量将增加 3%，所以应降价．

例 2.8.4 设商品的需求函数为 $Q=75-P^2$（Q 为需求量，P 为价格）：

（1）求 $P=4$ 时的边际需求，并说明其经济意义；

（2）求 $P=4$ 时的需求弹性，并说明其经济意义；

（3）当 $P=4$ 时，若价格上涨 1%，总收益将变化百分之几？是增加还是减少？

（4）当 $P=6$ 时，若价格上涨 1 个单位，总收益将变化几个单位？是增加还是减少？

解：因为 $Q(P)=75-P^2$，$Q'(P)=-2P$，所以

$$E_P=\frac{P}{75-P^2}\cdot(-2P)=\frac{-2P^2}{75-P^2}$$

（1）当 $P=4$ 时，边际需求为 $Q'(4)=-2\times4=-8$，经济意义为：在 $P=4$ 时，当价格再上涨 1 个单位，需求量将下降 8 个单位．

（2）当 $P=4$ 时，需求弹性为 $E_P|_{P=4}=\dfrac{-2\times4^2}{75-4^2}=-\dfrac{32}{59}\approx-0.54$，经济意义

为：在 $P=4$ 时，价格上涨 1%，需求量将减少 0.54%.

（3）总收益为 $R(P)=P\cdot Q=75P-P^3$，边际收益为 $R'(P)=75-3P^2$，收益对价格的弹性为 $\frac{ER}{EP}=R'(P)\frac{P}{R(P)}=\frac{75-3P^2}{75-P^2}$，故 $P=4$ 时，总收益 R 对价格的弹性为：$\left.\frac{ER}{EP}\right|_{P=4}\approx 0.46$. 所以当 $P=4$ 时，价格再上涨 1%，总收益将增加 0.46%.

（4）由（3）可得 $R'(6)=75-3\times 6^2=-33$，所以在 $P=6$ 时，若价格再上涨 1 个单位，总收益将减少 33 个单位.

2.8.3　函数最值在经济管理中的应用举例

在经济管理中，经常要解决在一定的条件下，怎样使投入最少、效益最高、成本最低、利润最大等问题，这些问题在数学上往往归结为求某一函数在某一区间上的最大值和最小值问题.

例 2.8.5　设某厂每月生产 x 吨产品时，总成本为 $C(x)=\frac{1}{4}x^2+8x+4900$（元），问：

（1）最低平均成本是多少？

（2）若产品以每吨 108 元的价格出售，要使利润最大，每月应生产多少吨产品？

解：（1）平均成本为：

$$\overline{C}(x)=\frac{C(x)}{x}=\frac{1}{4}x+8+\frac{4900}{x}(x>0)$$

则

$$\overline{C}'(x)=\frac{1}{4}-\frac{4900}{x^2},$$

令 $\overline{C}'(x)=0$，得 $x=140$. 又∵ $\overline{C}''(x)=\frac{9800}{x^3}$，$\overline{C}''(140)>0$，所以当 $x=140$ 时，$\overline{C}(x)$取极小值，由于是唯一的极值，因此也是最小值，所以每月生产 140 吨产品时平均成本最小，最小值为 $\overline{C}(140)=\frac{1}{4}\times 140+8+\frac{4900}{140}=78$（元）.

（2）利润函数为：

$$L(x)=R(x)-C(x)=108x-\left(\frac{1}{4}x^2+8x+4900\right)=-\frac{1}{4}x^2+100x-4900$$

由 $L'(x)=-\frac{x}{2}+100=0$ 得 $x=200$. 又 $L''(x)=-\frac{1}{2}<0$，所以 $x=200$ 时，$L(x)$取极大值，由于是唯一的极值，因此也是最大值，即要使利润最大，每月

应生产 200 吨产品.

例 2.8.6 设某商品的需求函数是 $Q(P)=12000-80P$ (P 的单位为"元/件"), 商品的总成本函数 $C=25000+50Q$, 每件商品要纳税 2 元, 试求使销售利润最大的商品单价和最大利润额.

解: 商品的销售收入为

$$R(P)=(12000-80P)(P-2)$$

总成本为

$$C(P)=25000+50(12000-80P)=625000-4000P$$

因此, 销售利润为

$$\begin{aligned}L(P)&=R(P)-C(P)=(12000-80P)(P-2)-(625000-4000P)\\&=-80P^2+16160P-649000\end{aligned}$$

由 $L'(P)=-160P+16160=0$ 得 $P=101$. 又 $L''(P)=-160<0$, 所以当 $P=101$ 时, $L(P)$取极大值, 由于 $P=101$ 是唯一的极值点, 所以也是最大值点, 即当单价为 101 元时, 可使销售利润最大, 最大利润为 $L(101)=-80\times101^2+16160\times101-649000=167080$ (元).

例 2.8.7 某企业生产某种产品, 其年销售量为 100 万件, 每批生产需增加准备费 1000 元, 每件产品的库存费为 0.05 元, 如果年销售率是均匀的 (即商品的库存量始终为每批产量的一半), 为使生产准备费和库存费的和最小, 应分几批生产?

解: 设生产准备费和库存费的和为 C, 共分 x 批生产, 则生产准备费为 $1000x$, 库存费为$\dfrac{1000000}{2x}\times0.05=\dfrac{25000}{x}$, 于是总费用为

$$C(x)=1000x+\frac{25000}{x}$$

令 $C'(x)=1000-\dfrac{25000}{x^2}=0$ 得 $x=5$. $C''(x)=\dfrac{50000}{x^3}$, $C''(5)=400>0$, 故当 $x=5$ 时, $C(x)$取得极小值, 也是最小值, 即为使生产准备费和库存费的和最小, 应分 5 批生产.

习题 2.8

1. 设某产品的成本函数为 $C(x)=a+bx^2$ ($a>0$, $b>0$), 则产量 $x=m$ 时的边际成本为 (　　).

A. $a+bm^2$　　　B. bm^2

C. $\dfrac{a}{m}+bm$　　　D. $2bm$

2. 某商品的需求函数为 $Q(P)=15-\frac{P}{4}$，则售价 $P=$（　　）时，才能使商品全部销售后获得的总收益 R 最高.

A. 15　　　　B. 30

C. 45　　　　D. 60

3. 某商品需求函数为 $Q(P)=75-P^2$，则在销售价格为 5 时的需求弹性 $E_P=$（　　）.

4. 某产品成本 C（万元）与产量 x（kg）的关系为 $C(x)=1000+7x+50\sqrt{x}$，求：

（1）在产量为 100kg 时的平均成本；

（2）在产量为 100kg 时的边际成本.

5. 某商品的需求函数为 $Q(P)=1600\left(\frac{1}{2}\right)^P$，求：

（1）边际需求函数；

（2）需求价格弹性函数.

6. 生产 x 单位某产品的总成本为 $C(x)=5x+200$（元），总收益为 $R(x)=10x-0.01x^2$（元）. 求边际成本、边际收益、边际利润.

7. 某企业生产 x 个产品的总收入为 $R(x)=26x-2x^2-4x^3$，总成本为 $C(x)=10+8x+x^2$（x 的单位为"万件"，R 与 C 的单位为"万元"）. 求边际收入、边际成本以及企业获得最大利润时的产量和最大利润.

8. 已知某厂商的短期生产函数为 $Q=20L-0.5L^2-50$，L 表示劳动量：

（1）求劳动量为 4 时的边际产量，并指出其经济意义；

（2）求总产量达到最大时的劳动量；

（3）求劳动的平均产量最大时的劳动量.

9. 设商品的需求函数为 $Q=10-\frac{P}{2}$：

（1）求 $P=4$ 时的边际需求，并说明其经济意义；

（2）求 $P=4$ 时的需求价格弹性，并说明其经济意义；

（3）当 $P=4$ 时，若价格上涨一个单位，总收益将变化几个单位？是增加还是减少？

（4）当 $P=4$ 时，若价格上涨 1%，总收益将变化百分之几？是增加还是减少？

10. 求证：当平均成本最小时，平均成本等于边际成本.

本章小结

导数与微分是微分学中的两个基本概念，本章前半部分主要介绍了导数和微分的定义、导数的几何意义、基本初等函数的导数公式、导数的四则运算法则、复合函数的求导法则和微分的计算公式．在此基础上，本章后半部分主要介绍了导数在求未定式极限、判断函数的单调性、判断曲线的凹凸性、求函数的极值和最值、边际分析与弹性分析方面的应用．

自测题 2

1．选择题．

（1）若下列极限都存在，则不正确的是（　　）．

A. $\lim\limits_{x\to 0}\dfrac{f(x)-f(0)}{x}=f'(0)$　　B. $\lim\limits_{x\to x_0}\dfrac{f(x)-f(x_0)}{x-x_0}=f'(x_0)$

C. $\lim\limits_{h\to 0}\dfrac{f(x_0+4h)-f(x_0)}{h}=f'(x_0)$　　D. $\lim\limits_{\Delta x\to 0}\dfrac{f(x_0)-f(x_0-\Delta x)}{\Delta x}=f'(x_0)$

（2）已知 $f(e^x)=x^2+1$，则 $f'(x)=$（　　）．

A. $2x$　　B. $2e^{2x}$

C. $2\ln x+1$　　D. $\dfrac{2\ln x}{x}$

（3）下列函数中，（　　）在点 $x=0$ 处切线的斜率等于 0.

A. $y=x+2x^2$　　B. $y=x-\arctan x$

C. $y=xe^x$　　D. $y=\dfrac{x}{\cos x}$

（4）已知函数 $f(x)$ 二阶可导，若函数 $y=f(2x)$，则二阶导数 $y''=$（　　）．

A. $f''(2x)$　　B. $2f''(2x)$

C. $4f''(2x)$　　D. $8f''(2x)$

（5）下列函数中（　　）在点 $x=0$ 处连续但不可导．

A. $y=\dfrac{1}{x}$　　B. $y=|x|$

C. $y=e^{-x}$　　D. $y=\ln x$

（6）直线 l 与 x 轴平行且与曲线 $y=2x-e^{2x}$ 相切，则切点坐标为（　　）．

A.（1，1）　　B.（－1，1）

C.（0，－1）　　D.（0，1）

（7）已知函数 $f(x)$ 满足 $f(-x)=f(x)$，若在区间 $(-\infty,0)$ 内，$f'(x)>0$，且 $f''(x)<0$，则函数 $y=f(x)$ 在区间 $(0,+\infty)$ 内（　　）．

A. 单调递增且图形是凸的　　B. 单调递增且图形是凹的

C. 单调递减且图形是凸的　　D. 单调递减且图形是凹的

（8）下列函数在 $(0,+\infty)$ 内单调递减的是（　　）．

A. $x+\arctan x$　　B. $x-\operatorname{arccot} x$

C. $x - e^x$　　　　D. $x^2\sin x$

(9) 函数 $y = 6x - 24x^2 + x^4$ 的凸区间是（　　）.

A. $(-2, 2)$　　　　B. $(-\infty, 0)$

C. $(0, +\infty)$　　　　D. $(-\infty, +\infty)$

(10) 函数 $f(x) = x^3 - 12x$ 在区间 $[-3, 3]$ 上的最小值为（　　）.

A. -9　　　　B. 9

C. 16　　　　D. -16

2. 填空题.

(1) d ________ $= \frac{1}{1+x^2}dx$.

(2) 设函数 $f(x) = x^5\ln x$，则 $f''(1) =$ ________.

(3) 曲线 $y = x^3 - x$ 在点 $(1, 0)$ 处的切线方程为________.

(4) 设需求函数为 $Q = 5 - 2P$，则需求价格弹性函数为________.

(5) 设成本函数为 $C(x) = 50 + 2x + x^2$，则产量为 5 时的边际成本为______.

3. 计算题.

(1) 设函数 $y = \sqrt{(2x-3)^{15}}$，求 y'；

(2) 设函数 $y = e^{3x}\sin 2x$，求 $y'(0)$；

(3) 设函数 $y = x^{\cos x}$，求 y'；

(4) 设函数 $y = \ln(\sin 2x)$，求 dy；

(5) 设函数 $y = f(\sin x^2)$，求 $\frac{dy}{dx}$；

(6) 求 $\lim\limits_{x \to 0}\frac{1 - \cos x}{x + \sin x}$；

(7) 求 $\lim\limits_{x \to 0}\frac{1 + x - e^x}{x^2}$；

(8) 求函数 $y = x^3 - 3x^2 - 1$ 的单调区间、极值及其图形的凹区间、凸区间和拐点.

4. 应用题.

某产品的成本函数为 $C(x) = \frac{1}{9}x^2 + 6x + 100$，产品销售价格 P 与产量 x 的关系为 $P(x) = 46 - \frac{1}{3}x$.

(1) 产量 x 为多少时，才能使平均成本最低？最低平均成本是多少？

(2) 产量 x 为多少时，才能使产品全部销售后获得的总利润最大？最大利润是多少？

拓展阅读

一心为人民，慷慨掷此身——感动中国的华罗庚

华罗庚（1910—1985），中国数学家．一个只有初中文化的人，通过刻苦学习而成为世界级数学家、多国科学院院士；他在个人事业的高峰放弃美国大学终身教授回国，亲手绘制了新中国数学发展蓝图；他晚年不顾抱病之躯，推广数学方法的足迹遍及中国大地；他69岁实现了加入中国共产党的愿望；他在讲坛上奋斗到生命最后一刻，践行了“一心为人民，慷慨掷此身”的誓言……这就是华罗庚的传奇数学人生．华罗庚的名字已镌刻在中华人民共和国成立60周年时评选的“100位新中国成立以来感动中国人物”名册上，感动了并将继续感动亿万中国人．

华罗庚主要从事解析数论、矩阵几何学、典型群、自守函数论、多复变函数论、偏微分方程、高维数值积分等领域的研究，并解决了高斯完整三角和估计难题，进行了华林和塔里问题改进、一维摄影几何基本定理证明、近代数论方法应用研究等．国际上以华氏命名的数学科研成果有“华氏定理”“华氏不等式”“华—王方法”等．华罗庚曾出版《统筹方法平话》《优选学》等多部著作，并在中国推广应用．

在当代，我们不仅要学习华罗庚作为科学家的刻苦钻研精神，更要学习华罗庚的奉献精神和热爱祖国、热爱人民的高尚品质．

第3章

一元函数积分学及其应用

○ ○ ● ○ ○

学习目的与要求

- 理解定积分的概念、性质和几何意义
- 理解不定积分的概念和性质，掌握不定积分的基本积分公式、不定积分的换元法和分部积分法
- 掌握牛顿—莱布尼兹公式、定积分的换元法和分部积分法
- 了解无穷限广义积分的概念
- 会利用定积分计算平面图形的面积和求解经济学中的一些问题

在第 2 章中，我们介绍了一元函数的微分学，本章我们将介绍微积分的另外一个重要组成部分——一元函数积分学. 一元函数积分学主要研究一元函数的不定积分、定积分和定积分的应用，其中不定积分是求导的逆运算，是计算定积分的基础，定积分则是某种特定和式的极限，在自然科学和社会科学中有着广泛的应用.

3.1 定积分的概念与性质

定积分的概念和思想方法起源于计算曲边梯形的面积，下面我们就从计算曲边梯形的面积入手，引入定积分的概念.

3.1.1 引例

例 3.1.1 求由连续曲线 $y=f(x)$ $(f(x)\geqslant 0)$，直线 $x=a, x=b$ 及 x 轴所围成的曲边梯形（见图 3－1）的面积 S.

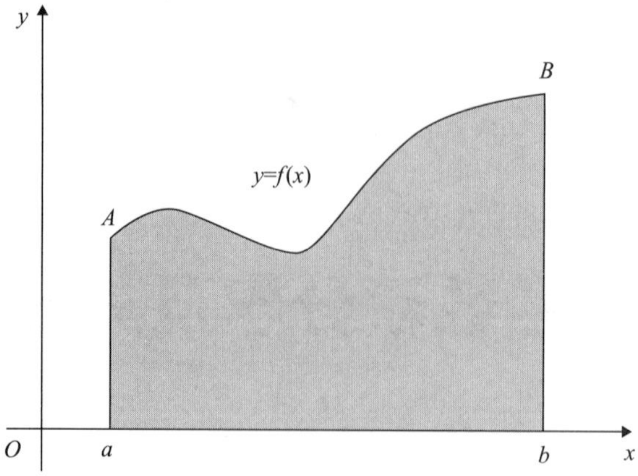

图 3－1

下面我们利用极限的思想方法求曲边梯形的面积，即先求近似值，再取极限逼近真实值，分四步进行：

步骤 1　分割

在区间$[a, b]$的内部插入 $n-1$ 个分点 $x_1, x_2, \cdots, x_{n-1}$ 把区间$[a, b]$分为 n 个小区间$[x_0, x_1], [x_1, x_2], \cdots, [x_{n-1}, x_n], (x_0=a, x_n=b)$，每个小区间的长度记为 $\Delta x_i = x_i - x_{i-1} (i=1,2,3,\cdots,n)$，过每个分点 x_i $(i=1,2,\cdots,n-1)$ 作 x 轴的垂线，把曲边梯形分割为 n 个小曲边梯形（见图 3－2），用 Δs_i 表示第 i 个小曲边梯形的面积，则有

$$S = \Delta s_1 + \Delta s_2 + \cdots + \Delta s_n = \sum_{i=1}^{n} \Delta s_i$$

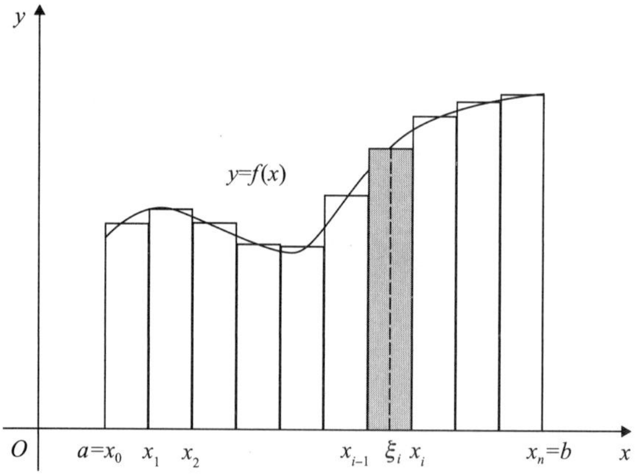

图 3－2

步骤 2　近似

在每个小区间$[x_{i-1}, x_i]$上任意取一点 $\xi_i (i=1,2,\cdots,n)$，以每个小区间的长度为底，ξ_i 处的函数值 $f(\xi_i)$ 为高作小矩形，以每个小矩形的面积作为相应的小

曲边梯形的面积的近似值，Δx_i 越小，这种近似一般越精确，则可得到每个小曲边梯形面积的近似值为

$$\Delta s_i \approx f(\xi_i)\Delta x_i (i=1,2,\cdots,n)$$

步骤3　求和

把各个小矩形的面积相加，得到曲边梯形面积 S 的近似值为

$$S \approx \sum_{i=1}^{n} f(\xi_i)\Delta x_i$$

步骤4　取极限

将 n 个小区间长度 Δx_i 中最大者设为 Δx，即 $\Delta x = \max\{\Delta x_1, \Delta x_2, \cdots, \Delta x_n\}$. 若对区间$[a, b]$无限细分，即分点数 n 无限增多，每个小曲边梯形的底 Δx_i 都趋近于0时，则 $\sum_{i=1}^{n} f(\xi_i)\Delta x_i$ 无限接近于曲边梯形的面积 S，于是当 $\Delta x \to 0$ 时，$\sum_{i=1}^{n} f(\xi_i)\Delta x_i$ 的极限就是曲边梯形的面积 S 的值，即

$$S = \lim_{\Delta x \to 0} \sum_{i=1}^{n} f(\xi_i)\Delta x_i$$

事实上，在自然科学和社会科学中，除了面积问题以外，变速直线运动的路程、弧长等许多问题都归结为求这类特定和式的极限，这种特定形式的极限就是所谓的定积分.

3.1.2　定积分的定义

定义 3.1.1　设函数 $f(x)$ 在区间$[a, b]$上有定义，用分点 $a = x_0 < x_1 < x_2 < \cdots < x_{n-1} < x_n = b$ 把区间 $[a, b]$ 任意分成 n 个小区间$[x_{i-1}, x_i](i=1,2,\cdots,n)$，其长度为 $\Delta x_i = x_i - x_{i-1}$，在每个小区间$[x_{i-1}, x_i]$上任取一点 $\xi_i(x_{i-1} \leqslant \xi_i \leqslant x_i)$，作乘积 $f(\xi_i)\Delta x_i(i=1,2,\cdots,n)$，并作和式 $\sum_{i=1}^{n} f(\xi_i)\Delta x_i$，记 $\Delta x = \max\{\Delta x_1, \Delta x_2, \cdots, \Delta x_n\}$，若无论区间 $[a, b]$ 怎样分割，点 ξ_i 在$[x_{i-1}, x_i]$上如何选取，当 $\Delta x \to 0$ 时，和式的极限 $\lim_{\Delta x \to 0} \sum_{i=1}^{n} f(\xi_i)\Delta x_i$ 都存在且等于同一个常数，则称函数 $f(x)$ 在区间 $[a, b]$ 上是可积的，并称此极限为函数 $f(x)$ 在 $[a, b]$ 上的定积分，记作 $\int_a^b f(x)dx$，即

$$\int_a^b f(x)dx = \lim_{\Delta x \to 0} \sum_{i=1}^{n} f(\xi_i)\Delta x_i$$

其中 $f(x)$ 称为被积函数，$f(x)dx$ 称为被积表达式，x 称为积分变量，$[a, b]$ 称为积分区间，a 称为积分下限，b 称为积分上限，$\int$ 称为积分号，$\sum_{i=1}^{n} f(\xi_i)\Delta x_i$ 称为积分和.

注：（1）当$f(x)$在［a，b］上可积时，即积分和的极限存在时，$\int_a^b f(x)dx$是个确定的常数，它只与被积函数$f(x)$以及积分区间［a，b］有关，而与积分变量用什么字母表示无关，即有

$$\int_a^b f(x)dx = \int_a^b f(u)du$$

（2）可以证明：闭区间［a，b］上的连续函数是可积的，闭区间［a，b］上只有有限个间断点的有界函数是可积的.

（3）在定义中，我们假设$a<b$，如果$b<a$，我们规定$\int_a^b f(x)dx = -\int_b^a f(x)dx$；当$a=b$时，规定$\int_a^b f(x)dx = \int_a^a f(x)dx = 0$.

3.1.3　定积分的几何意义

当$f(x)$在$[a, b]$上连续时，由例3.1.1及定积分的定义可得定积分$\int_a^b f(x)dx$的几何意义.

（1）当$f(x)\geqslant 0$时，定积分$\int_a^b f(x)dx$在几何上表示由曲线$y=f(x)$，直线$x=a$、$x=b$和x轴围成的曲边梯形（见图3－1）的面积.

（2）当$f(x)\leqslant 0$时，定积分$\int_a^b f(x)dx$在几何上表示由曲线$y=f(x)$，直线$x=a$、$x=b$和x轴围成的曲边梯形面积的相反数.

（3）当函数$f(x)$在$[a, b]$上的符号不定时，定积分$\int_a^b f(x)dx$在几何上表示由曲线$y=f(x)$，直线$x=a$、$x=b$和x轴围成的平面图形（见图3－3）在x轴上方曲边梯形的面积与在x轴下方的曲边梯形面积之差，即

$$\int_a^b f(x)dx = S_1 - S_2 - S_3$$

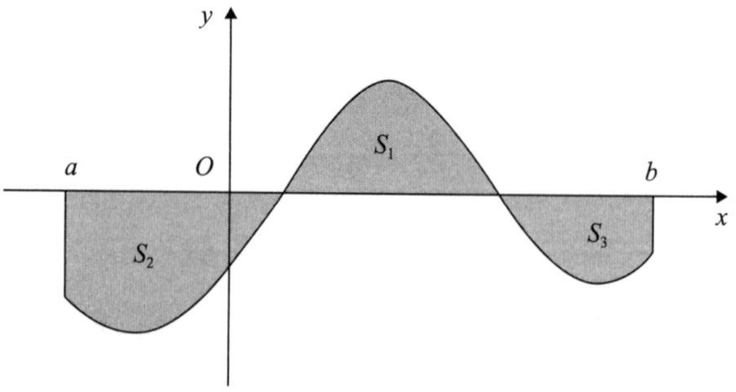

图3－3

例 3.1.2　利用定积分的几何意义计算定积分 $\int_{-1}^{1}\sqrt{1-x^2}dx$.

解：根据定积分的几何意义，$\int_{-1}^{1}\sqrt{1-x^2}dx$ 等于由 $y=\sqrt{1-x^2}$，直线 $x=-1$，$x=1$ 以及 x 轴所围的半圆（见图 3-4）的面积 $\frac{1}{2}\pi$，故

$$\int_{-1}^{1}\sqrt{1-x^2}dx = \frac{1}{2}\pi$$

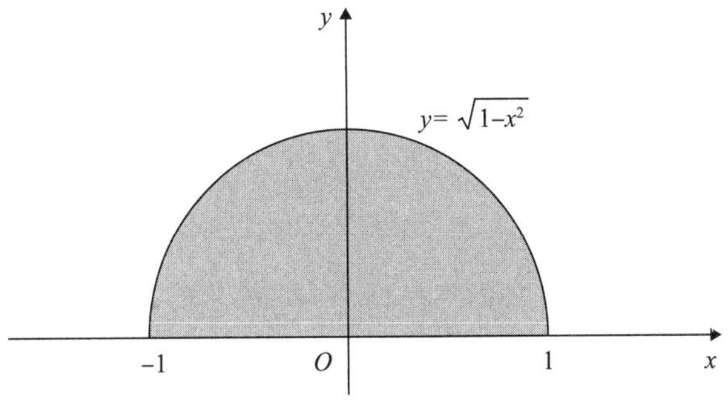

图 3-4

3.1.4　定积分的性质

由定积分的定义，可以得到定积分的基本性质.

性质 3.1.1　$\int_a^b[f(x)\pm g(x)]dx = \int_a^b f(x)dx \pm \int_a^b g(x)dx$

性质 3.1.2　$\int_a^b kf(x)dx = k\int_a^b f(x)dx$（$k$ 为常数）

推论　若 $f_1(x)$，$f_2(x)$，…，$f_n(x)$ 均在［a，b］上可积，$k_1,k_2,\cdots,k_n$ 为任意常数. 则

$$\int_a^b[k_1f_1(x)+k_2f_2(x)+\cdots+k_nf_n(x)]dx$$

$$= k_1\int_a^b f_1(x)dx + k_2\int_a^b f_2(x)dx + \cdots + k_n\int_a^b f_n(x)dx$$

性质 3.1.3（积分区间的可加性）　若积分区间［a，b］被点 c 分成两个小区间$[a,c]$与$[c,b]$，则

$$\int_a^b f(x)dx = \int_a^c f(x)dx + \int_c^b f(x)dx$$

性质 3.1.4　若 $f(x)=1$，则 $\int_a^b 1dx = \int_a^b dx = b-a$.

性质 3.1.5　若函数 $f(x)$ 与 $g(x)$ 在区间［a，b］上总满足 $f(x)\leqslant g(x)$，则

$$\int_a^b f(x)dx \leqslant \int_a^b g(x)dx$$

性质 3.1.6（估值定理） 若函数 $f(x)$ 在区间 $[a, b]$ 上最大值与最小值分别是 M 与 m，则

$$m(b-a) \leqslant \int_a^b f(x)dx \leqslant M(b-a)$$

性质 3.1.7（积分中值定理） 若函数 $f(x)$ 在区间 $[a, b]$ 上连续，则在区间 $[a, b]$ 上至少存在一点 ξ，使

$$\int_a^b f(x)dx = f(\xi)(b-a)$$

积分中值定理的几何意义是：由曲线 $y=f(x)$，直线 $x=a, x=b$ 以及 x 轴所围的曲边梯形的面积等于以 $f(\xi)$ 为高、$(b-a)$ 为底的矩形的面积（见图 3－5）. 其中 $f(\xi)=\dfrac{1}{b-a}\int_a^b f(x)dx$.

$\dfrac{1}{b-a}\int_a^b f(x)dx$ 称为函数 $f(x)$ 在区间 $[a, b]$ 上的平均值.

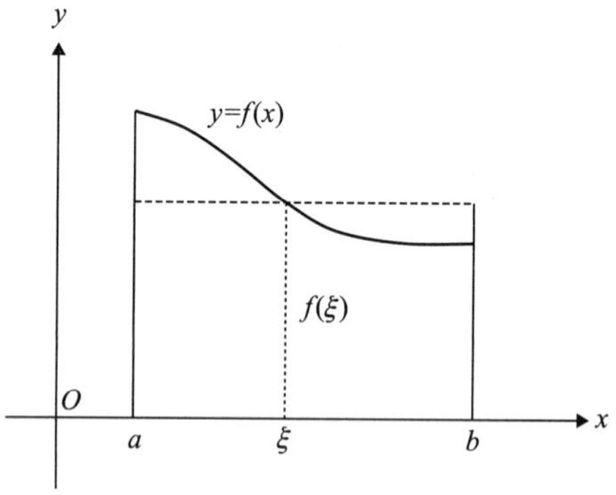

图 3－5

例 3.1.3 比较下列积分的大小：

(1) $\int_0^1 x^2 dx$， $\int_0^1 x^3 dx$；

(2) $\int_3^4 \ln x dx$， $\int_3^4 (\ln x)^2 dx$.

解：(1) 在区间 $[0, 1]$ 上，$x^2-x^3=x^2(1-x)\geqslant 0$，所以 $x^2\geqslant x^3$，由性质 3.1.5 得

$$\int_0^1 x^2 dx \geqslant \int_0^1 x^3 dx.$$

(2) 在区间 $[3, 4]$ 上，$\ln x<(\ln x)^2$，由性质 3.1.5 得

$$\int_3^4 \ln x dx \leqslant \int_3^4 (\ln x)^2 dx.$$

习题 3.1

1. 比较下列定积分的大小：

(1) $\int_0^1 \frac{1}{x+1}dx$， $\int_0^1 \frac{1}{x^2+1}dx$；　　(2) $\int_0^{\frac{\pi}{4}} \sin x dx$，$\int_0^{\frac{\pi}{4}} \cos x dx$；

(3) $\int_{\frac{\pi}{2}}^0 x dx$， $\int_{\frac{\pi}{2}}^0 \sin x dx$；　　(4) $\int_1^1 \ln x dx$，$\int_1^1 (\ln x)^2 dx$.

2. 利用定积分的几何意义或性质计算下列定积分：

(1) $\int_0^2 \sqrt{4-x^2}\,dx$；　　(2) $\int_0^1 (1-x)dx$；

(3) $\int_{-\frac{\pi}{2}}^{\frac{\pi}{2}} \sin x dx$；　　(4) $\int_1^{-2} 2dx$.

3.2 微积分基本定理

从定积分的定义，我们可以看到，利用定积分的定义求定积分的值，需要计算一个复杂的积分和的极限，这往往是非常困难的，因此需要寻求一个简便有效计算定积分的方法，为此，我们先介绍原函数和积分上限函数这两个概念.

3.2.1 原函数

定义 3.2.1 如果在某区间 I 上，函数 $F(x)$ 的导数为 $f(x)$，即 $F'(x)=f(x)$，则称 $F(x)$ 为 $f(x)$ 在区间 I 上的一个原函数.

例如，在 $(-\infty,+\infty)$ 内，$(x^2)'=2x$，所以 x^2 是 $2x$ 在 $(-\infty,+\infty)$ 内的一个原函数. 事实上 x^2+C（C 为任意常数）都是 $2x$ 的原函数. 在 $(0,+\infty)$ 内，$(\ln x)'=\frac{1}{x}$，所以 $\ln x$ 是 $\frac{1}{x}$ 在 $(0,+\infty)$ 内的一个原函数，$\ln x+C$（C 为任意常数）也都是 $\frac{1}{x}$ 在 $(0,+\infty)$ 内的原函数.

那么，函数 $f(x)$ 在什么条件下存在原函数呢？若存在原函数，这些原函数之间具有怎样的关系？关于这个问题有下面两个结论.

定理 3.2.1 如果函数 $f(x)$ 在某区间上连续，则 $f(x)$ 在此区间上存在原函数.

定理 3.2.2 若 $F(x)$ 是 $f(x)$ 的一个原函数，则 $F(x)+C$（C 为任意常数）

也是$f(x)$的原函数，且$f(x)$所有的原函数都可以表示为$F(x)+C$的形式，即$f(x)$的任何两个原函数仅差一个常数.

由于初等函数在其定义区间上是连续的，所以初等函数在其定义区间上都有原函数，且有无穷多个原函数，任意两个原函数之间只相差一个常数.

3.2.2 积分上限函数

设函数$f(x)$在$[a, b]$上可积，则对任意$x\in[a, b]$，$\int_a^x f(t)dt$的值随着x的变化而变化，因而$\int_a^x f(t)dt$是以x为自变量的函数，称为积分上限函数，通常记作

$$\phi(x)=\int_a^x f(t)dt, x\in[a, b]$$

积分上限函数有下面的重要性质.

定理 3.2.3 若函数$f(x)$在$[a, b]$上连续，则积分上限函数$\phi(x)=\int_a^x f(t)dt$可导，且

$$\phi'(x)=\frac{d}{dx}\int_a^x f(t)dt=f(x), x\in[a, b]$$

定理 3.2.3 说明积分上限函数$\phi(x)=\int_a^x f(t)dt$是$f(x)$在$[a, b]$上的一个原函数.

例 3.2.1 求$\frac{d}{dx}\int_1^x \sqrt{1+t^2}dt$.

解：由定理 3.2.3 得

$$\frac{d}{dx}\int_1^x \sqrt{1+t^2}dt=\sqrt{1+x^2}$$

例 3.2.2 求$\frac{d}{dx}\int_x^0 \sin t^2 dt$.

解：$\frac{d}{dx}\int_x^0 \sin t^2 dt=-\frac{d}{dx}\int_0^x \sin t^2 dt=-\sin x^2$

3.2.3 牛顿—莱布尼兹公式

由定理 3.2.2 和定理 3.2.3 我们就可推出牛顿—莱布尼兹公式：设$F(x)$是$f(x)$的一个原函数，积分上限函数$\int_a^x f(t)dt$也是$f(x)$的一个原函数，所以由定理 3.2.2 可得$\int_a^x f(t)dt=F(x)+C$，令$x=a$得$C=-F(a)$，所以$\int_a^x f(t)dt=F(x)-F(a)$，

取 $x=b$，得 $\int_a^b f(t)dt = F(b) - F(a)$，这就是所谓的牛顿—莱布尼兹公式.

定理 3.2.4（微积分基本定理）　设函数 $f(x)$ 在区间 $[a, b]$ 上连续，且 $F(x)$ 是 $f(x)$ 的一个原函数，则

$$\int_a^b f(x)dx = F(x)\big|_a^b = F(b) - F(a)$$

上面这个公式称为牛顿—莱布尼兹公式. 牛顿—莱布尼兹公式是计算定积分的基本公式，它揭示了定积分与原函数之间的关系. 根据牛顿—莱布尼兹公式，计算定积分 $\int_a^b f(x)dx$，只需求出 $f(x)$ 在闭区间 $[a, b]$ 上的一个原函数 $F(x)$，然后计算出 $F(x)$ 在 $x=b$ 与 $x=a$ 两点处的函数值的差即可，这就使得定积分的计算大大简化了，从而使得定积分在各个领域得到了广泛的应用.

例 3.2.3　计算下列定积分：

(1) $\int_0^1 2xdx$；　　(2) $\int_2^1 \frac{1}{x}dx$；

(3) $\int_{-1}^1 \frac{5}{1+x^2}dx$；　　(4) $\int_0^1 (3x^2 - 2x + 1)dx$.

解：(1) 因为 $(x^2)'=2x$，所以 x^2 是 $2x$ 的一个原函数，则

$$\int_0^1 2xdx = x^2\big|_0^1 = 1^2 - 0^2 = 1$$

(2) 因为 $(\ln x)' = \frac{1}{x}$，所以 $\ln x$ 就是 $\frac{1}{x}$ 的一个原函数，则

$$\int_2^1 \frac{1}{x}dx = \ln x\big|_2^1 = \ln 1 - \ln 2 = -\ln 2$$

(3) $\int_{-1}^1 \frac{5}{1+x^2}dx = 5\int_{-1}^1 \frac{1}{1+x^2}dx = 5\arctan x\big|_{-1}^1 = 5\arctan 1 - 5\arctan(-1)$

$$= \frac{5\pi}{4} - \left(-\frac{5\pi}{4}\right) = \frac{5\pi}{2}$$

(4) $\int_0^1 (3x^2 - 2x + 1)dx = \int_0^1 3x^2dx - \int_0^1 2xdx + \int_0^1 dx = x^3\big|_0^1 - x^2\big|_0^1 + x\big|_0^1 = 1$

例 3.2.4　设 $f(x) = \begin{cases} x, & x \leqslant 0 \\ \sin x, & x > 0 \end{cases}$，求 $\int_{-1}^{\frac{\pi}{2}} f(x)dx$.

解：$\int_{-1}^{\frac{\pi}{2}} f(x)dx = \int_{-1}^0 xdx + \int_0^{\frac{\pi}{2}} \sin xdx = \frac{x^2}{2}\bigg|_{-1}^0 - \cos x\big|_0^{\frac{\pi}{2}} = \frac{1}{2}$

例 3.2.5　计算 $y=2x^2+3x+3$ 在区间 $[0,4]$ 上的平均值.

解：平均值 $\bar{y} = \frac{1}{4-0}\int_0^4 (2x^2 + 3x + 3)dx$

$$= \frac{1}{4}\left(\frac{2}{3}x^3 + \frac{3}{2}x^2 + 3x\right)\bigg|_0^4 = \frac{59}{3}$$

例 3.2.6 求 $f(x)=\int_0^x \sec^2 t dt$ 在区间 $\left[0,\frac{\pi}{4}\right]$ 上的最大值和最小值.

解: $f'(x)=\sec^2 x>0$, 故 $f(x)=\int_0^x \sec^2 t dt$ 在 $\left[0,\frac{\pi}{4}\right]$ 上单调递增, $f(0)=\int_0^0 \sec^2 t dt=0$ 为最小值, $f\left(\frac{\pi}{4}\right)=\int_0^{\frac{\pi}{4}} \sec^2 t dt=\tan t\Big|_0^{\frac{\pi}{4}}=1$ 为最大值.

习题 3.2

1. 求下列函数的一个原函数:

(1) $f(x)=1$;

(2) $f(x)=x^3+x$;

(3) $f(x)=x+\cos x$;

(4) $f(x)=e^x+\frac{1}{\sqrt{1-x^2}}$.

2. 求下列函数的导数:

(1) $y=\int_1^x \sqrt{1+t^2}dt$;

(2) $y=\int_x^0 te^t dt$.

3. 计算下列定积分:

(1) $\int_1^2 0dx$;

(2) $\int_1^1 x^2\cos x dx$;

(3) $\int_1^2 e^x dx$;

(4) $\int_0^{\frac{\pi}{2}} \cos x dx$;

(5) $\int_1^2 (x^2+\frac{1}{x})dx$;

(6) $\int_2^4 \frac{1-x}{x}dx$;

(7) $\int_0^{\frac{\pi}{2}} (e^x-\sin x)dx$;

(8) $\int_{-1}^2 |x|dx$.

4. 求函数 $f(x)=\int_0^x te^{-t^2}dx$ 的极值.

5. 设 $\int_0^2 f(x)dx=2, \int_0^4 f(x)dx=5$, 求 $\int_2^4 f(x)dx, \int_4^2 f(x)dx$.

3.3 不定积分的概念与性质

根据牛顿—莱布尼兹公式, 计算定积分 $\int_a^b f(x)dx$ 的关键是求出被积函数 $f(x)$ 的一个原函数, 上一节我们给出的被积函数 $f(x)$ 的表达式都比较简单, 其原函数根据求导公式可直接观察出来, 当函数 $f(x)$ 的表达式比较复杂时, 仅靠观察来求其原函数就变得非常困难了，因此需要寻求其他方法，为此，我们介绍不定积分的概念与性质.

3.3.1　不定积分的概念

由上一节我们可以看出，若 $f(x)$ 的原函数存在，则有无穷多个，而 $f(x)$ 的全体原函数就称为 $f(x)$ 的不定积分.

定义 3.3.1　函数 $f(x)$ 的全体原函数，称为 $f(x)$ 的不定积分，记作

$$\int f(x)\,dx$$

其中 $\int$ 称为积分号，x 称为积分变量，$f(x)$ 称为被积函数，$f(x)\,dx$ 称为被积表达式.

如果 $F(x)$ 是 $f(x)$ 的一个原函数，则由定理 3.2.2 可得

$$\int f(x)\,dx = F(x) + C$$

其中 C 为任意常数.

由此可见，求不定积分 $\int f(x)\,dx$ ，关键是找到被积函数 $f(x)$ 的一个原函数.

例 3.3.1　求 $\int x^2 dx$.

解： 因为 $\left(\frac{1}{3}x^3\right)' = x^2$，所以 $\frac{1}{3}x^3$ 是 $f(x) = x^2$ 的一个原函数，所以

$$\int x^2 dx = \frac{1}{3}x^3 + C$$

例 3.3.2　求 $\int \cos x dx$.

解： 因为 $(\sin x)' = \cos x$，所以

$$\int \cos x dx = \sin x + C$$

例 3.3.3　求 $\int \frac{1}{x} dx$.

解： 因为 $(\ln|x|)' = \frac{1}{x}$，所以

$$\int \frac{1}{x} dx = \ln|x| + C\ (x \neq 0)$$

类似地，利用基本初等函数的导数公式可得到其余的基本积分公式，一并列出：

(1) $\int 0 dx = C$ (C 为常数)；

(2) $\int x^{\alpha}dx = \frac{1}{\alpha+1}x^{\alpha+1} + C \quad (\alpha \neq -1)$;

(3) $\int \frac{1}{x}dx = \ln|x| + C$;

(4) $\int a^{x}dx = \frac{1}{\ln a}a^{x} + C \quad (a>0, a\neq 1)$;

(5) $\int e^{x}dx = e^{x} + C$;

(6) $\int \sin x dx = -\cos x + C$;

(7) $\int \cos x dx = \sin x + C$;

(8) $\int \sec^{2} x dx = \tan x + C$;

(9) $\int \csc^{2} x dx = -\cot x + C$;

(10) $\int \sec x \tan x dx = \sec x + C$;

(11) $\int \csc x \cot dx = -\csc x + C$;

(12) $\int \frac{1}{\sqrt{1-x^{2}}}dx = \arcsin x + C$;

(13) $\int \frac{1}{1+x^{2}}dx = \arctan x + C$.

上述积分公式，是以后计算不定积分的基础，要熟练记住这些公式.

3.3.2 不定积分的性质

性质 3.3.1 求不定积分与求导互为逆运算，即

(1) $\left[\int f(x)dx\right]' = f(x)$;

(2) $\int f'(x)dx = f(x) + c$.

性质 3.3.2 两个函数代数和的不定积分等于各函数不定积分的代数和，即

$$\int\left[f(x) \pm g(x)\right]dx = \int f(x)dx \pm \int g(x)dx$$

这个公式可以推广到任意有限多个函数的代数和的情况.

性质 3.3.3 被积函数中不为零的常数因子，可以提到积分号外面，即

$$\int kf(x)dx = k\int f(x)dx \quad (\text{常数 } k \neq 0)$$

利用不定积分的性质与基本积分公式，可以求出一些比较简单的不定积分.

例 3.3.4 求下列不定积分:

(1) $\int(5-\sqrt{x})dx$; (2) $\int 2^x e^x dx$;

(3) $\int(e^x+2\cos x+\sqrt{2}x^3)dx$; (4) $\int\frac{2x^2}{1+x^2}dx$.

解: (1) $\int(5-\sqrt{x})dx=\int 5dx-\int\sqrt{x}dx=5x-\int x^{\frac{1}{2}}dx=5x-\frac{2}{3}x^{\frac{3}{2}}+C$

(2) $\int 2^x e^x dx=\int(2e)^x dx=\frac{1}{\ln(2e)}(2e)^x+C$

(3) $$\begin{aligned}\int(e^x+2\cos x+\sqrt{2}x^3)dx&=\int e^x dx+\int 2\cos x dx+\int\sqrt{2}x^3 dx\\&=\int e^x dx+2\int\cos x dx+\sqrt{2}\int x^3 dx\\&=e^x+2\sin x+\frac{\sqrt{2}}{4}x^4+C\end{aligned}$$

(4) $$\begin{aligned}\int\frac{2x^2}{1+x^2}dx&=2\int\frac{x^2}{1+x^2}dx=2\int\left(1-\frac{1}{1+x^2}\right)dx\\&=2\int dx-2\int\frac{1}{1+x^2}dx=2x-2\arctan x+C\end{aligned}$$

例 3.3.5 求下列不定积分:

(1) $\int\sin^2\frac{x}{2}dx$; (2) $\int\frac{\cos 2x}{\cos x-\sin x}dx$.

解: (1) $$\begin{aligned}\int\sin^2\frac{x}{2}dx&=\int\frac{1-\cos x}{2}dx\\&=\frac{1}{2}\int dx-\frac{1}{2}\int\cos x dx\\&=\frac{1}{2}x-\frac{1}{2}\sin x+C\end{aligned}$$

(2) $$\begin{aligned}\int\frac{\cos 2x}{\cos x-\sin x}dx&=\int\frac{\cos^2x-\sin^2x}{\cos x-\sin x}dx\\&=\int(\cos x+\sin x)dx\\&=\sin x-\cos x+C\end{aligned}$$

例 3.3.6 求在点(x,y)处切线的斜率为$2x$且过点$(1,2)$的曲线方程.

解: 设所求曲线方程为$y=F(x)$, 由题意知, $y'=F'(x)=2x$, 所以$F(x)$为$2x$的一个原函数, $y=F(x)=\int 2xdx=x^2+C$, 又$y=F(x)$通过点$(1,2)$, 即$2=F(1)=1^2+C$, 得$C=1$, 所以曲线方程为$y=x^2+1$.

习题 3.3

1. 求下列不定积分：

(1) $\int(1-2x^3)dx$； (2) $\int x\sqrt{x}dx$；

(3) $\int(3^x+x^2)dx$； (4) $\int\frac{1+2x^2}{x^2(1+x^2)}dx$；

(5) $\int\left(\sqrt{x}-\frac{1}{\sqrt[3]{x}}\right)dx$； (6) $\int\frac{x^4}{1+x^2}dx$；

(7) $\int\frac{2\cdot 3^x-5\cdot 2^x}{3^x}dx$； (8) $\int\sqrt{x}(x^2-5)\mathrm{d}x$；

(9) $\int\left(\frac{1}{x}+\frac{1}{x^2}+e^x\right)dx$.

2. 求下列不定积分：

(1) $\int\tan^2 xdx$； (2) $\int\cos^2\frac{x}{2}dx$；

(3) $\int\frac{1+\cos 2x}{\sin^2 x}dx$； (4) $\int\frac{\cos 2x}{\sin^4 x-\sin^2 x}dx$.

3. 一质点作直线作运动，已知其速度为 $v=4t^3+3\cos t+2$，如果 $t=0$ 时，$s=5$，求路程 s 和时间 t 之间的函数关系.

4. 设曲线过点(0, 0)，且其上任意一点(x,y)处的切线的等于横坐标的4倍，求此曲线的方程.

5. 设 $f(x)=\int 5e^{3x}\sin xdx$，求 $f'(0)$.

3.4 不定积分的换元积分法和分部积分法

利用上一节不定积分的性质和基本积分公式一般仅能够求一些比较简单的不定积分，能够求出的不定积分非常有限，还有许多常用的积分不能求出，例如，$\int\frac{\ln x}{x}dx$，$\int\frac{1}{1+\sqrt{x}}dx$，$\int xe^x dx$，$\int\arcsin xdx$ 等，因此，有必要进一步研究不定积分的求法. 本节将给出求不定积分的两种常用方法：换元积分法和分部积分法.

3.4.1 换元积分法

换元积分法分为两类，下面先介绍第一类换元法.

3.4.1.1 第一类换元法

我们首先看一个例子：求 $\int \cos 2x dx$.

能否直接根据积分公式 $\int \cos x dx = \sin x + C$，得到 $\int \cos 2x dx = \sin 2x + C$ 呢？很容易验证该结果是错误的，因为 $(\sin 2x + C)' = 2\cos 2x$，而不是 $\cos 2x$. 注意到 $\cos 2x$ 是关于 $2x$ 的一个复合函数，故可想到凑出 $2x$ 的微分 $d(2x)$，为此，根据 $d(2x) = 2dx$，可得 $dx = \frac{1}{2}d(2x)$，这样就凑出了 $2x$ 的微分 $d(2x)$，并令 $u = 2x$，可得

$$\int \cos 2x dx = \frac{1}{2}\int \cos 2x d(2x) = \frac{1}{2}\int \cos u du = \frac{1}{2}\sin u + C$$

最后，把 u 换回原来的变量 x，就有

$$\int \cos 2x dx = \frac{1}{2}\sin 2x + C$$

因为 $\left(\frac{1}{2}\sin 2x + C\right)' = \cos 2x$，所以上面的计算方法是正确的. 这里所采用的方法就是第一类换元法.

定理 3.4.1　如果 $u - \varphi(x)$ 可导，$\varphi'(x)$ 连续，$f(u)$ 具有原函数 $F(u)$，则

$$\int f[\varphi(x)]\varphi'(x)dx = F[\varphi(x)] + C$$

上述公式可以这样得到：

$$\int f[\varphi(x)]\varphi'(x)dx = \int f[\varphi(x)]d\varphi(x) = \int f(u)du = F(u) + C = F[\varphi(x)] + C$$

在使用第一类换元法求不定积分时，关键是把不定积分 $\int f[\varphi(x)]\varphi'(x)dx$ 凑成 $\int f[\varphi(x)]d\varphi(x)$ 的形式，即把 $\varphi'(x)dx$ 凑成 $\varphi(x)$ 的微分 $d\varphi(x)$，因此第一类换元法又叫凑微分法. 第一类换元法是把复合函数的求导法则反过来用于求不定积分的一种方法.

例 3.4.1　求 $\int e^{\sin x}\cos x dx$.

解： 由 $d\sin x = \cos x dx$ 得

$$\int e^{\sin x}\cos x dx = \int e^{\sin x} d\sin x \xlongequal{u = \sin x} \int e^{u} du = e^{u} + C = e^{\sin x} + C$$

例 3.4.2 求 $\int 3x^2\cos x^3 dx$.

解： 因为 $3x^2dx=dx^3$，所以

$$\int 3x^2\cos x^3 dx = \int \cos x^3 dx^3 \xlongequal{u=x^3} \int \cos u du = \sin u + C = \sin x^3 + C$$

例 3.4.3 求（1）$\int 2xe^{x^2}dx$；（2）$\int xe^{x^2}dx$；（3）$\int xe^{x^2+1}dx$.

解： 因 $2xdx=dx^2$，故

（1）$\int 2xe^{x^2}dx = \int e^{x^2}dx^2 \xlongequal{u=x^2} \int e^u du = e^u + C = e^{x^2} + C.$

（2）$\int xe^{x^2}dx = \frac{1}{2}\int e^{x^2}dx^2 \xlongequal{u=x^2} \frac{1}{2}\int e^u du = \frac{1}{2}e^u du + C = \frac{1}{2}e^{x^2} + C$

（3）$\int xe^{x^2+1}dx = \frac{1}{2}\int e^{x^2+1}dx^2 = \frac{1}{2}\int e^{x^2+1}d(x^2+1) \xlongequal{u=x^2+1} \frac{1}{2}\int e^u du$

$$= \frac{1}{2}e^u + C = \frac{1}{2}e^{x^2+1} + C$$

熟练之后，可不必写出中间变量 u，只需将凑微分后得到的那个式子看作一个整体即可，可见第一类换元法的关键是凑微分，而不是换元. 一般情况下，当被积函数出现了复合函数时，可考虑使用第一类换元法.

例 3.4.4 求（1）$\int \frac{1}{\sqrt{a^2-x^2}}dx \quad (a>0)$；（2）$\int \frac{1}{a^2+x^2}dx$.

解：（1）$\int \frac{1}{\sqrt{a^2-x^2}}dx = \int \frac{1}{a\sqrt{1-\left(\frac{x}{a}\right)^2}}dx = \int \frac{1}{\sqrt{1-\left(\frac{x}{a}\right)^2}}d\frac{x}{a} = \arcsin\frac{x}{a} + C$

（2）$\int \frac{1}{a^2+x^2}dx = \int \frac{1}{a^2\left(1+\frac{x^2}{a^2}\right)}dx = \frac{1}{a}\int \frac{1}{1+\left(\frac{x}{a}\right)^2}d\frac{x}{a} = \frac{1}{a}\arctan\frac{x}{a} + C$

以上两个结果以后可作为公式直接使用.

例 3.4.5 求下列不定积分：

（1）$\int \frac{1}{2x+1}dx$；（2）$\int \cos 4x dx$.

解：（1）$\int \frac{1}{2x+1}dx = \frac{1}{2}\int \frac{1}{2x+1}d(2x+1) = \frac{1}{2}\ln|2x+1| + C$

（2）$\int \cos 4x dx = \frac{1}{4}\int \cos 4x d(4x) = \frac{1}{4}\sin 4x + C$

例 3.4.6 求 $\int \tan x dx$.

解： $\int \tan x dx = \int \frac{\sin x}{\cos x}dx = -\int \frac{1}{\cos x}d\cos x = -\ln|\cos x| + C$

利用凑微分法还可求得其余三个三角函数的积分公式，接续本教材第 109

页、110 页的公式一并列在下面，以后可直接使用.

(14) $\int \tan x dx = -\ln|\cos x| + C$;

(15) $\int \cot x dx = \ln|\sin x| + C$;

(16) $\int \sec x dx = \ln|\sec x + \tan x| + C$;

(17) $\int \csc x dx = \ln|\csc x - \cot x| + C$.

例 3.4.7　求下列不定积分：

(1) $\int \cos^3 x\sin x dx$ ；(2) $\int \cos^2 x dx$.

解：(1) $\int \cos^3 x\sin x dx = -\int \cos^3 x \cdot (-\sin x) dx = -\int (\cos^3 x) d\cos x$

$$= -\frac{1}{4}\cos^4 x + C$$

(2) $\int \cos^2 x dx = \int \frac{1+\cos 2x}{2} dx = \frac{1}{2}\int (1+\cos 2x) dx = \frac{x}{2} + \frac{\sin 2x}{4} + C$

例 3.4.8　求下列不定积分：

(1) $\int \frac{1}{x^2+x-2} dx$ ；　(2) $\int \frac{2x-2}{x^2-2x+5} dx$.

解：(1) $\int \frac{1}{x^2+x-2} dx = \int \frac{1}{(x-1)(x+2)} dx = \frac{1}{3}\int \left(\frac{1}{x-1} - \frac{1}{x+2}\right) dx$

$$= \frac{1}{3}\int \frac{1}{x-1} d(x-1) - \frac{1}{3}\int \frac{1}{x+2} d(x+2)$$

$$= \frac{1}{3}\ln|x-1| - \frac{1}{3}\ln|x+2| + C$$

(2) $\int \frac{2x-2}{x^2-2x+5} dx = \int \frac{1}{x^2-2x+5} d(x^2-2x+5) = \ln|x^2-2x+5| + C$

例 3.4.9　求 $\int \frac{\ln^2 x}{x} dx$ ，并计算 $\int_{e^2}^{e} \frac{\ln^2 x}{x} dx$.

解：$\int \frac{\ln^2 x}{x} dx = \int \ln^2 x d(\ln x) = \frac{1}{3}\ln^3 x + C$

故

$$\int_{e^2}^{e} \frac{\ln^2 x}{x} dx = \frac{1}{3}\ln^3 x \Big|_{e^2}^{e} = \frac{1}{3} - \frac{8}{3} = -\frac{7}{3}$$

3.4.1.2　第二类换元法

定理 3.4.2　设 $x = \varphi(t)$ 是单调可导的函数，且 $\varphi'(t) \neq 0$ ，$\int f[\varphi(t)]\varphi'(t) dt = F(t) + C$ ，则

$$\int f(x)\,dt = F[\varphi^{-1}(x)] + C.$$

例 3.4.10 求 $\int \frac{1}{1+\sqrt{x}}dx$.

解： 令 $t=\sqrt{x}$，即 $x=t^2$，则

$$\int \frac{1}{1+\sqrt{x}}dx = \int \frac{1}{1+t}dt^2 = \int \frac{1}{1+t}dt^2 = \int \frac{2t}{1+t}dt = 2\int\left(1-\frac{1}{1+t}\right)dt$$

$$=2(t-\ln|1+t|)+C=2(\sqrt{x}-\ln|1+\sqrt{x}|)+C$$

第二类换元法的关键是如何换元. 当被积函数含有根式时，可考虑使用第二类换元法，通过换元去掉根式，从而使积分易求.

3.4.2 分部积分法

第一类换元法是把复合函数的求导法则反过来用于求不定积分的一种方法，而分部积分法是把乘积求导法则逆过来得到的一种积分方法.

定理 3.4.3 设 $u=u(x)$，$v=v(x)$ 具有连续导数，则有

$$\int uv'dx = uv - \int vu'dx$$

或者

$$\int udv = uv - \int vdu$$

以上两式称为分部积分公式，利用这两个公式求不定积分的方法称为分部积分法.

例 3.4.11 求 $\int xe^x dx$.

解： $\int xe^x dx = \int x(e^x)'dx = xe^x - \int e^x dx = xe^x - e^x + C$

上式是令 $u=x$，$v=e^x$，若令 $u=e^x$，$v=\frac{x^2}{2}$，则

$$\int xe^x dx = \int e^x\left(\frac{x^2}{2}\right)'dx = \frac{x^2}{2}e^x - \int \frac{x^2}{2}\cdot e^x dx$$

这时，上式右端的积分 $\int \frac{x^2}{2}e^x dx$ 比原来的积分 $\int xe^x dx$ 更复杂了，因此 u 与 v 的选择要得当，一般 u 与 v 的选择考虑以下两点：

(1) v 要容易求出；

(2) 要使 $\int vu'dx$ 比 $\int uv'dx$ 容易求.

例 3.4.12　求 $\int x\ln x dx$.

解: $\int x\ln x dx = \int \ln x \left(\frac{x^2}{2}\right)' dx = \frac{x^2}{2}\ln x - \int\left(\frac{x^2}{2}\cdot\frac{1}{x}\right)dx = \frac{x^2}{2}\ln x - \frac{x^2}{4} + C$

例 3.4.13　求 $\int \arctan x dx$.

解:
$$\begin{aligned}\int \arctan x dx &= x\arctan x - \int x d\arctan x \\ &= x\arctan x - \int x\cdot\frac{1}{1+x^2}dx \\ &= x\arctan x - \frac{1}{2}\int\frac{1}{1+x^2}d(1+x^2) \\ &= x\arctan x - \frac{1}{2}\ln(1+x^2) + C\end{aligned}$$

例 3.4.14　求 $\int \ln x dx$.

解: $\int \ln x dx = x\ln x - \int x d\ln x = x\ln x - \int x\cdot\frac{1}{x}dx = x\ln x - x + C$

一般情况下，当被积函数是幂函数、指数函数、对数函数、三角函数和反三角函数这五类函数中的某两类函数乘积形式的积分时，可考虑采用分部积分法来求，在采用分部积分法时，可按照“反对幂三指”的口诀顺序确定函数 u，即当被积函数是以上五类函数中的某两类函数的乘积时，按照“反对幂三指”的顺序，排位靠前的函数看作 u. 比如例 3.4.12 中的被积函数是幂函数与对数函数的乘积，因为在口诀中“对”排在“幂”的前面，所以在进行分部积分时，应把对数函数 $\ln x$ 看作 u.

例 3.4.15　求 $\int e^x\cos x dx$.

解: 因为
$$\begin{aligned}\int e^x\cos x dx &= \int e^x(\sin x)'dx = e^x\sin x - \int e^x\sin x dx \\ &= e^x\sin x - \int e^x(-\cos x)'dx \\ &= e^x\sin x - \left[e^x(-\cos x) - \int e^x(-\cos x)dx\right] \\ &= e^x\sin x + e^x\cos x - \int e^x\cos x dx\end{aligned}$$

所以

$$\int e^x\cos x dx = \frac{1}{2}e^x(\sin x + \cos x) + C$$

例 3.4.16　求 $\int x\cos x dx$ 和 $\int_0^{\frac{\pi}{2}} x\cos x dx$.

解： $\int x\cos x dx = \int x d\sin x = x\sin x - \int \sin x dx = x\sin x + \cos x + C$

故

$$\int_0^{\frac{\pi}{2}} x\cos x dx = (x\sin x + \cos x)\Big|_0^{\frac{\pi}{2}} = \frac{\pi}{2} - 1$$

积分的运算非常灵活，在很大程度上依赖解题的经验，因此，应当在多做练习的基础上，注意总结解题方法和技巧.

习题 3.4

1. 选择题.

(1) 函数 $\sin 4x$ 的一个原函数是（　　）.

A. $\cos 4x$　　B. $\frac{1}{4}\cos 4x$　　C. $-\frac{1}{4}\cos 4x$　　D. $-\frac{1}{4}\sin 4x$

(2) 如果 $\int f(x)dx = 2^x + x + C$，则 $f(x) =$（　　）.

A. $\frac{1}{\ln 2}2^x + \frac{1}{2}x^2 + x$　　B. $2^x\ln 2 + 1$

C. $2^{x+1} + 1$　　D. $2^x + 1$

(3) $\int \frac{1}{x^2 + 2}dx =$（　　）.

A. $\arctan x + C$　　B. $\frac{1}{2}\arctan x + C$

C. $\frac{1}{\sqrt{2}}\arctan\frac{x}{\sqrt{2}} + C$　　D. $\arctan\frac{x}{\sqrt{2}} + C$

(4) $\int e^{\sqrt{x}}dx =$（　　）.

A. $e^{\sqrt{x}} + C$　　B. $2e^{\sqrt{x}} + C$

C. $\frac{1}{2}e^{\sqrt{x}} + C$　　D. $2(\sqrt{x}e^{\sqrt{x}} - e^{\sqrt{x}}) + C$

(5) $\int \frac{dx}{x(x+1)} =$（　　）.

A. $\ln\left|\frac{x+1}{x}\right| + C$　　B. $\ln\left|\frac{x}{x+1}\right| + C$

C. $\ln\frac{x+1}{x} + C$　　D. $\ln\frac{x}{x+1} + C$

2. 求下列不定积分：

(1) $\int \frac{1}{3x-2}dx$；　　(2) $\int \frac{2x-1}{x^2 - x + 5}dx$；

(3) $\int \sin(2x+1)dx$;　　(4) $\int \sin x e^{\cos x}dx$;

(5) $\int \frac{1}{\sqrt{9-x^2}}dx$;　　(6) $\int \sin^3 x dx$;

(7) $\int \frac{e^{-\frac{1}{x}}}{x^2}dx$;　　(8) $\int \sin^2 x dx$;

(9) $\int \frac{3\ln x+1}{x}dx$;　　(10) $\int e^x \sqrt{3+2e^x}dx$;

(11) $\int \frac{e^x}{1+e^{2x}}dx$;　　(12) $\int te^{-t^2}dt$;

(13) $\int \frac{1}{x^2-3x+2}dx$;　　(14) $\int \frac{1}{x^2+4x+5}dx$.

3. 求下列不定积分:

(1) $\int x^2 \ln x dx$;　　(2) $\int xe^{-x}dx$;

(3) $\int (x-\ln x)dx$;　　(4) $\int x\sin x dx$;

(5) $\int x\ln(1+x)dx$;　　(6) $\int \frac{x}{\cos^2 x}dx$;

(7) $\int (x+1)e^x dx$;　　(8) $\int \arctan\sqrt{x}dx$;

(9) $\int \arcsin x dx$;　　(10) $\int x^5 e^{x^3}dx$.

4. 计算下列定积分:

(1) $\int_0^1 \frac{\arctan x}{1+x^2}dx$;　　(2) $\int_1^2 \frac{1}{2x-1}dx$;

(3) $\int_0^{\frac{\pi}{2}} \cos^2 \frac{x}{2}dx$;　　(4) $\int_1^2 \frac{1}{x(x+1)}dx$.

3.5 定积分的换元积分法和分部积分法

学习了不定积分的换元积分法和分部积分法后，我们可以求出更多的不定积分，从而可以求出更多函数的原函数，因此根据牛顿—莱布尼兹公式，就可以求出更多的定积分了. 本节将要介绍的定积分换元积分法和定积分的分部积分法，则使定积分的计算更加简便灵活.

3.5.1　定积分的换元法

定理 3.5.1　设函数 $f(x)$ 在区间 $[a, b]$ 上连续，函数 $x=\varphi(t)$ 满足下列条件：

（1）$\varphi(\alpha)=a$，$\varphi(\beta)=b$；

（2）$\varphi(t)$ 在区间 $[\alpha,\beta]$ 或 $[\beta,\alpha]$ 上单调且有连续的导数，则有

$$\int_a^b f(x)\,dx = \int_\alpha^\beta f[\varphi(t)]\varphi'(t)\,dt$$

利用换元法计算定积分时，应注意在进行变量替换的同时，必须相应替换定积分的上限、下限．但求出 $f[\varphi(t)]\varphi'(t)$ 的原函数后，不必把变量 t 换回 x 了，与不定积分的换元法相比，可减少一些工作量，这是定积分换元法的一个优点．

例 3.5.1　计算 $\int_0^4 \frac{1}{1+\sqrt{x}}dx$．

解：（1）令 $\sqrt{x}=t$，即 $x=t^2$，则

$$\int_0^4 \frac{1}{1+\sqrt{x}}dx = \int_0^2 \frac{1}{1+t}dt^2 = \int_0^2 \frac{2t}{1+t}dt = 2\int_0^1 (1-\frac{1}{1+t})\,dt$$

$$= 2[t-\ln(1+t)]\Big|_0^2 = 4-2\ln 3$$

例 3.5.2　计算 $\int_0^{\ln 2} \sqrt{e^x-1}\,dx$．

解：令 $\sqrt{e^x-1}=t$，即 $x=\ln(1+t^2)$，则

$$\int_0^{\ln 2} \sqrt{e^x-1}\,dx = \int_0^1 t\cdot\frac{2t}{1+t^2}dt = 2\int_0^1 \frac{(1+t^2)-1}{1+t^2}dt$$

$$= 2\int_0^1 dt - 2\int_0^1 \frac{1}{1+t^2}dt = 2t\Big|_0^1 - 2\arctan t\Big|_0^1$$

$$= 2-\frac{\pi}{2}$$

例 3.5.3　计算下列定积分：

（1）$\int_0^1 \sqrt{1-x^2}\,dx$；　　（2）$\int_0^1 \frac{1}{\sqrt{1+x^2}}dx$．

解：（1）令 $x=\sin t$，则

$$\int_0^1 \sqrt{1-x^2}\,dx = \int_0^{\frac{\pi}{2}} \sqrt{1-(\sin t)^2}\,d\sin t = \int_0^{\frac{\pi}{2}} \cos^2 t\,dt = \int_0^{\frac{\pi}{2}} \frac{1+\cos 2t}{2}dt$$

$$= \left(\frac{t}{2}+\frac{\sin 2t}{4}\right)\Bigg|_0^{\frac{\pi}{2}} = \frac{\pi}{4}$$

（2）令 $x=\tan t$，则

$$\int_0^1 \frac{1}{\sqrt{1+x^2}}dx = \int_0^{\frac{\pi}{4}} \frac{1}{\sqrt{1+(\tan t)^2}}d\tan t = \int_0^{\frac{\pi}{4}} \frac{1}{\sec t}\sec^2 t\,dt$$

$$= \int_{0}^{\frac{\pi}{4}} \sec t dt = \ln|\sec t + \tan t||_{0}^{\frac{\pi}{4}} = \ln(\sqrt{2} + 1)$$

例 3.5.4　证明：若函数 $f(x)$ 在 $[-a,a]$ 上连续，则

（1）当 $f(x)$ 为偶函数时，$\int_{-a}^{a} f(x) dx = 2\int_{0}^{a} f(x) dx$；

（2）当 $f(x)$ 为奇函数时，$\int_{-a}^{a} f(x) dx = 0$.

证明：因为

$$\int_{-a}^{a} f(x) dx = \int_{-a}^{0} f(x) dx + \int_{0}^{a} f(x) dx ,$$

对于 $\int_{-a}^{0} f(x) dx$ 作代换，令 $x = -t$ ，得

$$\int_{-a}^{0} f(x) dx = -\int_{a}^{0} f(-t) dt = \int_{0}^{a} f(-t) dt = \int_{0}^{a} f(-x) dx$$

于是

$$\int_{-a}^{a} f(x) dx = \int_{0}^{a} f(x) dx + \int_{0}^{a} f(-x) dx$$

（1）当 $f(x)$ 为偶函数时，$f(-x) -f(x)$，则

$$\int_{-a}^{a} f(x) dx = 2\int_{0}^{a} f(x) dx$$

（2）当 $f(x)$ 为奇函数时 $f(-x) = -f(x)$，则

$$\int_{-a}^{a} f(x) dx = \int_{0}^{a} f(x) dx - \int_{0}^{a} f(x) dx = 0$$

利用本例题结论，可简化适合这类条件的定积分的计算.

例 3.5.5　求 $\int_{-1}^{1} \frac{x^2 \sin x}{1 + 3x^2 + x^4} dx$.

解：因被积函数 $f(x) = \frac{x^2 \sin x}{1 + 3x^2 + x^4}$ 是奇函数，积分上限与下限互为相反数，故

$$\int_{-1}^{1} \frac{x^2 \sin x}{1 + 3x^2 + x^4} dx = 0$$

例 3.5.6　计算 $\int_{-1}^{1} \left(x^2 |x| + \frac{x^3}{1 + x^2}\right) dx$.

解：$\int_{-1}^{1} \left(x^2 |x| + \frac{x^3}{1 + x^2}\right) dx = \int_{-1}^{1} x^2 |x| dx + \int_{-1}^{1} \frac{x^3}{1 + x^2} dx$

$$= 2\int_{0}^{1} x^3 dx + 0 = \left.\frac{2x^4}{4}\right|_{0}^{1} = \frac{1}{2}$$

3.5.2 定积分的分部积分法

定理 3.5.2 设函数 $u(x)$, $v(x)$ 在区间 $[a, b]$ 上是连续的，则

$$\int_a^b uv'dx = (uv)\big|_a^b - \int_a^b vu'dx$$

或

$$\int_a^b udv = (uv)\big|_a^b - \int_a^b vdu$$

上面这两个公式称为定积分的分部积分公式.

例 3.5.7 计算 $\int_1^2 \ln x dx$.

解： $\int_1^2 \ln x dx = x\ln x\Big|_1^2 - \int_1^2 x \cdot \frac{1}{x}dx = 2\ln 2 - x\big|_1^2 = 2\ln 2 - 1$

例 3.5.8 计算 $\int_0^\pi x\sin x dx$.

解： $\int_0^\pi x\sin x dx = -\int_0^\pi x(\cos x)'dx = -x\cos x\big|_0^\pi + \int_0^\pi \cos x dx = \pi + \sin x\big|_0^\pi = \pi$

例 3.5.9 计算 $\int_0^{\frac{1}{2}} \arcsin x dx$.

解： $\int_0^{\frac{1}{2}} \arcsin x dx = x\arcsin x\big|_0^{\frac{1}{2}} - \int_0^{\frac{1}{2}} \frac{x}{\sqrt{1-x^2}}dx$

$$= x\arcsin x\big|_0^{\frac{1}{2}} + \frac{1}{2}\int_0^{\frac{1}{2}} \frac{1}{\sqrt{1-x^2}}d(1-x^2)$$

$$= \frac{1}{2} \times \frac{\pi}{6} + \sqrt{1-x^2}\Big|_0^{\frac{1}{2}} = \frac{\pi}{12} + \frac{\sqrt{3}}{2} - 1$$

例 3.5.10 计算 $\int_0^1 e^{\sqrt{x}} dx$.

解： 令 $x = t^2$ ，则

$$\int_0^1 e^{\sqrt{x}} dx = \int_0^1 e^t dt^2 = 2\int_0^1 e^t tdt = 2te^t\big|_0^1 - 2\int_0^1 e^t dt = 2e - 2e^t\big|_0^1 = 2$$

习题 3.5

1. 选择题.

(1) $\int_1^2 \frac{1}{2x-1}dx = (\quad)$.

A. $\frac{1}{2}\ln 3$　　B. $-\frac{1}{2}\ln 3$　　C. $\ln 2$　　D. $2\ln 3$

(2) $\int_0^1 \frac{x^3}{1+x^4}dx = (\quad)$.

A. 2　　B. 1　　C. $\frac{\ln 2}{4}$　　D. 4

(3) $\int_{-1}^1 \frac{1+x\cos x}{1+x^2}dx = (\quad)$.

A. 0　　B. $2\int_0^1 \frac{1+x\cos x}{1+x^2}dx$

C. $\frac{\pi}{2}$　　D. $\frac{\pi}{4}$

(4) $\int_{-\pi}^{\pi} x^2 \sin x dx$ (　　).

A. 1　　B. π　　C. $\frac{\pi}{2}$　　D. 0

(5) 曲线 $f''(x)$ 在 $[a, b]$ 上连续，且 $f'(a)=1$，$f'(b)=4$，则 $\int_a^b f'(x)f''(x)dx$ $= (\quad)$.

A. 1　　B. $\frac{15}{2}$　　C. 2　　D. $\frac{5}{2}$

2. 计算下列定积分：

(1) $\int_1^8 \frac{1}{x+\sqrt[3]{x}}dx$；　　(2) $\int_0^2 \sqrt{4-x^2}dx$；

(3) $\int_1^5 \frac{\sqrt{x-1}}{x}dx$；　　(4) $\int_0^{\frac{1}{2}\ln 2} \sqrt{e^{2x}-1}dx$；

(5) $\int_0^4 \frac{x+2}{\sqrt{2x+1}}dx$；　　(6) $\int_0^1 x\sqrt{1+x}dx$.

3. 计算下列定积分：

(1) $\int_0^{\pi} x\cos x dx$；　　(2) $\int_0^1 \ln(1+x^2)dx$；

(3) $\int_1^2 \sqrt{x}\ln x dx$；　　(4) $\int_1^e \ln^2 x dx$；

(5) $\int_0^1 x\arctan x dx$；　　(6) $\int_{\frac{1}{e}}^1 |\ln x| dx$.

3.6 无穷限广义积分

3.6.1 无穷限广义积分

前面讨论的定积分，积分区间都是有限区间，但在实际应用中经常遇到积分区间为无限区间的情形，这类积分称为无穷限广义积分.

定义 3.6.1 设函数$f(x)$在区间$[a,+\infty)$有定义，且对任意实数b $(b>a)$，$f(x)$在$[a,b]$上可积，称$\lim\limits_{b\to+\infty}\int_a^b f(x)dx$为$f(x)$在区间$[a,+\infty)$上的无穷限广义积分，记为$\int_a^{+\infty}f(x)dx$.

若极限

$$\lim_{b\to+\infty}\int_a^b f(x)dx$$

存在，则称$\int_a^{+\infty}f(x)dx$收敛，并把此极限称为积分$\int_a^{+\infty}f(x)dx$的值，即有

$$\int_a^{+\infty}f(x)dx=\lim_{b\to+\infty}\int_a^b f(x)dx$$

如果$\lim\limits_{b\to+\infty}\int_a^b f(x)dx$不存在，称$\int_a^{+\infty}f(x)dx$发散.

类似的，设函数$f(x)$在区间$(-\infty,b]$有定义，且对任意实数a $(a<b)$，$f(x)$在$[a,b]$上可积，称$\lim\limits_{a\to-\infty}\int_a^b f(x)dx$为$f(x)$在区间$(-\infty,b]$上的无穷限广义积分，记为$\int_{-\infty}^b f(x)dx$.

若极限

$$\lim_{a\to-\infty}\int_a^b f(x)dx$$

存在，则称$\int_{-\infty}^b f(x)dx$收敛，此时，

$$\int_{-\infty}^b f(x)dx=\lim_{a\to-\infty}\int_a^b f(x)dx$$

如果$\lim\limits_{a\to-\infty}\int_a^b f(x)dx$不存在，就称广义积分$\int_{-\infty}^b f(x)dx$发散.

$f(x)$ 在区间 $(-\infty,+\infty)$ 上的无穷限广义积分则定义为：

$$\int_{-\infty}^{+\infty} f(x)dx = \int_{-\infty}^{c} f(x)dx + \int_{c}^{+\infty} f(x)dx \text{，其中 } c \in (-\infty, +\infty) \quad (3-1)$$

当 $\int_{-\infty}^{c} f(x)dx$ 与 $\int_{c}^{+\infty} f(x)dx$ 都收敛时，称 $\int_{-\infty}^{+\infty} f(x)dx$ 收敛；若 $\int_{-\infty}^{c} f(x)dx$ 与 $\int_{c}^{+\infty} f(x)dx$ 中至少有一个发散，则称 $\int_{-\infty}^{+\infty} f(x)dx$ 发散.

注： 在实际计算时，式（3－1）中的 c 通常取 0.

例 3.6.1 计算 $\int_{1}^{+\infty} \frac{1}{x^3}dx$.

解： $\int_{1}^{+\infty} \frac{1}{x^3}dx = \lim\limits_{b\to+\infty} \int_{1}^{b} x^{-3}dx = \lim\limits_{b\to+\infty} (-\frac{1}{2}x^{-2})\Big|_1^b = \lim\limits_{b\to+\infty} (-\frac{1}{2}b^{-2} + \frac{1}{2}) = \frac{1}{2}$

$\int_{1}^{+\infty} \frac{1}{x^3}dx$ 在几何上表示由 $y = \frac{1}{x^3}$ 及直线 $x = 1$，x 轴所围成的位于 $x = 1$ 的右侧的阴影区域（见图 3－6）的面积，尽管阴影区域可以向右无限延伸，但其面积是常数 $\frac{1}{2}$.

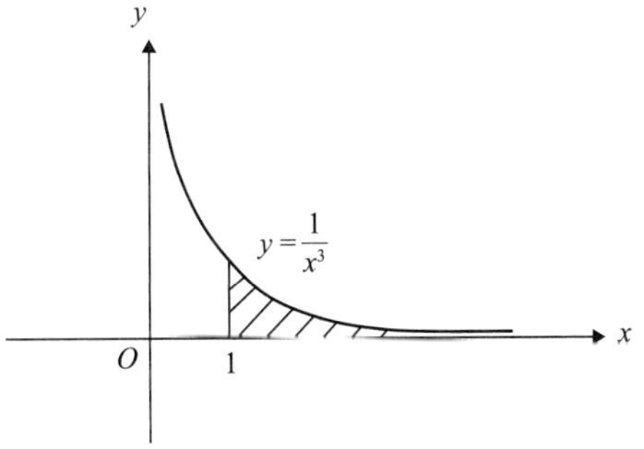

图 3－6

例 3.6.2 计算 $\int_{0}^{+\infty} xe^{-x}dx$.

解：

$$\begin{aligned}
\int_{0}^{+\infty} xe^{-x}dx &= \lim_{b\to+\infty} \int_{0}^{b} xe^{-x}dx \\
&= \lim_{b\to+\infty} \int_{0}^{b} xd(-e^{-x}) = \lim_{b\to+\infty} (-xe^{-x}\Big|_0^b + \int_{0}^{b} e^{-x}dx) \\
&= \lim_{b\to+\infty} (-xe^{-x}\Big|_0^b - e^{-x}\Big|_0^b) = \lim_{b\to+\infty} (-be^{-b} - e^{-b} + 1) \\
&= 1
\end{aligned}$$

为了书写简便，计算三种无穷限积分时，也可采用牛顿—莱布尼兹公式的记法写步骤. 设 $F(x)$ 是 $f(x)$ 的一个原函数，且记 $F(+\infty) = \lim\limits_{x\to+\infty} F(x)$，$F(-\infty) = \lim\limits_{x\to-\infty} F(x)$，则

$$\int_{a}^{+\infty} f(x)dx = F(x)\Big|_a^{+\infty} = F(+\infty) - F(a)$$

若 $\lim\limits_{x\to+\infty} F(x)$ 存在，则 $\int_{a}^{+\infty} f(x)dx$ 收敛，若 $\lim\limits_{x\to+\infty} F(x)$ 不存在，则 $\int_{a}^{+\infty} f(x)dx$ 发散.

$$\int_{-\infty}^{b} f(x)dx = F(x)\Big|_{-\infty}^{b} = F(b) - F(-\infty)$$

若 $\lim\limits_{x\to-\infty} F(x)$ 存在，则 $\int_{-\infty}^{b} f(x)dx$ 收敛，若 $\lim\limits_{x\to-\infty} F(x)$ 不存在，则 $\int_{-\infty}^{b} f(x)dx$ 发散.

$$\int_{-\infty}^{+\infty} f(x)dx = F(x)\Big|_{-\infty}^{+\infty} = F(+\infty) - F(-\infty)$$

若 $\lim\limits_{x\to-\infty} F(x)$ 和 $\lim\limits_{x\to+\infty} F(x)$ 都存在，则 $\int_{-\infty}^{+\infty} f(x)dx$ 收敛，否则发散.

例 3.6.3 判断 $\int_{-\infty}^{0} \cos x dx$ 收敛还是发散.

解： $\int_{-\infty}^{0} \cos x dx = \sin x\Big|_{-\infty}^{0} = \sin 0 - \lim\limits_{x\to-\infty} \sin x = 0 - \lim\limits_{x\to-\infty} \sin x$

因为 $\lim\limits_{x\to-\infty} \sin x$ 不存在，所以 $\int_{-\infty}^{0} \cos x dx$ 发散.

例 3.6.4 计算 $\int_{-\infty}^{+\infty} \frac{1}{1+x^2} dx$.

解： $\int_{-\infty}^{+\infty} \frac{1}{1+x^2} dx = \arctan x\Big|_{-\infty}^{+\infty} = \lim\limits_{x\to+\infty} \arctan x - \lim\limits_{x\to-\infty} \arctan x$

$$= \frac{\pi}{2} - \left(-\frac{\pi}{2}\right) = \pi$$

例 3.6.5 设 $f(x) = \begin{cases} 0, & x \leqslant 0 \\ 2e^{-2x}, & x > 0 \end{cases}$，求 $\int_{-\infty}^{+\infty} f(x)dx$.

解： $\int_{-\infty}^{+\infty} f(x)dx = \int_{-\infty}^{0} f(x)dx + \int_{0}^{+\infty} f(x)dx$

$$= \int_{-\infty}^{0} 0dx + \int_{0}^{+\infty} 2e^{-2x} dx$$

$$= -e^{-2x}\Big|_{0}^{+\infty} = 1$$

3.6.2 Γ 函数

Γ 函数是一类特殊的无穷限广义积分，有着重要应用.

定义 3.6.2 无穷限积分 $\Gamma(t) = \int_{0}^{+\infty} x^{t-1}e^{-x}dx\ (t > 0)$ 是参变量 t 的函数，称为 Γ 函数.

在应用上，Γ 函数还常以下面的形式出现

$$\Gamma(t) = 2\int_{0}^{+\infty} x^{2t-1}e^{-x^2}dx$$

Γ 函数有以下两个重要性质：

性质(1)（递推公式）$\Gamma(t+1) = t\Gamma(t)$；

性质(2)（余元公式）$\Gamma(t)\Gamma(1-t)=\frac{\pi}{\sin\pi t}(0<t<1)$.

例 3.6.6　求 $\Gamma(1)$.

解：$\Gamma(1)=\int_0^{+\infty}e^{-x}dx=\lim\limits_{b\to+\infty}(-e^{-x})\big|_0^b=\lim\limits_{b\to+\infty}(1-e^{-b})=1$

当 $t=n$（n 为正整数）时，由 $\Gamma(1)=1$ 及 $\Gamma(t+1)=t\Gamma(t)$ 可得

$$\Gamma(n+1)=n!$$

例 3.6.7　求 $\Gamma(\frac{1}{2})$ 及 $\int_0^{+\infty}e^{-x^2}dx$.

解：在余元公式中，令 $t=\frac{1}{2}$ 得

$$\Gamma\left(\frac{1}{2}\right)\cdot\Gamma\left(\frac{1}{2}\right)=\frac{\pi}{\sin\frac{\pi}{2}}=\pi\text{，所以}\Gamma\left(\frac{1}{2}\right)=\sqrt{\pi}.$$

由 Γ 函数的第二种形式得 $\Gamma\left(\frac{1}{2}\right)=2\int_0^{+\infty}e^{-x^2}dx$，所以

$$\int_0^{+\infty}e^{-x^2}dx=\frac{\sqrt{\pi}}{2}$$

上式就是概率论中常用的泊松积分.

例 3.6.8　求 $\frac{\Gamma(3.2)}{\Gamma(0.2)}$.

解：$\frac{\Gamma(3.2)}{\Gamma(0.2)}=\frac{\Gamma(2.2+1)}{\Gamma(0.2)}=\frac{2.2\Gamma(2.2)}{\Gamma(0.2)}=\frac{2.2\times1.2\times0.2\Gamma(0.2)}{\Gamma(0.2)}=0.528$

例 3.6.9　计算 $\int_0^{+\infty}x^3e^{-x}dx$.

解：$\int_0^{+\infty}x^3e^{-x}dx=\int_0^{+\infty}x^{4-1}e^{-x}dx=\Gamma(4)=3!=6$

例 3.6.10　计算 $\int_0^{+\infty}x^3e^{-x^2}dx$.

解：$\int_0^{+\infty}x^3e^{-x^2}dx=\frac{1}{2}\left(2\int_0^{+\infty}x^{2\times2-1}e^{-x^2}dx\right)=\frac{1}{2}\Gamma(2)=\frac{1}{2}$

例 3.6.11　求证 $\int_{-\infty}^{+\infty}\frac{1}{\sqrt{2\pi}}e^{-\frac{x^2}{2}}dx=1$.

证明：令 $y=\frac{x}{\sqrt{2}}$，则

$$\int_{-\infty}^{+\infty}\frac{1}{\sqrt{2\pi}}e^{-\frac{x^2}{2}}dx=\int_{-\infty}^{+\infty}\frac{1}{\sqrt{2\pi}}e^{-y^2}d(\sqrt{2}y)=2\int_0^{+\infty}\frac{1}{\sqrt{\pi}}e^{-y^2}dy$$

$$=\frac{1}{\sqrt{\pi}}\cdot2\int_0^{+\infty}e^{-x^2}dx=\frac{1}{\sqrt{\pi}}\Gamma\left(\frac{1}{2}\right)=\frac{1}{\sqrt{\pi}}\cdot\sqrt{\pi}=1$$

习题 3.6

1. 讨论下列广义积分的敛散性，若收敛，求其值.

(1) $\int_{1}^{+\infty} \frac{1}{x}dx$；　　(2) $\int_{1}^{+\infty} \frac{1}{x^4}dx$；

(3) $\int_{0}^{+\infty} xe^{-x^2}dx$；　　(4) $\int_{1}^{+\infty} \frac{dx}{\sqrt{x}}$；

(5) $\int_{-\infty}^{+\infty} \frac{2xdx}{1+x^2}$；　　(6) $\int_{e}^{+\infty} \frac{dx}{x\ln^2 x}$；

(7) $\int_{-\infty}^{1} \sin x dx$；　　(8) $\int_{0}^{+\infty} e^{-2x}dx$.

2. 利用 Γ 函数计算下列各题：

(1) $\dfrac{\Gamma(4)\Gamma\left(\frac{1}{2}\right)}{\Gamma\left(\frac{7}{2}\right)}$；　　(2) $\int_{0}^{+\infty} x^7 e^{-x}dx$；

(3) $\int_{0}^{+\infty} x^7 e^{-x^2}dx$；　　(4) $\int_{0}^{+\infty} x^3 e^{-2x}dx$.

3. 设 $f(x) = \begin{cases} 5e^{-5x}, x \geq 0 \\ 0, \quad x < 0 \end{cases}$，求 $\int_{-\infty}^{+\infty} f(x)dx$.

3.7 定积分在几何中的应用

无论是在自然科学还是社会科学中，积分，尤其是定积分，都有广泛的应用，本节主要介绍定积分在几何方面的应用——利用定积分计算平面图形的面积.

在中学阶段我们只能计算一些比较规则的特殊图形的面积，如三角形、矩形、圆形等，但对于更加一般、不太规则的图形，我们很难求出它的面积，学过定积分之后，我们就可以求出更多的图形的面积了.

3.7.1 由曲线 $y=f(x)$ 及直线 $x=a$, $x=b$ 与 x 轴所围成的曲边梯形的面积

由定积分的几何意义可知，由曲线 $y=f(x)$ 及直线 $x=a$, $x=b$ 与 x 轴所围成的曲边梯形的面积为

$$S = \int_a^b |f(x)| dx \quad (3-2)$$

（1）如果在$[a, b]$上，$f(x) \geqslant 0$（见图 3-7），式（3-2）可化为 $S = \int_a^b f(x)dx$；

（2）如果在$[a, b]$上 $f(x) \leqslant 0$（见图 3-8），式（3-2）可化为 $S = -\int_a^b f(x)dx$；

（3）如果在$[a, b]$上，函数 $y=f(x)$ 的符号不定（见图 3-9），式（3-2）可化为

$$S = \int_a^{c_1} f(x)dx - \int_{c_1}^{c_2} f(x)dx + \int_{c_2}^b f(x)dx$$

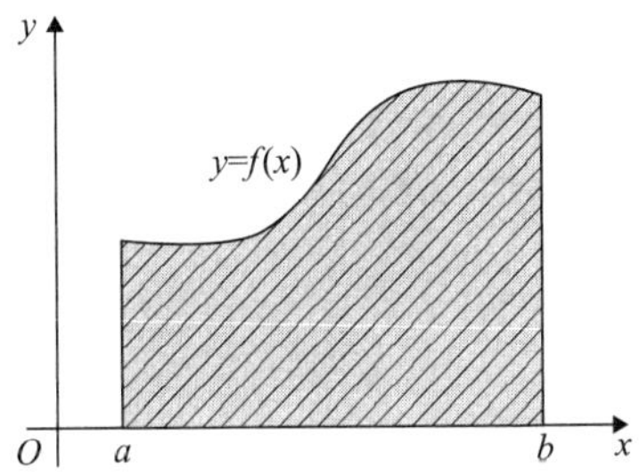

图 3-7

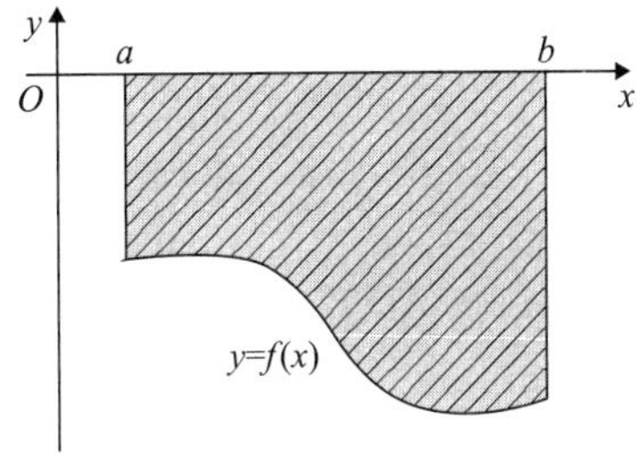

图 3-8

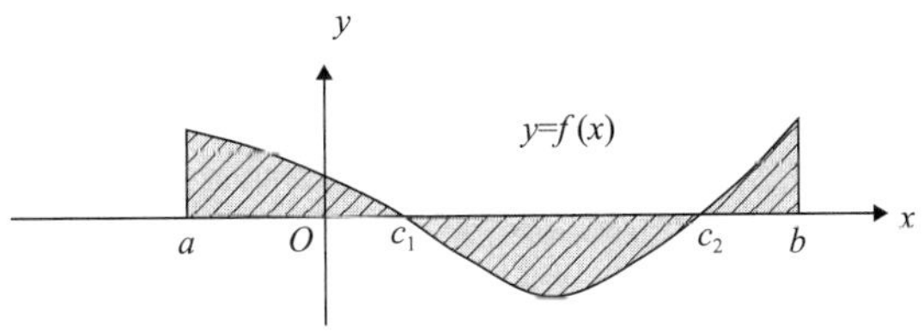

图 3-9

例 3.7.1　求由 $y = x^2$，$x = 2$，x 轴围成平面图形（见图 3-10）的面积.

解： $S = \int_0^2 x^2 dx = \left.\frac{x^3}{3}\right|_0^2 = \frac{2^3}{3} - \frac{0^3}{3} = \frac{8}{3}$

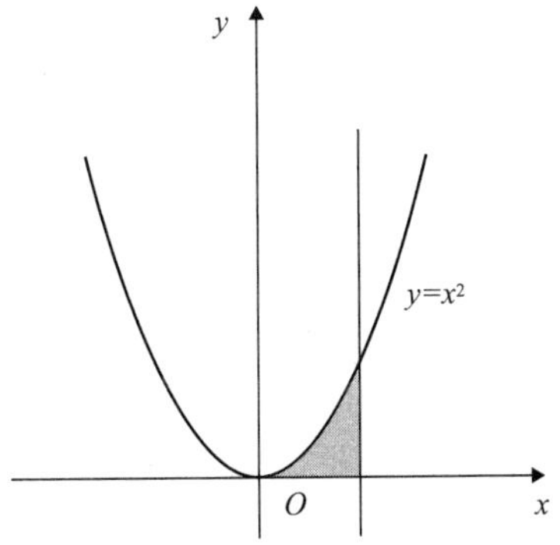

图 3-10

例 3.7.2 计算椭圆 $\frac{x^2}{a^2}+\frac{y^2}{b^2}=1$ 的面积 S.

解： 根据对称性，椭圆（见图 3－11）的面积等于它在第一象限内面积的 4 倍，所以

$$S=4\int_0^a \frac{b}{a}\sqrt{a^2-x^2}dx=\frac{4b}{a}\int_0^a \sqrt{a^2-x^2}dx$$

令 $x=a\sin t$，上式化为

$$S=\frac{4b}{a}\int_0^{\frac{\pi}{2}}a^2\cos^2 tdt=4ab\int_0^{\frac{\pi}{2}}\frac{1+\cos 2t}{2}dt=2ab\left(t+\frac{\sin 2t}{2}\right)\Big|_0^{\frac{\pi}{2}}=\pi ab$$

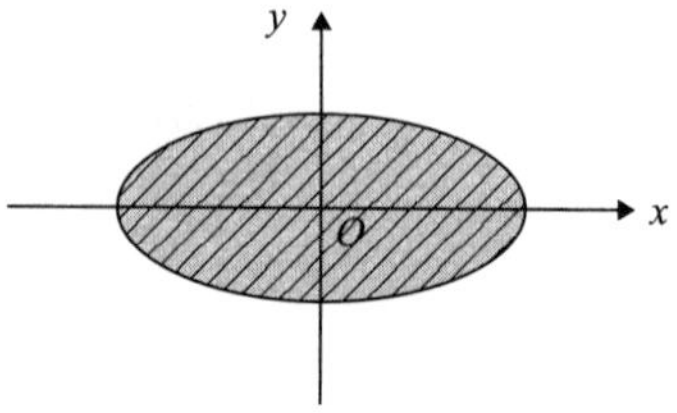

图 3－11

例 3.7.3 求由曲线 $y=\cos x$、x 轴、$x=0$ 和 $x=\pi$ 所围的平面图形面积.

解：解法 1 由曲线 $y=\cos x$、x 轴、$x=0$ 和 $x=\pi$ 所围的平面图形为图 3－12 中的阴影部分. 由于在 $\left[0,\frac{\pi}{2}\right]$ 上，$\cos x\geqslant 0$，在 $[\frac{\pi}{2},\pi]$ 上，$\cos x\leqslant 0$，所以图形面积为

$$S=\int_0^{\pi}|\cos x|dx=\int_0^{\frac{\pi}{2}}\cos xdx-\int_{\frac{\pi}{2}}^{\pi}\cos xdx$$

$$=\sin x|_0^{\frac{\pi}{2}}-\sin x|_{\frac{\pi}{2}}^{\pi}=1-(-1)=2$$

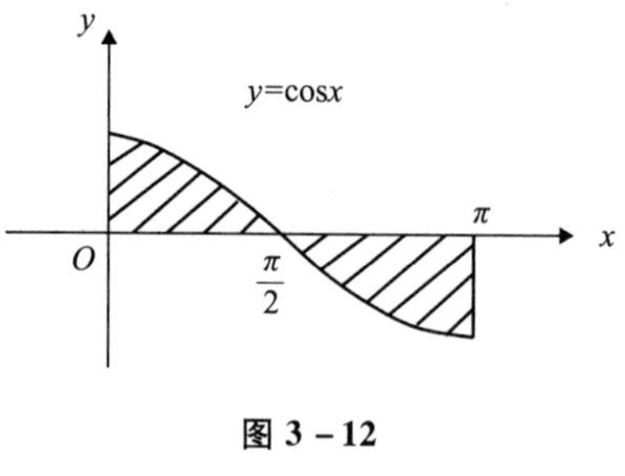

图 3－12

解法 2 由于 x 轴上、下两部分图形的面积相等，故

$$S=2\int_0^{\frac{\pi}{2}}\cos xdx=2\sin x\Big|_0^{\frac{\pi}{2}}=2$$

3.7.2　由曲线 $y=f(x)$、$y=g(x)$ 和直线 $x=a$, $x=b$ 所围平面图形（称为 x－型）的面积

由公式（3－2）可得，由曲线 $y=f(x)$、$y=g(x)$ 和直线 $x=a$, $x=b$ 所围平面图形面积为

$$S=\int_a^b |f(x)-g(x)|\,dx \tag{3-3}$$

根据具体情况，绝对值符号可以去掉.

（1）如果在 $[a,b]$ 上，$f(x)\geqslant g(x)$（见图 3－13），公式（3－3）可化为

$$S=\int_a^b [f(x)-g(x)]\,dx$$

（2）如果在 $[a,b]$ 上，$f(x)$ 与 $g(x)$ 的大小不定时（见图 3－14），公式（3－3）可化为

$$S=\int_a^c [f(x)-g(x)]\,dx+\int_c^b [g(x)-f(x)]\,dx$$

事实上，当 $g(x)=0$ 时，公式（3－3）可化为公式（3－2），所以公式（3－2）是公式（3－3）的特殊情况.

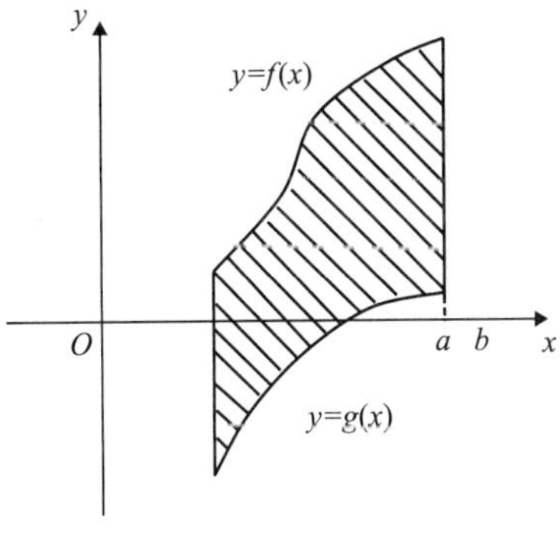

图 3－13

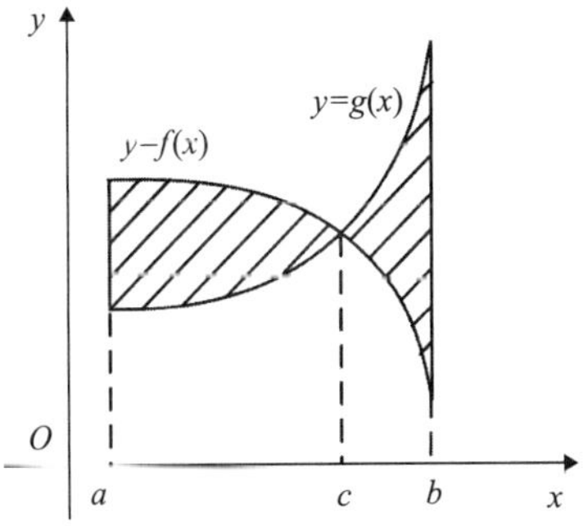

图 3－14

综上所述，计算 x－型区域的面积，最终都是以“上、下曲线之差作为被积函数”的.

3.7.3　由曲线 $x=\varphi(y)$，直线 $y=c$，$y=d$ 和 y 轴围成的曲边梯形的面积

由公式（3－2）可类比得到由曲线 $x=\varphi(y)$，直线 $y=c$ 和 $y=d$ 和 y 轴围成的曲边梯形（见图 3－15）的面积为

$$S = \int_c^d |\varphi(y)| dy \tag{3-4}$$

3.7.4 由曲线 $x = \varphi(y)$，$x = \psi(y)$，直线 $y = c$ 和 $y = d$ 围成的平面图形（称为 y-型）的面积

由公式（3-3）可类比得到由曲线 $x = \varphi(y)$，$x = \psi(y)$，直线 $y = c$ 和 $y = d$ 围成的平面图形（见图 3-16）的面积为

$$S = \int_c^d |\varphi(y) - \psi(y)| dy \tag{3-5}$$

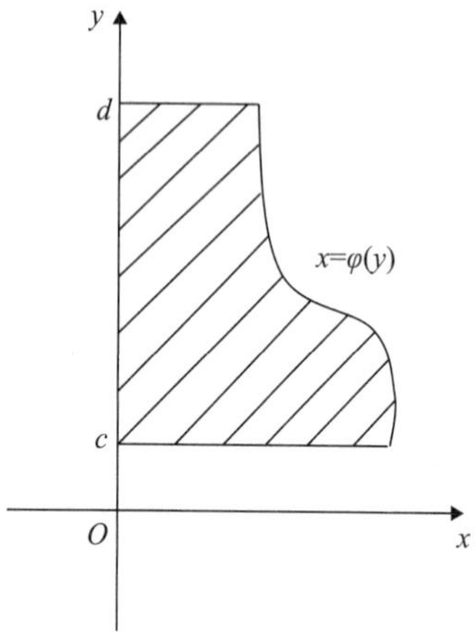

图 3-15

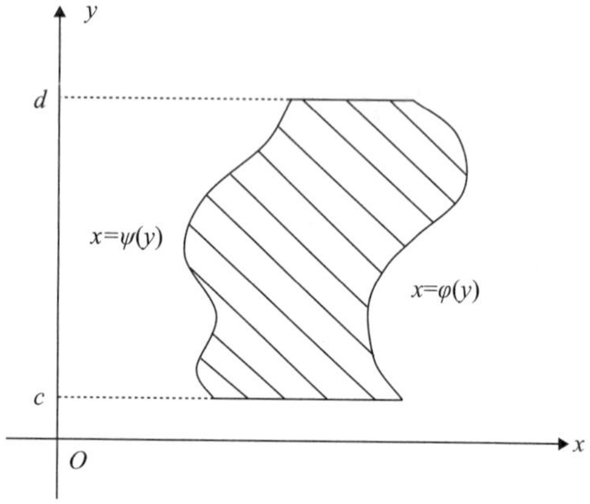

图 3-16

在解具体问题时，公式（3-4）和公式（3-5）中的绝对值符号要先去掉，最终都是以“右、左曲线之差作为被积函数”的.

例 3.7.4 求由 $y = \ln x$，$y = 1$，x 轴，y 轴围成平面图形（见图 3-17）的面积.

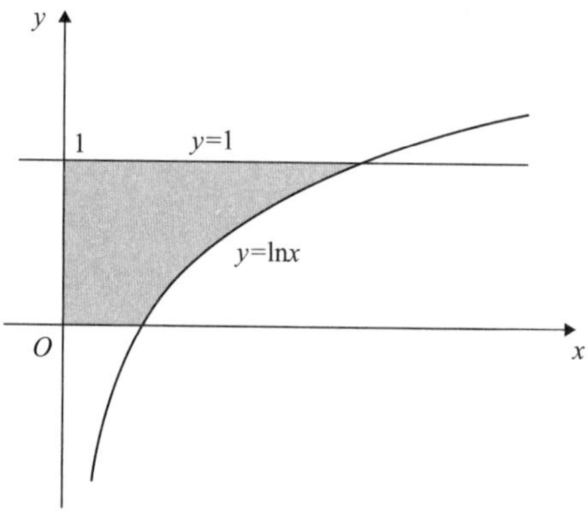

图 3-17

解：$y = \ln x$ 可化为 $x = e^y$，故根据公式（3－4）可得面积为

$$S = \int_0^1 e^y dy = e^y \Big|_0^1 = e - 1$$

例 3.7.5　求由 $x + y = 4$ 与曲线 $xy = 3$ 围成的图形（见图 3－18）的面积.

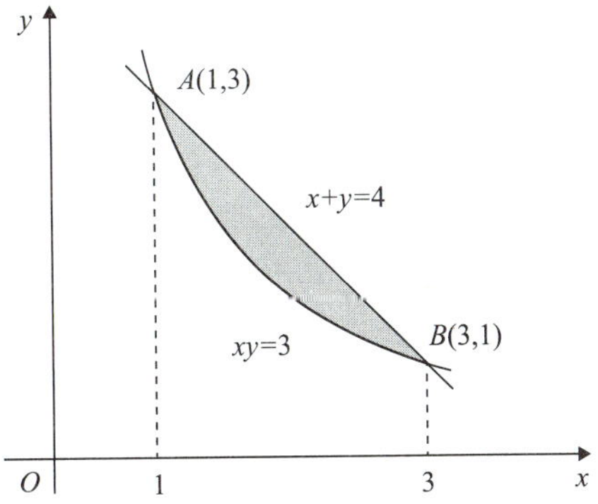

图 3－18

解：将方程 $x + y = 4$ 和 $xy = 3$ 联立可得交点坐标分别为（1，3），（3，1），将方程 $x + y = 4$ 和 $xy = 3$ 化成显函数的形式分别为：$y = 4 - x$ 和 $y = \dfrac{3}{x}$，所以根据公式（3－3）可得

$$S = \int_1^3 \left[(4 - x) - \frac{3}{x}\right] dx = \left(4x - \frac{x^2}{2} - 3\ln x\right)\Big|_1^3 = 4 - 3\ln 3$$

例 3.7.6　求由抛物线 $y^2 = 2x$ 与直线 $y = x - 4$ 围成的平面图形的面积.

解：由抛物线 $y^2 = 2x$ 与直线 $y = x - 4$ 围成的平面图形如图 3－19 所示. 将方程 $y^2 = 2x$ 和 $y = x - 4$ 联立可得交点坐标为：$A(8,4)$，$B(2,-2)$.

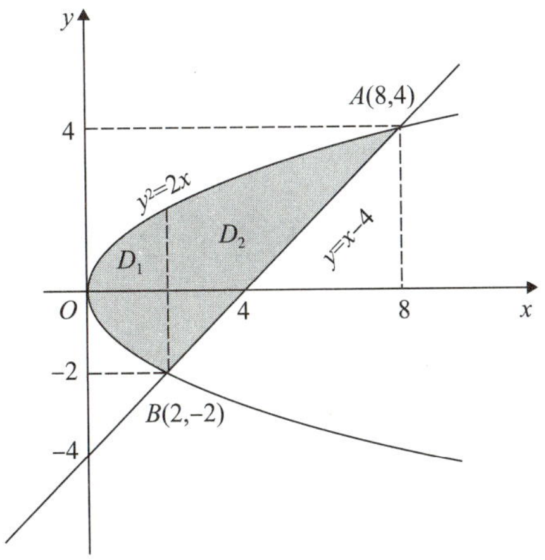

图 3－19

解法 1 将平面图形看成 x－型. 过 B 点做 y 轴的平行线，将平面图形分为左、右两个区域 D_1,D_2，设其面积分别 S_1,S_2，根据公式（3－3）可得：

$$S=S_1+S_2=\int_0^2(\sqrt{2x}+\sqrt{2x})dx+\int_2^8(\sqrt{2x}-x+4)dx$$

$$=\frac{4\sqrt{2}}{3}x^{\frac{3}{2}}\bigg|_0^2+\left(\frac{2\sqrt{2}}{3}x^{\frac{3}{2}}-\frac{x^2}{2}+4x\right)\bigg|_2^8=18$$

解法 2 将平面图形看成 y－型. 将函数 $y^2=2x$ 和 $y=x-4$ 化为以 y 作为自变量的形式分别为 $x=\frac{y^2}{2}$和 $x=y+4$，根据公式（3－5）可得：

$$S=\int_{-2}^4\left[(y+4)-\frac{1}{2}y^2\right]dy=\left(\frac{y^2}{2}+4y-\frac{y^3}{6}\right)\bigg|_{-2}^4=18$$

第二种解法显然比较简单，可见在计算平面图形的面积时，恰当地选取图形类型、确定积分公式还是比较重要的.

习题 3.7

1. 求由 $y=x^3,x=1,x=2$ 和 x 轴围成的平面图形的面积.
2. 求由 $y=\sqrt{x},y=2$ 和 y 轴围成的平面图形的面积.
3. 求由 $y=\cos x$，$y=2,x=\frac{\pi}{2}$与 y 轴所围成的平面图形的面积.
4. 求由 $y=\frac{x^2}{2}$与 $x-y+4=0$ 围成的平面图形面积.
5. 求由 $y=\frac{1}{x}$，$y=x$ 和 $y=2$ 围成的平面图形的面积.
6. 求由 $y=4-x^2$ 和 $y=0$ 围成的平面图形的面积.
7. 若 $y=\ln x,x$ 轴，$x=1$ 和 $x=a(a>1)$围成平面图形的面积为 1，求 a 的值.

3.8 定积分在经济学中的应用

3.8.1 已知边际函数求总量函数

在经济领域中，经常会遇到已知边际成本、边际收入、边际产量等，求总成本、总收入、总产量等的问题，即知道经济总量函数 $f(x)$ 的变化率或边际函数 $f'(x)$，求总量函数 $f(x)$ 的问题，这时，若还知道 $f(x)$ 在某一点处的函数值 $f(x_0)$，则根据牛顿—莱布尼兹公式可得到求经济总量函数 $f(x)$ 的公式：

$$f(x) = f(x_0) + \int_{x_0}^{x} f'(t)\,dt \tag{3-6}$$

而且容易看出当自变量 x 从 a 改变到 b 时，经济总量 $f(x)$ 的改变量为：

$$f(b) - f(a) = \int_{a}^{b} f'(t)\,dt \tag{3-7}$$

例 3.8.1　已知某产品在时刻 x 小时总产量变化率为 $Q'(x) = 100 + 12x - 0.6x^2$（吨/小时），求

（1）总产量函数；

（2）生产 2 小时的产量；

（3）从 2 小时到 10 小时这段时间内产量的增加量.

解：解法 1（1）由公式（3－6）得

$$Q(x) = Q(0) + \int_0^x (100 + 12t - 0.6t^2)\,dt$$
$$= 100x + 6x^2 - 0.2x^3$$

（2）由公式（3－7）得

$$Q(2) = \int_0^2 (100 + 12x - 0.6x^2)\,dx$$
$$= (100x + 6x^2 - 0.2x^3)\Big|_0^2 = 222.4$$

（3）由公式（3－7）得

$$\Delta Q = \int_2^{10} (100 + 12x - 0.6x^2)\,dx = (100x + 6x^2 - 0.2x^3)\Big|_2^{10} = 1177.6$$

解法 2　（1）由 $Q'(x) = 100 + 12x - 0.6x^2$ 得

$$Q(x) = \int (100 + 12x - 0.6x^2)\,dx - 100x + 6x^2 - 0.2x^3 + C$$

由 $Q(0) = 0$ 得 $C = 0$，所以

$$Q(x) = 100x + 6x^2 - 0.2x^3$$

（2）$Q(2) = 100 \times 2 + 6 \times 2^2 - 0.2 \times 2^3 = 222.4$

（3）$\Delta Q = Q(10) - Q(2) = 1177.6$

例 3.8.2　已知某产品生产 x 个时的边际成本 $C'(x) = 2 + 0.4x$（万元），固定成本为 5 万元，若该产品的销售价 $P = 10 - \frac{x}{5}$（万元/个），且产品可以全部售出，试求

（1）总成本函数；

（2）产量为多少时总利润最大，最大利润是多少？

解：（1）由公式（3－6）得总成本函数

$$C(x) = C(0) + \int_0^x (2 + 0.4t)\,dt$$
$$= 5 + 2x + 0.2x^2$$

(2) 总收入函数

$$R(x)=Px=x(10-\frac{x}{5})=10x-\frac{x^2}{5}$$

总利润函数

$$L(x)=R(x)-C(x)=10x-\frac{x^2}{5}-(5+2x+0.2x^2)$$
$$=-0.4x^2+8x-5$$

所以 $L'(x)=-0.8x+8$,令 $L'(x)=0$,得 $x=10$,因为 $L''(x)=-0.8<0$,所以

$$L(10)=-0.4\times10^2+8\times10-5=35(\text{万元})$$

是利润的最大值,即当产量为 10 个时,总利润最大,最大值为 35 万元.

3.8.2 已知贴现率求现金流量的贴现值

因为资金具有时间价值,所以在投资分析时不同时期的资金不能直接相加、减,那么如何处理呢?最常用的一种方法就是现值法.所谓现值法,就是把不同时期的资金都换算成现在的价值,通常有两种换算法:离散型和连续型.

3.8.2.1 离散型换算方法

设时间 t 离散取值,$t=0,1,2,\cdots$,一般以年作为时间单位,假设投资额为 P,年利率为 r,按照复利计算,则 t 年后的货币额为

$$P(t)=P(1+r)^t,t=1,2,\cdots \tag{3-8}$$

反过来有

$$P=P(t)(1+r)^{-t},t=1,2,\cdots \tag{3-9}$$

由式(3-8)可以看出现在的 P 元钱,t 年后将增加为 $P(1+r)^t$ 元,即现在的 P 元钱的价值相当于 t 年后的 $P(1+r)^t$ 元钱的价值,所以 P 就称为 t 年后的货币值 $P(1+r)^t$ 的现值,而公式(3-9)就是计算 t 年后的资金 $P(t)$ 的现值公式.

设第一年末,第二年末,…,第 n 年末的收益流量分别为 $R_1,R_2,\cdots,R_n$,年利率为 r,则 $R_1,R_2,\cdots,R_n$ 的现值分别为

$$R_1(1+r)^{-1},R_2(1+r)^{-2},\cdots,R_n(1+r)^{-n}$$

n 年末的总收益现值为

$$R=\sum_{i=1}^{n}\frac{R_i}{(1+r)^i} \tag{3-10}$$

特别地,当 $R_1=R_2=\cdots=R_n=a$ 时,公式(3-10)可化为

$$R=\frac{a[(1+r)^n-1]}{r(1+r)^n} \tag{3-11}$$

3.8.2.2 连续型换算方法

设 t 时刻的收益流量为 $R(t)$,若按年利率为 r 的连续复利计算,根据定积分

的思想方法可得 n 年末的总收益现值为

$$R = \int_0^n R(t)e^{-rt}dt \tag{3-12}$$

特别地，当收益流量为常量 a 时，即 $R(t)=a$ 时，称为均匀收益率，这时式（3－12）化为

$$R = a\int_0^n e^{-rt}dt = \frac{a}{r}(1-e^{-rn}) \tag{3-13}$$

例 3.8.3　有一投资项目，投资额为 $C=1000$ 万元，投资期间年利率为 5%，项目每年的均匀收益流量为 200 万元，若按照连续复利计算，求该投资在 20 年末纯收入的现值.

解：由题设可知 $R(t)=200$（万元），为常量，$r=5\%$，根据公式（3－13）可得 20 年末的总收益现值为

$$R=\frac{200}{5\%}(1-e^{-0.005\times 20})\approx 2529\ （万元）$$

所以纯收益现值为

$$L=R-C=2529-1000=1529\ （万元）$$

例 3.8.4　若某商品房售价为 100 万元，张某首付了 30%，剩下的分期付款，20 年付清，每月还款数相同，若年利率为 4%：

（1）按复利计算，张某每月应还款多少元？每年应还多少元？

（2）按连续复利计算，张某每年应还多少元？

解：由题设可知年利率为 $r=4\%$，还款年数为 $n=20$，贷款为 $R=70$ 万元，要想还清贷款，应使还款的现值之和等于 70 万元.

（1）由月利率 $r_0=r/12=4\%/12\approx 0.33\%$，还款月数 $n_0=12n=240$，根据公式（3－11）可得每月应还款数额为

$$a=\frac{Rr_0\ (1+r_0)^{n_0}}{(1+r_0)^{n_0}-1}=\frac{700000\times 0.33\%\ (1+0.33\%)^{240}}{(1+0.33\%)^{240}-1}\approx 4227\ （元）$$

每年应还款 $12a=50725$（元）.

（2）根据公式（3－13）可得每年的还款数额为

$$a=\frac{Rr}{1-e^{-rn}}=\frac{700000\times 4\%}{1-e^{-4\%\times 20}}\approx 50847\ （元）$$

3.8.3　消费者剩余，生产者剩余和基尼系数

在经济学中，很多经济变量最终归结为计算平面图形的面积，因此利用定积分可以计算某些经济变量，如消费者剩余，生产者剩余和基尼系数等.

3.8.3.1　消费者剩余

根据边际效用递减理论，消费者购买产品时愿意付出的费用与实际付出的费

用并不相等．消费者剩余是指消费者消费一定数量的产品所愿意付出的费用与实际付出的费用之差，消费者剩余可以衡量消费者消费某种产品的满意程度．假设需求函数为 $P=f(Q)$，则图 3－20 中阴影部分的面积即为消费者购买 Q_1 个单位产品所获得的消费者剩余．由面积公式（3－3）可得消费者剩余为

$$CS = \int_0^{Q_1} f(Q)\,dQ - P_1 Q_1 \tag{3-14}$$

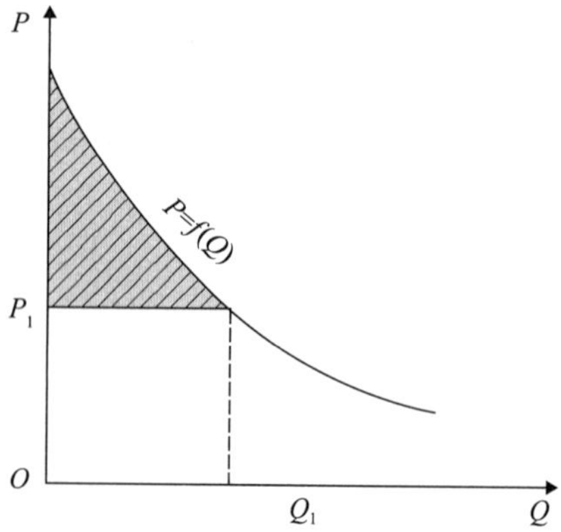

图 3－20

3.8.3.2 生产者剩余

生产者剩余是指生产者生产一定数量的某种产品实际接受的总支付和愿意接受的最小支付之间的差额．生产者剩余可以衡量生产者销售一定数量产品获得的福利．假设供给函数为 $P=f(Q)$，图 3－21 中阴影部分的面积即为生产者销售 Q_1 个单位产品所获得的生产者剩余，由面积公式（3－3）可得生产者剩余为

$$PS = P_1 Q_1 - \int_0^{Q_1} f(Q)\,dQ \tag{3-15}$$

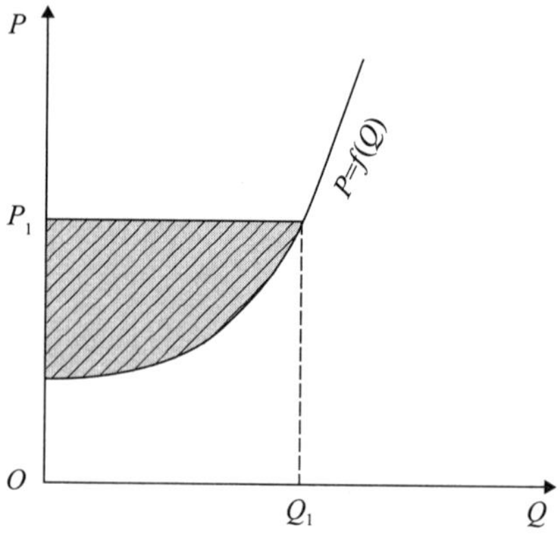

图 3－21

例 3.8.5　设某商品需求函数为 $P=1000-Q-0.03Q^2$，供给函数为 $P=400+2Q$，求市场均衡时的消费者剩余和生产者剩余.

解： 将方程 $P=1000-Q-0.03Q^2$ 和 $P=400+2Q$ 联立得均衡数量和均衡价格分别为 $Q_1=100$，$P_1=600$，由公式（3－14）得消费者剩余为

$$CS=\int_0^{100}(1000-Q-0.03Q^2)dQ-600\times 100=25000$$

由公式（3－15）得生产者剩余为

$$PS=600\times 100-\int_0^{100}(400+2Q)dQ=10000$$

3.8.3.3　基尼系数

贫富差距是各国普遍关心的问题，那么贫富差距用什么来衡量呢？重要指标之一是基尼系数. 基尼系数又是什么呢？如图 3－22 所示，横轴 OH 表示按照收入由低到高排列的人口累计百分比，纵轴 OM 表示收入累计百分比，曲线 ODL 称为洛仑兹曲线，表示任意人口的累计百分比与其所对应的收入累计百分比的关系. 不难理解，当 ODL 与直线 OL 完全重合时，表示社会收入分配完全平等，称直线 OL 为完全平等线. 当 ODL 与折线 OHL 完全重合时，这时全社会 1% 的人口占有了社会的全部的收入，而剩下的 99% 的人口一无所有，表示社会收入分配完全不平等，因而把三角形 OHL 的面积称为完全不平等面积（其值为$\frac{1}{2}$）. 这是两种极端情况，一般情况下，洛仑兹曲线 ODL 位于直线 OL 和折线 OHL 之间. 洛仑兹曲线与完全平等线 OL 之间的阴影部分的面积 A 称为不平等面积，则 $A=\frac{1}{2}-B$. 不平等面积与完全不平等面积的比值

$$\frac{A}{A+B}=\frac{A}{1/2}=2A$$

就称为基尼系数. A 越大，即基尼系数 $2A$ 越大，收入分配越不平等，因此可以用基尼系数衡量社会收入的差距情况. 联合国有关组织规定：若基尼系数低于 0.2，表示社会收入分配绝对平均，0.2～0.3 表示社会收入分配比较平均，0.3～0.4 表示社会收入分配相对合理，0.4～0.5 表示社会收入分配差距较大，0.6 以上表示社会收入分配悬殊.

例 3.8.6　通过调查分析，某国的洛仑兹曲线为 $y=0.9x^2+0.1x$，分析该国的社会贫富差距情况.

解： 由已知条件可得不平等面积

$$A=\frac{1}{2}-B=\frac{1}{2}-\int_0^1(0.9x^2+0.1x)dx$$

$$=\frac{1}{2}-\left(\frac{0.9}{3}x^3+0.05x^2\right)\Big|_0^1=0.15$$

所以基尼系数 $2A=0.3$，该国收入分配相对合理.

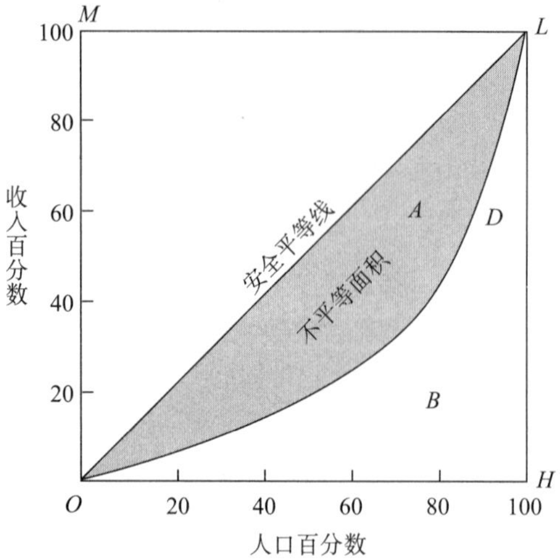

图 3-22

习题 3.8

1. 设生产 x 个单位产品时的边际收入为 $R'(x)=200-\frac{x}{10}$：

（1）求生产 50 个单位时的总收入；

（2）如果已经生产了 100 个单位，求再生产 100 个单位时的总收入的增加量.

2. 设某产品产量的变化率为 $Q'(t)=2t+6$，求第一个五年和第二个五年的产量各为多少.（t 的单位为年，Q 的单位为万件）

3. 设生产 x 个单位产品时的边际成本为 $C'(x)=1+4x$（元），固定成本为 3 元，产品的售价为 $P=10-x$ 元，且产品可全部售出：

（1）求总成本函数；

（2）产量为多少时总利润最大，最大利润是多少？

4. 设边际收益为 $R'(x)=100-\frac{x}{20}$（元），求

（1）总收入函数；

（2）生产 100 件时的总收入；

（3）从生产 100 件到生产 200 件的平均收入.

5. 某投资项目的成本为 100 万元，在 10 年中每年可收益 25 万元，投资率为 5%，求 10 年末该项投资纯收入的现值.

6. 一位居民购买一栋价值 300 万元的别墅，如果以分期付款的方式，要求每年付款 21 万元，且 20 年付清，而银行的贷款年利率为 4%，按连续复利计息，

请你帮助这位购房者作决策，是采用一次付款合算，还是分期付款合算？

7. 若某国的洛仑兹曲线为 $y=x^2$，求基尼系数，并分析该国的社会贫富差距情况.

8. 设某商品需求函数为 $P=\sqrt{49-6Q}$，供给函数为 $P=Q+1$，求市场均衡时的消费者剩余和生产者剩余.

本章小结

定积分和不定积分是积分学中的两个基本概念，其中 $f(x)$ 在区间 $[a, b]$ 上的定积分 $\int_a^b f(x)\,dx$ 就是在分割、近似、求和、取极限的基础上得到的如下特定形式的极限：

$$\int_a^b f(x)\,dx = \lim_{\Delta x \to 0} \sum_{i=1}^{n} f(\xi_i)\,\Delta x_i$$

在 $f(x) \geqslant 0$ 的条件下，$\int_a^b f(x)\,dx$ 在几何上表示由曲线 $y=f(x)$，$x=a, x=b$ 与 x 轴围成的曲边梯形的面积. $f(x)$ 的不定积分 $\int f(x)\,dx$ 则是 $f(x)$ 的全体原函数，假设 $F(x)$ 是 $f(x)$ 的某一原函数，则

$$\int f(x)\,dx = F(x) + C$$

牛顿—莱布尼兹公式

$$\int_a^b f(x)\,dx = F(x)\Big|_a^b = F(b) - F(a)$$

是计算定积分的基本公式. 牛顿—莱布尼兹公式建立了定积分和被积函数的原函数之间的关系，把计算定积分的问题转化为求不定积分的问题，揭示了定积分与不定积分的内在联系，提供了计算定积分的一个简便而有效的方法，为定积分的广泛应用奠定了坚实基础. 求不定积分的主要方法有换元积分法和分部积分法. 相应的计算定积分的方法也主要有换元积分法和分部积分法.

积分区间为无限区间的定积分称为无穷限广义积分，无穷限广义积分可能收敛，也可能发散. Γ 函数是一类特殊的无穷限广义积分.

定积分在几何上可以用来计算平面图形的面积等，在经济上用来计算一些经济总量问题.

自测题 3

1. 选择题.

(1) $\int f'(x)dx = ($ $)$.

A. $f(x)$　　B. $f'(x)$　　C. $f(x)+C$　　D. $Cf(x)$

(2) $\int \sec^2 x dx = ($ $)$.

A. $\tan x$　　B. $-\tan x$

C. $\tan x + C$　　D. $-\tan x + C$

(3) $\int \frac{1}{1+e^{2x}} d($ $) = \ln(1+e^{2x}) + C$.

A. x　　B. $2x$　　C. $\frac{1}{2}e^{2x}$　　D. $1+e^{2x}$

(4) 下列不等式正确的是 ( ).

A. $\int_0^1 x dx < \int_0^1 x^2 dx$　　B. $\int_1^2 x^2 dx > \int_1^2 x^3 dx$

C. $\int_0^{\frac{\pi}{2}} \sin^3 x dx < \int_0^{\frac{\pi}{2}} \sin^2 x dx$　　D. $\int_1^e \ln^2 x dx < \int_1^e \ln^3 x dx$

(5) 下列定积分等于零的是 ( ).

A. $\int_{-1}^1 |\cos x| dx$　　B. $\int_{-1}^1 (x+\sin x) dx$

C. $\int_{-1}^1 x\sin x dx$　　D. $\int_{-1}^1 (e^x + \cos x) dx$

(6) $\frac{d}{dx}\int_a^b \frac{1}{\sqrt{1-x^2}} dx = ($ $)$.

A. $\frac{1}{\sqrt{1-x^2}}$　　B. $\arcsin x + C$

C. $\arcsin b - \arcsin a$　　D. 0

(7) 已知函数 $f(x)$ 在 $[-1,2]$ 上连续, $\int_{-1}^0 f(x)dx = 2, \int_0^1 f(2x)dx = 1$, 则 $\int_{-1}^2 f(x)dx = ($ $)$.

A. 1　　B. 2　　C. 4　　D. 6

(8) 令 $t = e^{-x}$, 则 $\int_0^1 e^{-x} f(e^{-x}) dx = ($ $)$.

A. $\int_0^1 f(t) dt$　　B. $\int_1^{\frac{1}{e}} f(t) dt$

C. $-\int_0^1 f(t)dt$　　D. $-\int_1^{\frac{1}{e}} f(t)dt$

(9) 设边际成本 $C'(x) = x^2 + x$，固定成本为 5，则 $C(3) =$ (　　).

A. 13.5　　B. 18.5　　C. 6　　D. 2

(10) 设 $f(x)$ 连续，则积分上限函数 $\int_a^x f(t)dt$ 是 (　　).

A. $f(x)$ 的一个原函数　　B. $f(x)$ 的全体原函数

C. $f'(x)$ 的一个原函数　　D. $f'(x)$ 的全体原函数

2. 填空题.

(1) 设 $f(x)$ 连续，且 $f(x) = x + 2\int_0^1 f(x)dx$，则 $\int_0^1 f(x)dx =$ ________；

(2) $\frac{d}{dx}\int_0^x \cos t^2 dt =$ ________；

(3) $\int_0^2 |1 - x| dx =$ ________；

(4) $\int_{-\frac{\pi}{2}}^{\frac{\pi}{2}} \frac{\sin 2x}{1 + \cos^2 x} dx =$ ________；

(5) 经过点 (1,2)，且切线的斜率为 x^2 的曲线方程为________.

3. 计算下列积分：

(1) $\int (2^x + x\sqrt{x})dx$；　　(2) $\int \frac{1}{x\sqrt{1 - \ln^2 x}}dx$；

(3) $\int \frac{2}{x(x-2)}dx$；　　(4) $\int \frac{\arctan x}{1 + x^2}dx$；

(5) $\int_0^{\frac{\pi}{4}} \tan^2 x dx$；　　(6) $\int_0^{+\infty} e^{-5x} dx$；

(7) $\int_0^{\sqrt{2}} e^{\sqrt{2x}} dx$；　　(8) $\int_0^{\sqrt{\frac{\pi}{2}}} x \sin x^2 dx$.

4. 求由 $y = e, y = e^x$ 及 y 轴围成的平面图形的面积.

5. 设某商品的需求函数为 $Q = 76 - 4P$，设生产此种商品的边际成本函数为 $C'(Q) = 3 + \frac{1}{2}Q$，固定成本为 8，且产品全部售出：

(1) 求总成本函数；

(2) 产量为多少时总利润最大，最大总利润为多少？

拓展阅读

定积分的思想方法蕴含的唯物辩证法

“求曲边梯形的面积”是先将曲边梯形分割成 n 个小的曲边梯形，再分别用 n 个小的矩形的面积近似代替 n 个小的曲边梯形的面积，将所有 n 个小的矩形面积相加即为整个曲边梯形面积的近似值，显然每个小的曲边梯形越细，所有小的矩形的面积之和一般就越接近于整个曲边梯形的面积，故当每个小的曲边梯形无限变细时所对应的矩形面积之和的极限即为曲边梯形面积的精确值. 在求解过程中，分了四步“分割、近似、求和、取极限”，用的是逼近法. 其中分割是为了更好地近似，是使近似值更加精确，是一个化整为零的过程. 近似是以“常”代“变”，(或以“直”代“曲”) 是把曲边梯形的“变高”转化为矩形的“常高”，把求曲边梯形的面积问题转化为求矩形的面积问题，把复杂的未知问题转化为简单的已知问题，是关键的一步. 求和是积零为整的过程，通过取极限，把近似值转化为真实值 (精确值)，把“约等于”变成了“等于”.

利用“分割、近似、求和、取极限”的思想方法，我们还可求得变速直线运动物体在某个时间段内经过的路程、旋转体的体积等大量同类问题，因为最后的结果是一个定积分，所以我们把这一方法称为定积分的思想方法. 定积分的思想方法体现了人类的智慧，包含了丰富的唯物辩证法思想. 以“常”代“变”，以“直”代“曲”，把“常”和“变”、“直”和“曲”这两对矛盾在一定条件下进行了相互转化，体现了矛盾的对立统一规律. 通过取极限把近似值转化为真实值，体现了量变引起质变的规律，而化整为零、积零为整也是我们解决复杂问题的基本方法之一.

第4章

多元函数微积分学及其应用

○ ○ ● ○ ○

学习目的与要求

- 理解二元函数、二元函数的极限与连续的概念
- 理解二元函数偏导数和全微分的概念，掌握二元函数的一阶、二阶偏导数的求法
- 会求二元函数的全微分
- 掌握多元复合函数和隐函数的偏导数的求法
- 会求二元函数的极值
- 理解二重积分的概念和性质，会计算简单的二重积分

前面各章讨论的函数只限于一个自变量的函数，称为一元函数，但在实际问题中有时会遇到含有两个和多于两个自变量的函数，这就是所谓的多元函数．多元函数微分学是一元函数微分学的推广，因此，二者具有许多类似性质，但也有本质上的差别，但从二元函数向 $n(n>2)$ 元函数推广一般无本质差别，本章着重介绍二元函数的微积分学.

4.1 空间解析几何简介

为了更好地理解二元函数的有关概念，在学习二元函数之前，先介绍空间解析几何的一些基本知识.

4.1.1 空间直角坐标系

为了确定平面上任意一点的位置，我们建立了平面直角坐标系，同样，为了

确定空间上任意一点的位置，需要引进空间直角坐标系.

4.1.1.1 空间直角坐标系

在空间中取定一点 O，过点 O 作三条互相垂直的有向直线 Ox、Oy、Oz，然后规定一个长度单位，则由点 O 和这三条有向直线就构成了空间直角坐标系. 若按右手规则规定 Ox、Oy、Oz 的正方向，即将右手伸直，拇指朝上为 Oz 的正方向，其余四指的指向为 Ox 的正方向，四指弯曲90°后的指向为 Oy 的正方向（见图 4－1)，则该坐标系称为右手直角坐标系. 其中点 O 称为坐标原点，有向直线 Ox、Oy、Oz 分别称为 x 轴、y 轴、z 轴，又分别称为横轴、纵轴、竖轴，统称为坐标轴. 每两个坐标轴确定一个平面，称为坐标平面. 由 x 轴和 y 轴确定的坐标平面称为 xOy 平面，由 y 轴和 z 轴确定的坐标平面称为 yOz 平面，由 z 轴和 x 轴确定的坐标平面称为 xOz 平面. 三个坐标平面将空间分成八个部分，称为八个卦限，八个卦限的位置如图 4－2 所示，其中位于 xOy 面的第一、二、三、四象限上侧的各卦限依次称为第一、二、三、四卦限，位于 xOy 面的第一、二、三、四象限下侧的各卦限依次称为第五、六、七、八卦限.

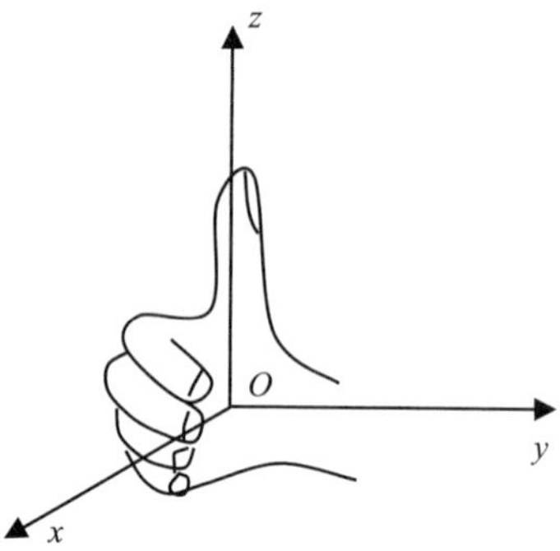

图 4－1

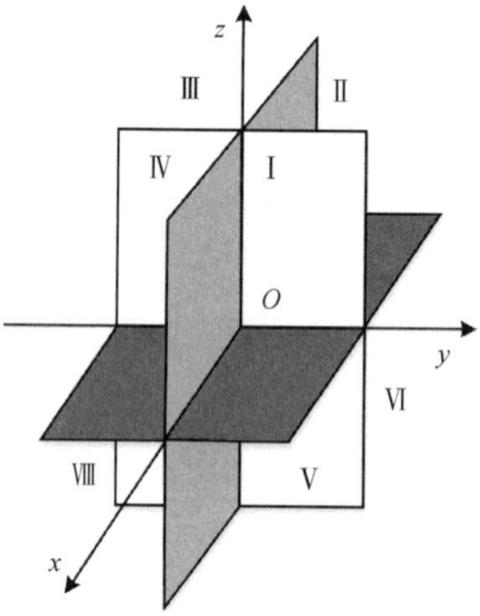

图 4－2

建立了空间直角坐标系 $Oxyz$ 后，空间中的任意一点 M 与有序的三个数组成的数组(x,y,z)就建立了一一对应关系. 事实上，过点 M 作三个平面分别垂直于 x 轴、y 轴、z 轴，它们与各轴的交点依次为 P，Q，R，这三点在 x 轴、y 轴、z 轴上的坐标依次为 x，y，z，于是点 M 就唯一确定了有序数组(x,y,z)，这个有序数组称为点 M 的坐标，记作 $M(x,y,z)$，其中 x，y，z 分别称为点 M 的横坐标、纵坐标、竖坐标. 反之，已知 M 的坐标(x,y,z)，可在空间直角坐标系中找到点 M，方法是在 x 轴上取坐标为 x 的点 P，在 y 轴上取坐标为 y 的点 Q，在 z 轴上取坐标为 z 的点 R，然后过点 P，Q，R 分别作 x 轴、y 轴、z 轴的垂面，这三个平面唯一的交点即为点 M（见图 4－3).

显然，坐标原点 O 的坐标为 $(0,0,0)$，x 轴上点的坐标为 $(x,0,0)$，y 轴上点的坐标为 $(0,y,0)$，z 轴上点的坐标为 $(0,0,z)$，xOy 面上点的坐标为 $(x,y,0)$，yOz 面上点的坐标为 $(0,y,z)$，xOz 面上点的坐标为 $(x,0,z)$.

4.1.1.2　空间两点间的距离

设 $M_1(x_1,y_1,z_1)$、$M_2(x_2,y_2,z_2)$ 为空间两点. M_1M_2 可看成由 $|x_2-x_1|$，$|y_2-y_1|$，$|z_2-z_1|$ 为三条棱长的长方体的对角线（见图 4－4）. 因此，这两点间的距离为

$$d=|M_1M_2|=\sqrt{(x_2-x_1)^2+(y_2-y_1)^2+(z_2-z_1)^2}$$

这就是空间两点间的距离公式.

特别地，点 $M(x,y,z)$ 与坐标原点 $O(0,0,0)$ 的距离为

$$d=|OM|=\sqrt{x^2+y^2+z^2}$$

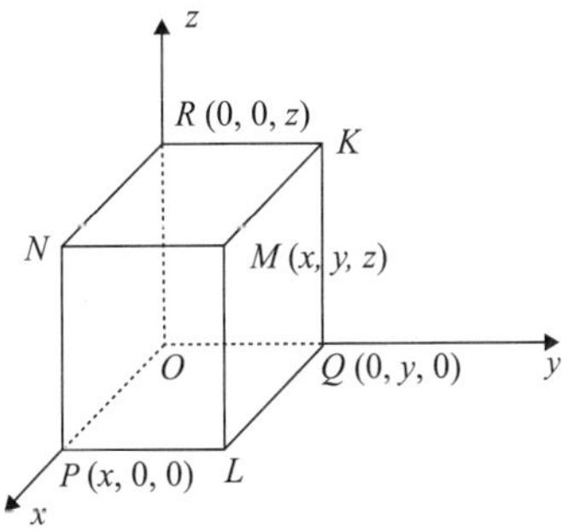

图 4－3

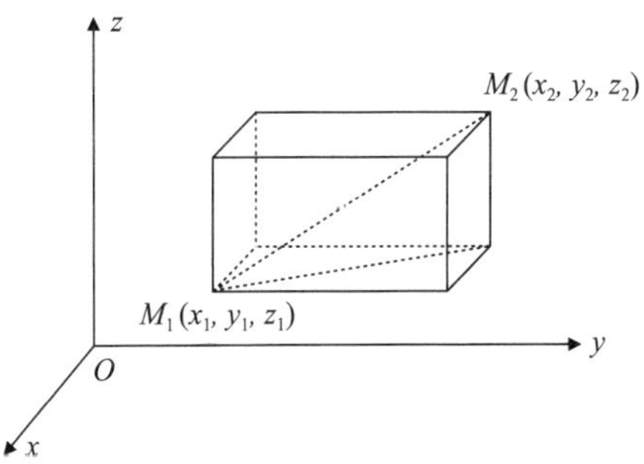

图 4－4

例 4.1.1　求证以 $O(0,0,0)$，$A(1,1,0)$，$B(0,1,1)$ 为顶点的三角形是等边三角形.

证明：因为

$$|OA|=\sqrt{(1-0)^2+(1-0)^2+(0-0)^2}=\sqrt{2}$$

$$|OB|=\sqrt{(0-0)^2+(1-0)^2+(1-0)^2}=\sqrt{2}$$

$$|AB|=\sqrt{(0-1)^2+(1-1)^2+(1-0)^2}=\sqrt{2}$$

$|OA|=|OB|=|AB|$，所以 ΔOAB 为等边三角形.

4.1.2　空间曲面与方程

正如平面曲线与二元方程的定义一样，空间曲面与三元方程也有类似的定义.

定义 4.1.1　如果曲面 S 与方程 $F(x,y,z)=0$ 有下述关系：

（1）曲面 S 上的任意一点的坐标 (x,y,z) 都满足方程 $F(x,y,z)=0$；

(2) 不在曲面 S 上的点的坐标(x,y,z)都不满足方程 $F(x,y,z)=0$.
那么称方程 $F(x,y,z)=0$ 为曲面 S 的方程，曲面 S 称为方程 $F(x,y,z)=0$ 的图形，如图 4－5 所示.

例如，球面可以看成是在空间中到一定点 $A(a, b,c)$的距离等于常数 R 的点的轨迹．设点 $M(x,y,z)$为此轨迹上的任意一点，则 $|AM|=R$，故

$$\sqrt{(x-a)^2+(y-b)^2+(z-c)^2}=R$$

两边平方得

$$(x-a)^2+(y-b)^2+(z-c)^2=R^2$$

这就是以点 $A(a, b,c)$为球心、R 为半径的球面方程．显然，当球心在坐标原点 O 时，球面方程可化为

$$x^2+y^2+z^2=R^2$$

其图形如图 4－6 所示.

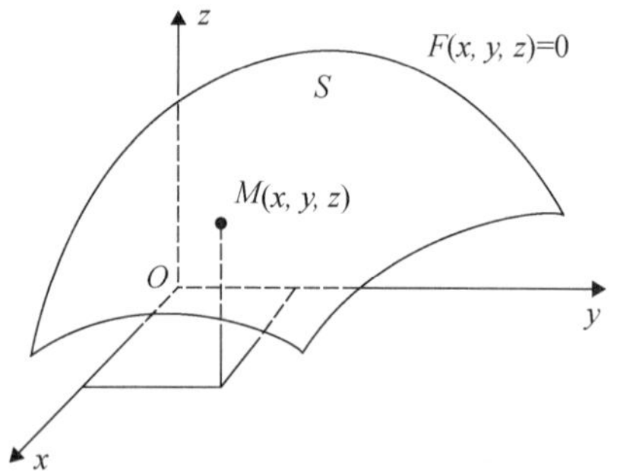

图 4－5

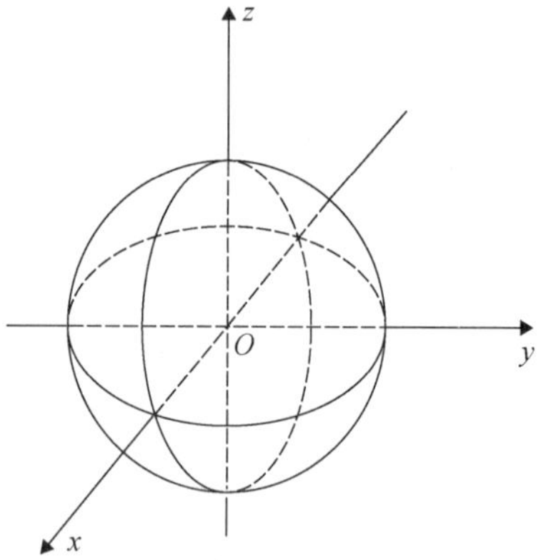

图 4－6

例 4.1.2 判断方程 $x^2+y^2+z^2-4x+2y=0$ 表示怎样的曲面.

解： 方程可化为

$$(x-2)^2+(y+1)^2+z^2=5$$

所以，方程表示以(2，－1，0)为球心，以$\sqrt{5}$为半径的球面.

例 4.1.3 作 $z=c$（c 为常数）的图形.

解： 方程 $z=c$ 中不含 x、y，这意味着 x、y 取任意值时总有 $z=c$，因此其图形是平行于 xOy 面的平面．可由 xOy 面向上（$c>0$）或向下（$c<0$）移动 $|c|$ 个单位得到（见图 4－7）.

例 4.1.4 一动点 $M(x,y,z)$与两定点 $M_1(1, -1,0)$、$M_2(2,0,1)$的距离相等，求此动点 M 的轨迹方程.

解： 依题意有

$$|MM_1|=|MM_2|$$

所以

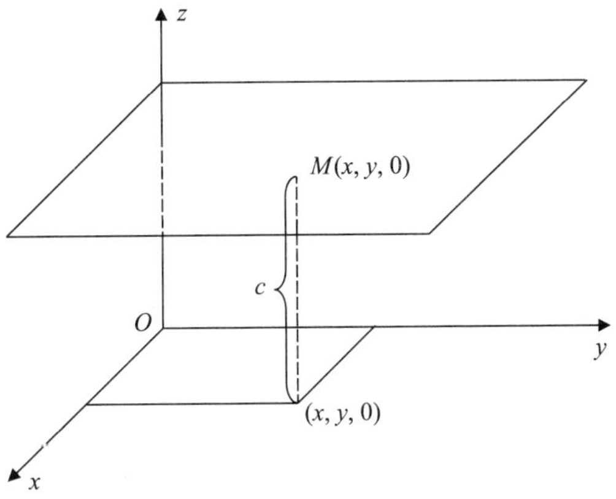

图 4－7

$$\sqrt{(x-1)^2+(y+1)^2+z^2}=\sqrt{(x-2)^2+y^2+(z-1)^2}$$

化简得点 M 的轨迹方程为

$$x+y+z-\frac{3}{2}=0$$

不难想象动点 M 的轨迹，即该三元一次方程的图形是线段 M_1M_2 的垂直平分面（见图 4－8）.

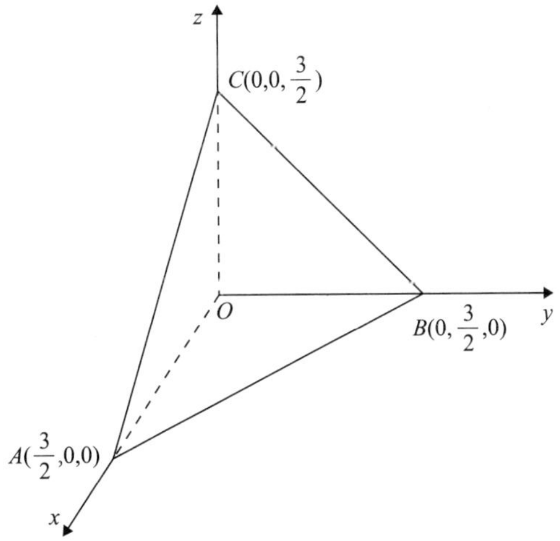

图 4－8

可以证明空间中任意一个平面的方程均可化为三元一次方程

$$Ax+By+Cz+D=0$$

其中 A,B,C,D 均为常数，且 A,B,C 不全为零，反之也成立.

4.1.3 平面区域

整个平面或由一条或几条平面曲线围成的部分平面称为平面区域，其中这些曲线称为区域的边界. 包含边界的区域称为闭区域，不包含边界的区域称为开区域. 不能向远处无限延伸的区域称为有界区域，能向远处无限延伸的区域称为无界区域. 以点 $P_0(x_0, y_0)$ 为圆心，δ 为半径的开区域称为点 P_0 的 δ 邻域，记作 $U(P_0, \delta)$，即

$$U(P_0, \delta) = \left\{(x,y) \middle| \sqrt{(x-x_0)^2+(y-y_0)^2} < \delta\right\}$$

其中，点 P_0 称为邻域的中心，δ 称为邻域的半径. 从邻域中去掉中心 P_0 后的区域称为去心邻域，记作 $\overset{o}{U}(P_0,\delta)$，即

$$\overset{o}{U}(P_0,\delta) = \left\{(x,y) \middle| 0 < \sqrt{(x-x_0)^2+(y-y_0)^2} < \delta\right\}$$

例如，$\{(x,y) \mid x^2+y^2 \leqslant 1\}$是有界闭区域（图 4－9）；$\{(x,y) \mid x+y>0\}$是无界开区域（见图 4－10）.

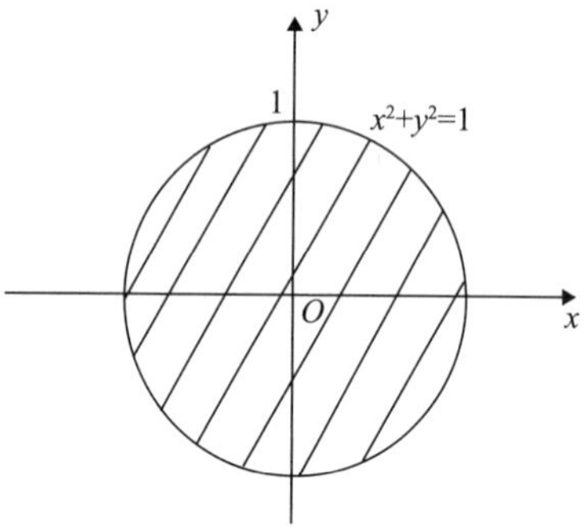

图 4－9

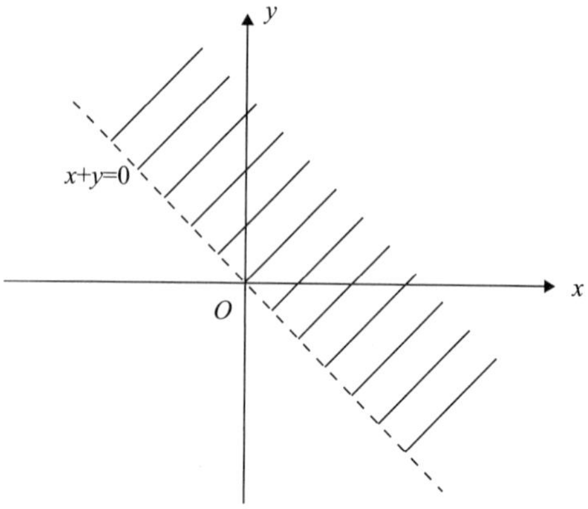

图 4－10

习题 4.1

1. 过点 $M(2, 1, 3)$ 作三个平行于坐标面的平面，它们与坐标面围成一个长方体：

（1）写出长方体各顶点的坐标；

（2）求长方体的对角线长.

2. 写出点 $M(x,y,z)$ 对称于各坐标平面、坐标轴、坐标原点的对称点的坐标.

3. 已知点 $A(3, a, 7)$, $B(2, -1, 5)$，且 $|AB|=3$. 求 a 的值.

4. 证明点 $A_1(1, 2, 1)$, $A_2(0, 0, 1)$ 均在方程 $x^2-\frac{y^2}{4}+z^2=1$ 的图形上，而点 $B_1(1, 1, 1)$, $B_2(1, 2, 0)$ 均不在其图形上.

5. 画出下列区域的图形：

(1) $D=\{(x,y) \mid 1 \leqslant x \leqslant 3, 1 \leqslant y \leqslant 5\}$;

(2) $D=\{(x,y) \mid x<0, y<0, x+y>-1\}$;

(3) $D=\{(x,y) \mid x^2+y^2 \leqslant 2x\}$.

6. 在空间直角坐标系下，下列方程表示什么图形？

(1) $x+y+z-1=0$;

(2) $x^2+y^2+z^2-2x-2y-2z=0$.

4.2 多元函数

4.2.1 二元函数及多元函数的概念

在实际问题中，一个量常常是与多个因素有关，因此产生了一个变量与多个变量之间的依赖关系. 例如，矩形的面积 A 与其长 x 和宽 y 都有关系，当长 x、宽 y 取定一对值时，面积 A 的值就随之确定，A 就是关于 x,y 的二元函数.

定义 4.2.1　设 D 是 xOy 面内的一个点集，若对于每个点 $(x,y) \in D$，按照某一对应法则 f，变量 z 都有唯一确定的数值与之对应，那么称变量 z 为变量 x、y 的二元函数，记为

$$z=f(x,y),\quad (x,y) \in D$$

其中 x、y 称为自变量，z 称为因变量，D 称为函数的定义域，二元函数的定义域通常是一个平面区域，函数值的集合 $\{z \mid z=f(x,y),(x,y) \in D\}$ 称为函数的值域.

二元函数的图形，一般是空间中的一张曲面，该曲面在 xOy 面内的投影就是其定义域，如图 4－11 所示.

类似的是，可以定义三元函数以及三元以上的函数. 二元及二元以上的函数统称为多元函数.

例 4.2.1　求函数 $z=\sqrt{1-x^2-y^2}$ 的定义域，并指出其图形的形状.

解： 定义域为所有适合 $1-x^2-y^2 \geqslant 0$ 的点 (x, y) 的集合，即 $\{(x, y) \mid x^2+y^2 \leqslant 1\}$，因为 $z=\sqrt{1-x^2-y^2}$ 可化为 $x^2+y^2+z^2=1$，所以函数的图形是以 $(0, 0, 0)$ 为球心，以 1 为半径的 xOy 面上方的半球面. 不难想象，该半球面在 xOy 面上的投影为圆面（见图 4－9），即函数的定义域.

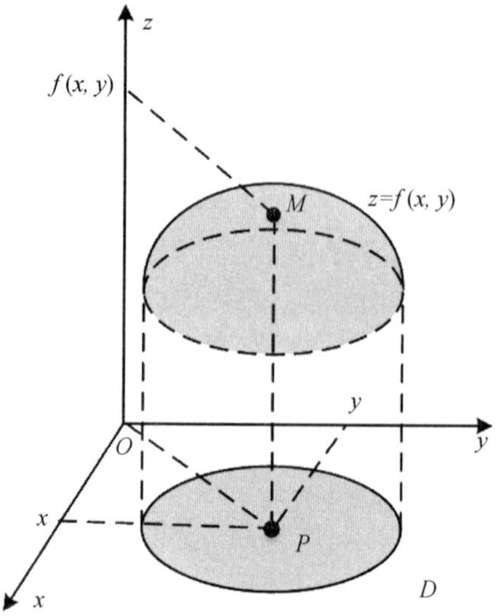

图 4－11

例 4.2.2 求函数 $z=\ln(x+y)$ 的定义域.

解： 定义域为所有适合 $x+y>0$ 的点 (x,y) 的集合，即 $\{(x,y)\mid x+y>0\}$（见图 4－10）.

4.2.2 二元函数的极限与连续

定义 4.2.2 设二元函数 $z=f(x,y)$ 在点 $P_0(x_0, y_0)$ 的某一去心邻域内有定义，如果当点 $P(x,y)$ 沿任意路径趋近于点 $P_0(x_0, y_0)$ 时，对应的函数值 $f(x,y)$ 都无限地接近于同一个常数 A，那么就称 A 为二元函数 $f(x,y)$ 当 $P(x,y)$ 趋向 $P_0(x_0, y_0)$ 时的极限，二元函数的这种极限也称为二重极限，记作

$$\lim_{\substack{x\to x_0\\ y\to y_0}} f(x,y)=A \quad 或 \quad \lim_{(x,y)\to(x_0,y_0)} f(x,y)=A$$

由二重极限的定义可以看出，当点 $P(x,y)$ 以某两种不同的方式趋近于 $P_0(x_0,y_0)$ 时，对应的 $f(x,y)$ 趋于不同的常数，或当点 $P(x,y)$ 以某种方式趋近于 $P_0(x_0,y_0)$ 时，对应的 $f(x,y)$ 不能趋近于一个常数，则可断定 $\lim\limits_{\substack{x\to x_0\\ y\to y_0}} f(x,y)$ 不存在.

例 4.2.3 求极限 $\lim\limits_{\substack{x\to 0\\ y\to 5}} \dfrac{\sin xy}{x}$.

解： $\lim\limits_{\substack{x\to 0\\ y\to 5}} \dfrac{\sin xy}{x}=\lim\limits_{\substack{x\to 0\\ y\to 5}} \left(\dfrac{xy}{x}\right)=\lim\limits_{\substack{x\to 0\\ y\to 5}} y=5$

例 4.2.4 判断极限 $\lim\limits_{\substack{x\to 0\\ y\to 0}} \dfrac{xy}{x^2+y^2}$ 是否存在？

解：当点(x,y)沿 $y=x$ 趋于点（0，0）时，$\frac{xy}{x^2+y^2}=\frac{x^2}{2x^2}=\frac{1}{2}\to\frac{1}{2}$

当点(x,y)沿 $y=2x$ 趋于点（0，0）时，$\frac{xy}{x^2+y^2}=\frac{2x^2}{5x^2}=\frac{2}{5}\to\frac{2}{5}$

因为$\frac{1}{2}\neq\frac{2}{5}$，所以$\lim\limits_{\substack{x\to 0\\y\to 0}}\frac{xy}{x^2+y^2}$不存在.

定义 4.2.3　如果$\lim\limits_{\substack{x\to x_0\\y\to y_0}}f(x,y)=f(x_0,y_0)$，则称 $z=f(x,y)$在点 $P_0(x_0,y_0)$处连续．与一元函数一样，函数 $z=f(x,y)$在点 $P_0(x_0,y_0)$处连续也必须同时满足三个条件：

（1）在该点有定义；

（2）在该点有极限；

（3）极限值等于函数值.

例 4.2.5　判断函数$f(x,y)=x^2+y^2$ 在点（0，1）处是否连续？

解：因为

$$\lim_{\substack{x\to 0\\y\to 1}}f(x,y)=\lim_{\substack{x\to 0\\y\to 1}}(x^2+y^2)=\lim_{\substack{x\to 0\\y\to 1}}x^2+\lim_{\substack{x\to 0\\y\to 1}}y^2=0^2+1^2=1=f(0,1)$$

所以函数$f(x,y)=x^2+y^2$ 在点（0，1）处连续.

如果$f(x,y)$在区域 D 内的每一点都连续，那么称$f(x,y)$在区域 D 内连续.

由两个变量的基本初等函数经过有限次的四则运算和复合步骤所构成的可用一个式子表示的函数称为二元初等函数.

与一元函数类似，对于二元函数有如下结论：

（1）二元初等函数在其定义区域内都是连续的.

（2）有界闭区域上的二元连续函数是一个有界函数，一定有最大值和最小值，并且可取得介于最大值和最小值之间的任意值.

习题 4.2

1. 填空题.

（1）已知$f(x,y)=\sin(x^2+y^2)+1$,则$f(0,0)=$__________；

（2）$\lim\limits_{\substack{x\to 1\\y\to 3}}\frac{xy}{\sqrt{1+xy}-1}=$__________；

（3）已知$f(x,y)=\frac{x+y}{xy}$，则$f(x+y,x-y)=$__________；

（4）已知$f(x+y,x-y)=x^2-y^2$，则$f(x,y)=$__________；

（5）二元函数 $z=x^2+y^2+1$ 的值域为__________.

2. 求下列函数的定义域：

(1) $f(x,y)=\dfrac{a^2}{x^2-y^2}$;

(2) $f(x,y)=\sqrt{x^2+y^2-9}+\sqrt{25-x^2-y^2}$;

(3) $f(x,y)=\ln x+\ln y-\sqrt{1-x-y}$;

(4) $f(x,y)=\ln(x^2-y)$.

3. 判断函数

$$f(x,y)=\begin{cases}\dfrac{xy^2}{x^2+y^2}, & (x,y)\neq(0,0)\\ 1, & (x,y)\neq(0,0)\end{cases}$$

在点(0,0)处是否存在极限，是否连续.

4.3 偏导数与全微分

4.3.1 偏导数

在解决实际问题时，有时需要计算在其他自变量不变的条件下，因变量对某一个自变量的变化率，这种变化率就是多元函数的偏导数.

定义 4.3.1 设函数 $z=f(x,y)$ 在点 (x_0,y_0) 的某邻域内有定义，当固定 $y=y_0$ 而 x 在 x_0 有增量 Δx 时，相应地，函数有增量 $f(x_0+\Delta x,y_0)-f(x_0,y_0)$，如果

$$\lim_{\Delta x\to 0}\frac{f(x_0+\Delta x,y_0)-f(x_0,y_0)}{\Delta x}$$

存在，则称该极限为函数 $f(x,y)$ 在点 (x_0,y_0) 处对 x 的偏导数，记作

$$f'_x(x_0,y_0),\ z'_x\big|_{(x_0,y_0)},\ \left.\frac{\partial f}{\partial x}\right|_{(x_0,y_0)} \text{或} \left.\frac{\partial z}{\partial x}\right|_{(x_0,y_0)}$$

同样，如果极限

$$\lim_{\Delta y\to 0}\frac{f(x_0,y_0+\Delta y)-f(x_0,y_0)}{\Delta y}$$

存在，则称此极限为函数 $f(x,y)$ 在点 (x_0,y_0) 处对 y 的偏导数，记为

$$f_y'(x_0,y_0),\ z'_y\big|_{(x_0,y_0)},\ \left.\frac{\partial f}{\partial y}\right|_{(x_0,y_0)} \text{或} \left.\frac{\partial z}{\partial y}\right|_{(x_0,y_0)}$$

若函数 $f(x,y)$ 在点 (x_0,y_0) 处的两个偏导数都存在，则称 $f(x,y)$ 在点 (x_0,y_0) 可偏导.

若函数 $z=f(x,y)$ 在区域 D 内每一点 (x,y) 处偏导数 $f'_x(x,y)$，$f'_y(x,y)$ 都存在，则这两个偏导数随着点 (x,y) 的变化而变化，因此它们一般也都是关于 x,y 的函数，分别称为 $z=f(x,y)$ 对 x、对 y 的偏导函数，简称偏导数，分别记为

$$f'_x(x,y),\ z'_x,\ \frac{\partial f}{\partial x}\text{或}\frac{\partial z}{\partial x}$$

$$f'_y(x,y),\ z'_y,\ \frac{\partial f}{\partial y}\text{或}\frac{\partial z}{\partial y}$$

显然，$f'_x(x_0,y_0)$，$f'_y(x_0,y_0)$分别为$f'_x(x,y)$，$f'_y(x,y)$在点(x_0,y_0)处的函数值.

由函数$f(x,y)$的偏导数定义知，求$f'_x(x,y)$时，只需将y视为常量，将$f(x,y)$对x求导即可；求$f'_y(x,y)$时，只需将x视为常量，将$f(x,y)$对y求导即可，所以其计算方法与一元函数的求导方法完全一样.

例 4.3.1　求函数$f(x,y)=x^3+2x^2y-y^3$在点$(1,3)$处的偏导数.

解：解法 1　先求偏导函数. 视y为常量，对x求导得

$$f'_x(x,y)=3x^2+4xy$$

视x为常量，对y求导得

$$f'_y(x,y)=2x^2-3y^2$$

将$x=1$，$y=3$代入以上两式得

$$f'_x(1,3)=(3x^2+4xy)\big|_{(1,3)}=15$$

$$f'_y(1.3)=(2x^2-3y^2)\big|_{(1,3)}=-25$$

解法 2　令$y=3$得

$$f(x,3)=x^3+6x^2-27$$

$$f'_x(x,3)=3x^2+12x$$

$$f'_x(1,3)=3\times1^2+12\times1=15$$

$$f(1,y)=1+2y-y^3$$

$$f'_y(1,y)=2-3y^2$$

$$f'_y(1,3)=2-3\times3^2=-25$$

“解法 1” 俗称 “先求后代” 法，“解法 2” 俗称 “先代后求” 法.

例 4.3.2　设函数

$$f(x,y)=\begin{cases}\dfrac{xy}{x^2+y^2}, & x^2+y^2\neq0\\ 0, & x^2+y^2\neq0\end{cases}$$

求$f(x,y)$在点（0，0）处的偏导数，并判断$f(x,y)$在点（0，0）处是否连续.

解：$f'_x(0,0)=\lim\limits_{\Delta x\to0}\dfrac{f(0+\Delta x,0)-f(0,0)}{\Delta x}=\lim\limits_{\Delta x\to0}\dfrac{0-0}{\Delta x}=0$

$$f'_y(0,0)=\lim_{\Delta x\to0}\frac{f(0,0+\Delta y)-f(0,0)}{\Delta y}=\lim_{\Delta x\to0}\frac{0-0}{\Delta y}=0$$

因为$\lim\limits_{\substack{x\to0\\y\to0}}f(x,y)=\lim\limits_{\substack{x\to0\\y\to0}}\dfrac{xy}{x^2+y^2}$，由例 4.2.4 知，该极限不存在，因而函数$f(x,y)$在点（0，0）处不连续.

可见，对于二元函数来说，偏导数存在不一定连续，这一点与一元函数不同，对于一元函数来说，可导必连续.

例 4.3.3 求函数 $z=x^y(x>0)$ 的偏导数.

解：对 x 求偏导数时，视 y 为常量，这时 x^y 是幂函数，故

$$\frac{\partial z}{\partial x}=yx^{y-1}$$

对 y 求偏导数时，视 x 为常量，这时 x^y 是指数函数，故

$$\frac{\partial z}{\partial y}=x^y\ln x$$

例 4.3.4 设 $z=x\ln(x^2+y^2)$，求 $\frac{\partial z}{\partial x}$，$\frac{\partial z}{\partial y}$.

解：视 y 为常量，对 x 求导得

$$\begin{aligned}\frac{\partial z}{\partial x}&=(x)'_x\ln(x^2+y^2)+x[\ln(x^2+y^2)]'_x\\&=1\cdot\ln(x^2+y^2)+x\cdot\frac{2x}{x^2+y^2}\\&=\ln(x^2+y^2)+\frac{2x^2}{x^2+y^2}\end{aligned}$$

视 x 为常量，对 y 求导得

$$\frac{\partial z}{\partial y}=x\cdot\frac{2y}{x^2+y^2}=\frac{2xy}{x^2+y^2}$$

偏导数的概念可推广到二元以上的函数.

例 4.3.5 求三元函数 $u=x^2y^3\ln z$ 的偏导数.

解：把 y,z 看作常量得

$$\frac{\partial u}{\partial x}=2xy^3\ln z$$

把 x,z 看作常量得

$$\frac{\partial u}{\partial y}=3x^2y^2\ln z$$

把 x,y 看作常量得

$$\frac{\partial u}{\partial z}=\frac{x^2y^3}{z}$$

4.3.2 高阶偏导数

定义 4.3.2 二元函数的偏导数 $\frac{\partial z}{\partial x}$，$\frac{\partial z}{\partial y}$ 一般仍然是 x，y 的函数，如果 $\frac{\partial z}{\partial x}$，$\frac{\partial z}{\partial y}$ 的偏导数存在，则称这两个偏导数的偏导数为函数 $z=f(x,y)$ 的二阶偏导数，分别记为

$$\frac{\partial}{\partial x}\left(\frac{\partial z}{\partial x}\right)=\frac{\partial^2 z}{\partial x^2}=f''_{xx}(x,y)=z''_{xx}$$

$$\frac{\partial}{\partial y}\left(\frac{\partial z}{\partial x}\right)=\frac{\partial^2 z}{\partial x\partial y}=f''_{xy}(x,y)=z''_{xy}$$

$$\frac{\partial}{\partial x}\left(\frac{\partial z}{\partial y}\right)=\frac{\partial^2 z}{\partial y\partial x}=f''_{yx}(x,y)=z''_{yx}$$

$$\frac{\partial}{\partial y}\left(\frac{\partial z}{\partial y}\right)=\frac{\partial^2 z}{\partial y^2}=f''_{yy}(x,y)=z''_{yy}$$

其中中间两个偏导数称为二阶混合偏导数.

类似地可定义三阶、四阶、……、n 阶偏导数.

例 4.3.6　求函数 $z=3x^2y^3+\ln x+\cos y$ 的二阶偏导数.

解： $\frac{\partial z}{\partial x}=6xy^3+\frac{1}{x}$，$\frac{\partial z}{\partial y}=9x^2y^2-\sin y$

$$\frac{\partial^2 z}{\partial x^2}=\frac{\partial}{\partial x}\left(\frac{\partial z}{\partial x}\right)=6y^3-\frac{1}{x^2}$$

$$\frac{\partial^2 z}{\partial x\partial y}=\frac{\partial}{\partial y}\left(\frac{\partial z}{\partial x}\right)=18xy^2$$

$$\frac{\partial^2 z}{\partial y\partial x}=\frac{\partial}{\partial x}\left(\frac{\partial z}{\partial y}\right)=18xy^2$$

$$\frac{\partial^2 z}{\partial y^2}=\frac{\partial}{\partial y}\left(\frac{\partial z}{\partial y}\right)=18x^2y-\cos y$$

由以上计算结果看到，两个二阶混合偏导数相等，这并非个例，关于二阶混合偏导数，有下述结论：

如果两个二阶混合偏导数在点(x,y)处连续，那么在该点有

$$f''_{xy}(x,y)=f''_{yx}(x,y)$$

4.3.3　全微分

定义 4.3.3　设函数 $z=f(x,y)$ 在点(x_0,y_0)的某邻域内有定义，如果函数 $z=f(x,y)$ 在点(x_0,y_0)的全增量 $\Delta z=f(x_0+\Delta x,y_0+\Delta y)-f(x_0,y_0)$ 可表示为

$$\Delta z=A\Delta x+B\Delta y+o(\rho)$$

的形式，且 A，B 与 Δx，Δy 无关，其中 $\rho=\sqrt{\Delta x^2+\Delta y^2}$，则称函数 $z=f(x,y)$ 在点(x_0,y_0)可微，并称 $A\Delta x+B\Delta y$ 为函数 $z=f(x,y)$ 在点(x_0,y_0)处的全微分，记为 dz，即

$$dz=A\Delta x+B\Delta y \tag{4-1}$$

与一元函数类似，当$|\Delta x|$、$|\Delta y|$都很小时，二元函数的全微分 dz 和函数的改变量 Δz 近似相等，因此我们可以用全微分来近似计算函数的改变量，这也是全微分的一个重要作用.

那么式（4－1）中的 A、B 等于多少呢，即怎样求全微分呢？有下面的定理：

定理 4.3.1　如果 $z=f(x,y)$ 在点 (x_0,y_0) 处可微，则该函数在点 (x_0,y_0) 处的偏导数存在，且有

$$A=f'_x(x_0,y_0),\ B=f'_y(x_0,y_0)$$

于是，

$$dz=f'_x(x_0,y_0)\Delta x+f'_y(x_0,y_0)\Delta y$$

定理表明，可微可以推出可偏导，但反之不成立.

如果函数 $z=f(x,y)$ 在区域 D 内每一点 (x,y) 处都可微，那么称函数 $z=f(x,y)$ 为区域 D 内的可微函数．函数 $z=f(x,y)$ 在任意点 (x,y) 处的全微分为

$$dz=\frac{\partial z}{\partial x}\Delta x+\frac{\partial z}{\partial y}\Delta y$$

因 $\Delta x=dx$，$\Delta y=dy$，故函数的全微分也可写为

$$dz=\frac{\partial z}{\partial x}dx+\frac{\partial z}{\partial y}dy \tag{4-2}$$

以后求全微分时，通常写成式（4－2）的形式，公式（4－2）可推广到三元及三元以上的函数，例如三元函数 $u=f(x,y,z)$ 的全微分的计算公式为

$$du=\frac{\partial u}{\partial x}dx+\frac{\partial u}{\partial y}dy+\frac{\partial u}{\partial z}dz$$

例 4.3.7　求函数 $z=xy$ 在点 $(1,2)$ 处：

（1）当 $\Delta x=0.1,\Delta y=0.1$ 时的全增量与全微分；

（2）当 $\Delta x=0.01,\Delta y=0.01$ 时的全增量与全微分.

解：（1）$\Delta z=f(1+0.1,2+0.1)-f(1,2)=1.1\times2.1-1\times2=0.31$，又 $\frac{\partial z}{\partial x}=y,\frac{\partial z}{\partial y}=x$，于是

$$dz=y\Delta x+x\Delta y$$

在点（1，2）处，当 $\Delta x=0.1,\Delta y=0.1$ 时，对应的全微分为

$$dz=2\times0.1+1\times0.1=0.3$$

此时 $|dz-\Delta z|=0.01$.

（2）$\Delta z=f(1+0.01,2+0.01)-f(1,2)=1.01\times2.01-1\times2=0.0301$

在点（1，2）处，当 $\Delta x=0.01,\Delta y=0.01$ 时，对应的全微分为

$$dz=2\times0.01+1\times0.01=0.03$$

此时 $|dz-\Delta z|=0.0001$.

从例 4.3.7 可以看出，自变量的改变量 $|\Delta x|$ 和 $|\Delta y|$ 越小，全微分和函数值的改变量越接近，即用全微分代替函数的改变量产生的误差越小．在解决实际问题时，如果计算函数改变量比较困难，可考虑用全微分近似表示函数的改变量.

例 4.3.8　要造一个无盖的圆柱形水桶，其内径为 2 米，高为 4 米，厚度均为 0.01 米，求需用材料多少立方米.

解：圆柱的体积 $V=\pi r^2 h$（r 为底半径，h 为高）因为

$$\frac{\partial V}{\partial r}=2\pi rh,\ \frac{\partial V}{\partial h}=\pi r^2$$

所以

$$dV=2\pi rh\Delta r+\pi r^2\Delta h$$

由 $r=2$，$h=4$，$\Delta r=\Delta h=0.01$，得

$$\Delta V\approx dV=2\pi\times 2\times 4\times 0.01+\pi\times 2^2\times 0.01=0.2\pi$$

所以需用材料约为 0.2π 立方米．这与 ΔV 的精确值 0.200801π 立方米相当接近.

例 4.3.9　求 $z=x^2+y^2$ 的全微分.

解：因为 $\frac{\partial z}{\partial x}=2x$，$\frac{\partial z}{\partial y}=2y$，所以

$$dz=2xdx+2ydy$$

例 4.3.10　求 $u=e^{xy^2z^3}$ 的全微分.

解：因为 $\frac{\partial u}{\partial x}=y^2z^3e^{xy^2z^3}$，$\frac{\partial u}{\partial y}=2xyz^3e^{xy^2z^3}$，$\frac{\partial u}{\partial z}=3xy^2z^2e^{xy^2z^3}$，所以

$$du=y^2z^3e^{xy^2z^3}dx+2xyz^3e^{xy^2z^3}dy+3xy^2z^2e^{xy^2z^3}dz$$

关于二元函数的可微、连续和偏导数之间还有下面两个结论.

定理 4.3.2　如果 $z=f(x,y)$ 在点 (x,y) 处可微，那么它在该点一定连续.

定理 4.3.3　如果函数 $z=f(x,y)$ 在点 (x,y) 处的两个偏导数连续，那么它在该点一定可微.

由定理 4.3.1、定理 4.3.2 和定理 4.3.3 可得二元函数可微、偏导数存在与连续之间的如下关系（见图 4－12）：

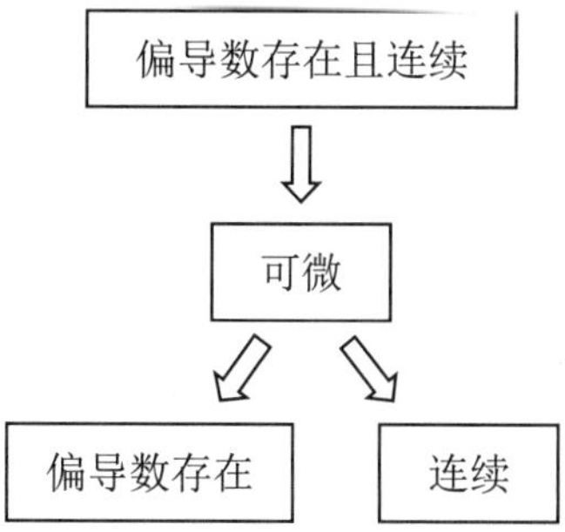

图 4－12

反之，不一定成立.

习题 4.3

1. 判断题.

(1) 若二元函数 $z=f(x,y)$ 在点 (x_0,y_0) 的偏导数存在，则在此点函数一定连续. ( )

(2) 若二元函数 $z=f(x,y)$ 在点 (x_0,y_0) 的偏导数存在且连续，则在此点函数一定连续. ( )

(3) 若多元函数在某点不连续，则在此点偏导数一定不存在. ( )

(4) 若多元函数在某点可微，则在此点函数一定连续. ( )

(5) 若多元函数在某点可微，则在此点偏导数一定连续. ( )

2. 求下列函数在指定点处的偏导数：

(1) 设 $z=e^{xy}$，求 $z'_x(1,1)$，$z'_y(1,0)$；

(2) 设 $z=x^3+y^3-3xy$，求 $z'_x(1,2)$，$z'_y(1,2)$；

(3) 设 $f(x,y)=\dfrac{x}{\sqrt{x^2+y^2}}$，求 $f'_y(-1,0)$；

(4) 设 $f(x,y)=x^2+(y-1)\arcsin\sqrt{\dfrac{x}{y}}$，求 $f'_x(2,1)$；

(5) 设 $f(x,y,z)=\ln(xy+z)$，求 $f'_x(2,1,0)$.

3. 求下列函数的偏导数：

(1) $z=y\cos x$；

(2) $z=xy+\dfrac{x}{y}$；

(3) $z=x^3y^3-y^3x$；

(4) $z=\arctan\dfrac{y}{x}$；

(5) $z=\sqrt{xy}$；

(6) $z=x\ln\dfrac{y}{x}$；

(7) $z=\ln(x+\ln y)$；

(8) $z=e^{\frac{y}{x}}$；

(9) $z=\sin^2(x+y)-\sin^2x-\sin^2y$；

(10) $u=\dfrac{y}{x}+\dfrac{z}{y}-\dfrac{x}{z}$.

4. 求下列函数的所有二阶偏导数：

(1) $z=x^4+y^4-4x^2y^2$；(2) $z=\ln(e^x+e^y)$.

5. 求下列函数的全微分：

(1) 设 $z=x^2+y^3-2xy$，求 $dz|_{(1,2)}$；

(2) 设 $z=\arctan\dfrac{y}{x}$，求 dz；

(3) 设 $u=x^3+y^3+z^3-3xyz$，求 du.

6. 求 $z=\dfrac{y}{x}$ 在 $x=2$，$y=1$，$\Delta x=0.1$，$\Delta y=0.2$ 时的全改变量及全微分.

7. 设 $f(x,y,z)=e^{xyz}$，求 $\frac{\partial^2 f}{\partial x\partial y}$.

4.4 多元复合函数的求导法则和隐函数的求导公式

4.4.1 多元复合函数的求导法则

设 $z=f(u,v)$ 是自变量 u 和 v 的二元函数，而 $u=u(x,y)$，$v=v(x,y)$ 是自变量 x，y 的二元函数，将三者复合可得二元复合函数 $z=f[u(x,y),v(x,y)]$，其中：x，y 是自变量；u，v 是中间变量．关于复合函数 $z=f[u(x,y),v(x,y)]$ 的偏导数有下面的结论.

定理 4.4.1　如果函数 $u=u(x,y)$，$v=v(x,y)$ 在点 (x,y) 的偏导数存在，函数 $z=f(u,v)$ 在对应点 (u,v) 处可微，则复合函数 $z=f[u(x,y),v(x,y)]$ 在点 (x,y) 处的偏导数存在，且

$$\frac{\partial z}{\partial x}=\frac{\partial z}{\partial u}\cdot\frac{\partial u}{\partial x}+\frac{\partial z}{\partial v}\cdot\frac{\partial v}{\partial x} \tag{4-3}$$

$$\frac{\partial z}{\partial y}=\frac{\partial z}{\partial u}\cdot\frac{\partial u}{\partial y}+\frac{\partial z}{\partial v}\cdot\frac{\partial v}{\partial y} \tag{4-4}$$

例 4.4.1　设 $z=e^u\sin v$，其中 $u=x+y$，$v=x-y$，求 $\frac{\partial z}{\partial x}$，$\frac{\partial z}{\partial y}$.

解：解法 1　$\frac{\partial z}{\partial u}=e^u\sin v$，$\frac{\partial z}{\partial v}=e^u\cos v$，$\frac{\partial u}{\partial x}=1$，$\frac{\partial u}{\partial y}=1$，$\frac{\partial v}{\partial x}=1$，$\frac{\partial v}{\partial y}=-1$ 由公式（4-3）和公式（4-4）得

$$\begin{aligned}\frac{\partial z}{\partial x}&=\frac{\partial z}{\partial u}\cdot\frac{\partial u}{\partial x}+\frac{\partial z}{\partial v}\cdot\frac{\partial v}{\partial x}=e^u\sin v\cdot 1+e^u\cos v\cdot 1\\&=e^{x+y}[\sin(x-y)+\cos(x-y)]\\\frac{\partial z}{\partial y}&=\frac{\partial z}{\partial u}\cdot\frac{\partial u}{\partial y}+\frac{\partial z}{\partial v}\cdot\frac{\partial v}{\partial y}=e^u\sin v\cdot 1+e^u\cos v\cdot(-1)\\&=e^{x+y}[\sin(x-y)-\cos(x-y)]\end{aligned}$$

解法 2　将函数 $z=e^u\sin v$，$u=x+y$ 和 $v=x-y$ 复合可得 $z=e^{x+y}\sin(x-y)$，所以

$$\frac{\partial z}{\partial x}=(e^{x+y})'_x\sin(x-y)+e^{x+y}[\sin(x-y)]'_x=e^{x+y}\sin(x-y)+e^{x+y}\cos(x-y)$$

$$\frac{\partial z}{\partial y}=(e^{x+y})'_y\sin(x-y)+e^{x+y}[\sin(x-y)]'_y=e^{x+y}\sin(x-y)-e^{x+y}\cos(x-y)$$

例 4.4.2　求 $z=(x^2+y^2)^{xy}$ 的偏导数.

解： 令 $u=x^2+y^2$，$v=xy$，则 $z=u^v$，且

$$\frac{\partial z}{\partial u}=v\cdot u^{v-1},\quad \frac{\partial z}{\partial v}=u^v\cdot \ln u$$

$$\frac{\partial u}{\partial x}=2x,\quad \frac{\partial u}{\partial y}=2y,\quad \frac{\partial v}{\partial x}=y,\quad \frac{\partial v}{\partial y}=x$$

所以

$$\frac{\partial z}{\partial x}=\frac{\partial z}{\partial u}\cdot\frac{\partial u}{\partial x}+\frac{\partial z}{\partial v}\cdot\frac{\partial v}{\partial x}=vu^{v-1}2x+u^v\ln u\cdot y=u^v(2xv\cdot u^{-1}+y\ln u)$$

$$=(x^2+y^2)^{xy}\left[\frac{2x^2y}{x^2+y^2}+y\ln(x^2+y^2)\right]$$

$$\frac{\partial z}{\partial y}=\frac{\partial z}{\partial u}\cdot\frac{\partial u}{\partial y}+\frac{\partial z}{\partial v}\cdot\frac{\partial v}{\partial y}=vu^{v-1}2y+u^v\ln u\cdot x=(x^2+y^2)^{xy}\left[\frac{2xy^2}{x^2+y^2}+x\ln(x^2+y^2)\right]$$

在定理 4.4.1 中，如果 u，v 都是 x 的一元函数，即 $u=u(x)$，$v=v(x)$，则有如下全导数公式：

$$\frac{dz}{dx}=\frac{\partial z}{\partial u}\cdot\frac{du}{dx}+\frac{\partial z}{\partial v}\cdot\frac{dv}{dx} \tag{4-5}$$

例 4.4.3 设 $z=u^2+uv+v^2$，$u=x^2$，$v=\cos x$，求$\frac{dz}{dx}$.

解： $\frac{dz}{dx}=\frac{\partial z}{\partial u}\cdot\frac{du}{dx}+\frac{\partial z}{\partial v}\cdot\frac{dv}{dx}=(2u+v)\cdot 2x+(u+2v)(-\sin x)$

$=(2x^2+\cos x)\cdot 2x-(x^2+2\cos x)\sin x$

$=4x^3+2x\cos x-x^2\sin x-\sin 2x$

4.4.2 隐函数的求导公式

一般地，如果变量 y 与 x 的函数关系可直接由 $y=f(x)$ 表示，则称这样的函数为显函数，例如 $y=x^2$，$y=2x+\sin^3x$ 等. 如果变量 y 与 x 的函数关系不是以 $y=f(x)$ 形式给出，而是以二元方程的形式给出，则称这样的函数为隐函数，例如 $3x-y+1=0$，$e^y=xy^3$ 等均是隐函数. 显然，隐函数都能化成 $F(x,y)=0$ 的形式. 要求隐函数的导数，一个很自然的想法是：从 $F(x,y)=0$ 中解出 y 化为显函数 $y=f(x)$，再进行求导，但在很多情况下很难甚至不可能从 $F(x,y)=0$ 中解出 $y=f(x)$，例如 $e^y\sin x-xy^3=0$，因此需要寻找求隐函数导数的一般方法. 实际上，对于由方程 $F(x,y)=0$ 所确定的隐函数，利用复合函数的求导法则可得到下面的结论.

定理 4.4.2 若 $F'_y\neq 0$，则由方程 $F(x,y)=0$ 确定隐函数的导数 $\frac{dy}{dx}$ 为

$$\frac{dy}{dx}=-\frac{F'_x}{F'_y} \tag{4-6}$$

公式（4－6）就是由方程 $F(x,y)=0$ 确定函数 $y=f(x)$ 的求导公式.

例 4.4.4　求由方程 $y-xe^y+x=0$ 所确定的隐函数 $y=f(x)$ 的导数.

解： 令 $F(x,y)=y-xe^y+x$，则 $F'_x=-e^y+1$，$F'_y=1-xe^y$，所以

$$\frac{dy}{dx}=-\frac{F'_x}{F'_y}=-\frac{-e^y+1}{1-xe^y}=\frac{e^y-1}{1-xe^y}$$

例 4.4.5　求曲线 $x^2+xy+y^2=4$ 在点 $(2,-2)$ 处的切线方程.

解： 设 $F(x,y)=x^2+xy+y^2-4$，则有

$$\frac{dy}{dx}=-\frac{F'_x}{F'_y}=-\frac{2x+y}{x+2y}$$

所以切线斜率为

$$\left.\frac{dy}{dx}\right|_{(2,-2)}=-\frac{2\times2-2}{2-2\times2}=1$$

切线方程为

$$y-(-2)=1\times(x-2)$$

即

$$y=x-4$$

定理 4.4.3　若 $F'_z\neq0$，由方程 $F(x,y,z)=0$ 确定的隐函数 $z=f(x,y)$ 的偏导数 $\frac{\partial z}{\partial x}$，$\frac{\partial z}{\partial y}$，有下面的求导公式：

$$\frac{\partial z}{\partial x}=-\frac{F'_x}{F'_z},\ \frac{\partial z}{\partial y}=-\frac{F'_y}{F'_z} \tag{4-7}$$

例 4.4.6　设函数 $z=f(x,y)$ 由方程 $x^2z^3+y^3+xyz-3=0$ 确定，求 $\frac{\partial z}{\partial x}$，$\frac{\partial z}{\partial y}$.

解： 令 $F(x,y,z)=x^2z^3+y^3+xyz-3$，则 $F'_x=2xz^3+yz$，$F'_y=3y^2+xz$，$F'_z=3x^2z^2+xy$，故

$$\frac{\partial z}{\partial x}=-\frac{F'_x}{F'_z}--\frac{2xz^3+yz}{3x^2z^2+xy}$$

$$\frac{\partial z}{\partial y}=-\frac{F'_y}{F'_z}=-\frac{3y^2+xz}{3x^2z^2+xy}$$

习题 4.4

1. 求下列复合函数的导数或偏导数：

（1）$z=uv$，$u=x+2y$，$v=x-2y$，求 $\frac{\partial z}{\partial x}$，$\frac{\partial z}{\partial y}$；

（2）$z=u\ln v$，$u=\frac{x}{y}$，$v=xy$，求 $\frac{\partial z}{\partial x}$，$\frac{\partial z}{\partial y}$；

（3）$z=\frac{y}{x}$，$x=e^t$，$y=1-2e^{2t}$，求 $\frac{dz}{dt}$；

（4） $z=u^2+v^2+s^2$，$u=3x$，$v=x^2$，$s=3x+5$，求$\frac{dz}{dx}$；

（5） 设 f 可微，$z=f(xy,x^2-y^2)$，求$\frac{\partial z}{\partial x}$，$\frac{\partial z}{\partial y}$.

（6） 设 $z=uv+\sin t$，$u=e^t$，$v=\cos t$，求$\frac{dz}{dt}$.

2. 求由下列方程所确定的隐函数的导数或偏导数：

（1） $e^y+xy-e=0$，求 y'，$y'(0)$；

（2） $xy-\ln y=a$，求$\frac{dy}{dx}$；

（3） $\frac{x^2}{a^2}+\frac{y^2}{b^2}=1$，求$\frac{dy}{dx}$；

（4） $z^3-3xyz=a^3$，求$\frac{\partial z}{\partial x}$，$\frac{\partial z}{\partial y}$；

（5） $x^2+y^2+z^2=1$，求$\frac{\partial z}{\partial x}$，$\frac{\partial z}{\partial y}$；

（6） $e^{-xy}-2z+e^z=0$，求$\frac{\partial z}{\partial x}$，$\frac{\partial z}{\partial y}$.

3. 设 $z=x+\varphi(xy)$，求证 $x\frac{\partial z}{\partial x}-y\frac{\partial z}{\partial y}=x$.

4. 求曲线 $x^2-xy+2y^2+x-y-1=0$ 在点(0,1)处的切线方程.

5. 设 $z=(x^2+y^2)^x$，求$\frac{\partial z}{\partial x}$，$\frac{\partial z}{\partial y}$.

4.5 偏导数的应用

与一元函数的导数类似，多元函数的偏导数在经济管理中也主要用于边际分析、弹性分析和最优化问题等，本节主要介绍偏导数在边际分析及最优化中的应用.

4.5.1 边际产量

在第 2 章中，我们介绍了一元函数的边际函数概念，类似的是，在二元函数中，也有边际函数的概念. 我们这里只介绍在经济学中用得较多的边际产量的概念，以此说明二元函数中“边际”一词的含义.

在长期中，劳动量和资本量都可以发生变化，因而产量是关于劳动量和资本量的二元函数，称为长期生产函数，一般用 $Q=f(K,L)$ 表示，其中 Q 表示产量，L 表示劳动量，K 表示资本量. 在经济学中，生产函数 $Q=f(K,L)$ 对劳动量 L 的偏导数 $f'_L(K,L)$ 称为要素 L 的边际产量，它表示在劳动量为 L，资本量为 K 时，保持 K 不变，当劳动量 L 再增加一个单位时产量的增加量. 类似的是，$Q=f(K,L)$ 对资本量 K 的偏导数 $f'_K(K,L)$ 称为要素 K 的边际产量，它表示在劳动量为 L，资本量为 K 时，保持 L 不变，当资本量 K 再增加一个单位时产量的增加量.

例 4.5.1　设生产函数 $Q=f(K,L)=2KL-0.5L^2-0.5K^2$，求要素 K 和 L 的边际产量，并求 $K=10$，$L=6$ 时要素 L 的边际产量，指出其经济意义.

解：由题意可得

$$f'_K(K,L)=2L-K,\quad f'_L(K,L)=2K-L$$

所以

$$f'_L(10,6)=2\times 10-6=14$$

它表示 $K=10$，$L=6$ 时，保持 K 不变，再增加一个单位的劳动量时，产量将增加 14 个单位.

4.5.2　二元函数的极值

定义 4.5.1　如果函数 $z=f(x,y)$ 在点 (x_0,y_0) 的某一去心邻域内满足

$$f(x,y)<f(x_0,y_0)\ (f(x,y)>f(x_0,y_0))$$

则称 $f(x_0,y_0)$ 为函数 $f(x,y)$ 的极大值（极小值），点 (x_0,y_0) 称为极大值点（极小值点），极大值和极小值统称为极值，极大值点和极小值点统称为极值点.

例如，函数 $f(x,y)=2-(x^2+y^2)$ 在点 $(0,\ 0)$ 处取得极大值 $f(0,\ 0)=2$；函数 $f(x,y)=\sqrt{x^2+y^2}$ 在点 $(0,\ 0)$ 处取得极小值 $f(0,\ 0)=0$；函数 $f(x,y)=xy$ 在点 $(0,\ 0)$ 处不取得极值.

那么，二元函数的极值在哪些点处取到呢？与一元函数的极值类似，关于二元函数的极值有如下定理.

定理 4.5.1（极值存在的必要条件）　如果函数 $z=f(x,y)$ 在点 $P_0(x_0,y_0)$ 存在偏导数，且 P_0 是极值点，则

$$f'_x(x_0,y_0)=0,\quad f'_y(x_0,y_0)=0$$

使函数 $z=f(x,y)$ 的两个偏导数 $f'_x(x,y)$、$f'_y(x,y)$ 同时为零的点，称为函数的驻点. 由定理 4.5.1 可知，在偏导数存在的前提下，极值点必定是驻点. 但要注意，驻点不一定是极值点. 例如函数 $z=xy$，$(0,0)$ 是其驻点，但它不是 $z=xy$ 的极值点. 那么，驻点何时为极值点呢？有下面的判定定理.

定理 4.5.2（极值存在的充分条件）　如果函数 $z=f(x,y)$ 在点 (x_0,y_0) 的某邻域内有一阶和二阶的连续偏导数，且 (x_0,y_0) 为驻点，记

$$A=f''_{xx}(x_0,y_0),\quad B=f''_{xy}(x_0,y_0),\quad C=f''_{yy}(x_0,y_0)$$

（1）若 $B^2-AC<0$，则 $f(x_0,y_0)$ 为极值，且当 $A<0$ 时为极大值，$A>0$ 时为极小值；

（2）若 $B^2-AC>0$，则 $f(x_0,y_0)$ 不是极值；

（3）若 $B^2-AC=0$，$f(x_0,y_0)$ 可能是极值，也可能不是极值.

需要指出的是，二元函数的极值也有可能在偏导数不存在的点处取到. 例如，函数 $z=\sqrt{x^2+y^2}$ 在点 $(0,0)$ 处的偏导数不存在，其在点 $(0,0)$ 取得极小值. 但偏导数不存在的点不一定是极值点.

例 4.5.2 求函数 $f(x,y)=x^3+y^3-9xy+27$ 的极值.

解：由

$$\begin{cases} f'_x(x,y)=3x^2-9y=0 \\ f'_y(x,y)=3y^2-9x=0 \end{cases}$$

得驻点 $(0,0)$ 和 $(3,3)$. 因为 $f''_{xx}(x,y)=6x$，$f''_{xy}(x,y)=-9$，$f''_{yy}(x,y)=6y$，所以在点 $(0,0)$ 处：

$$A=f''_{xx}(0,0)=0,\ B=f''_{xy}(0,0)=-9,\ C=f''_{yy}(0,0)=0$$

因 $B^2-AC=(-9)^2-0>0$，故 $f(0,0)$ 不是极值.

在点 $(3,3)$ 处：

$$A=f''_{xx}(3,3)=18,\ B=f''_{xy}(3,3)=-9,\ C=f''_{yy}(3,3)=18$$

因 $B^2-AC=(-9)^2-18\times18=-243<0$，且 $A>0$，故 $f(3,3)=0$ 是极小值.

4.5.3 二元函数的最值

在解决实际问题时，常常需要求多元函数在某一区域上的最大值或最小值，与一元函数类似，二元函数的最值与极值既有区别，也有联系. 二元函数 $z=f(x,y)$ 在区域 D 上的最大值和最小值只能在极值点和边界上取到，而极值只能在区域 D 内部的驻点、偏导数不存在的点处取到，因此，求二元函数 $z=f(x,y)$ 在区域 D 上的最值，只需求出其在驻点、偏导数不存在的点处的函数值和 D 的边界上的最小值和最大值，然后比较这几个函数值，最大者即为最大值，最小者即为最小值. 另外，在下列特殊情况下，求函数的最值可利用下面的结论：

对于实际应用问题，如果已经知道或能够判定函数在区域 D 的内部确实有最大（或最小）值，且在 D 内，函数只有一个驻点，没有偏导数不存在的点，那么这个驻点处的函数值就是函数在区域 D 上的最大（或最小）值.

例 4.5.3 某工厂生产两种产品 A 与 B，出售单价分别为 10 元与 9 元，生产 x 单位的产品 A 与生产 y 单位的产品 B 的总费用是

$$400+2x+3y+0.01(3x^2+xy+3y^2)\ (\text{元})$$

求取得最大利润时，两种产品的产量各为多少.

解：设 $L(x,y)$ 表示产品 A 与产品 B 的产量分别为 x 与 y 单位时所获得的总

利润．因为总利润等于总收入减去总费用，所以

$$\begin{aligned}L(x,y)&=(10x+9y)-[400+2x+3y+0.01(3x^2+xy+3y^2)]\\&=8x+6y-0.01(3x^2+xy+3y^2)-400\end{aligned}$$

由

$$\begin{cases}L'_x(x,y)=8-0.01(6x+y)=0\\L'_y(x,y)=6-0.01(x+6y)=0\end{cases}$$

得驻点$(120,80)$，依实际问题知总利润一定存在最大值，而在函数的定义域$D=\{(x,y)\mid x\geqslant 0,y\geqslant 0\}$内有唯一驻点$(120,80)$，没有偏导数不存在的点，所以当生产产品 A 120 件、产品 B 80 件时所得利润最大.

4.5.4　条件极值

上面求二元函数$f(x,y)$极值时，两个自变量 x 与 y 是相互独立的，在定义域内可任意取值，不受其他条件约束，这种极值称为无条件极值．如果自变量 x 与 y 之间还要满足一定的条件 $g(x,y)=0$，这时求出的极值称为条件极值．在约束条件 $g(x,y)=0$（也称为约束方程）之下，求函数 $z=f(x,y)$（通常称为目标函数）的极值问题，很自然的想法是：从约束方程 $g(x,y)=0$ 中解出 y（记 $y=\varphi(x)$），把它代入目标函数中，得到 $z=f(x,\varphi(x))$，这时 x 在定义域内可任意取值，这个一元函数 $z=f(x,\varphi(x))$的极值就是函数 $z=f(x,y)$在条件 $g(x,y)=0$ 之下的条件极值，这样就把条件极值问题转化成了无条件极值问题．但是，当无法从方程 $g(x,y)=0$ 中解出 y 或 x 时，这种方法就行不通了，所以需要寻求更加一般的方法解决条件极值问题，而拉格朗日乘数法就是一个非常有效的方法.

利用拉格朗日乘数法求函数 $z=f(x,y)$在约束条件 $g(x,y)=0$ 下的极值的一般步骤是：

第一步，构造拉格朗日函数，以参数 λ（称为拉格朗日乘数）乘 $g(x,y)$，然后与$f(x,y)$相加，得函数 $L(x,y,\lambda)$（称为拉格朗日函数），即

$$L(x,y,\lambda)=f(x,y)+\lambda g(x,y)$$

第二步，求 $L(x,y,\lambda)$的偏导数，并解方程组

$$\begin{cases}L'_x(x,y)=f_x(x,y)+\lambda g_x(x,y)=0\\L'_y(x,y)=f_y(x,y)+\lambda g_y(x,y)=0\\L'_\lambda(x,y)=g(x,y)=0\end{cases}$$

则方程组的解(x,y)就是$f(x,y)$的可能取极值的点.

第三步，判别所求得的点(x,y)是否为极值点．通常根据问题的实际意义来判定，当某个实际问题确有极值，又只有一个可能的极值点，那么这一点一般就是要找的极值点（或最值点）．此方法可推广到约束条件多于一个的情况.

例 4.5.4　设 $x+y=6(x>0,y>0)$，求 $z=\dfrac{1}{x}+\dfrac{1}{y}$的最小值.

解：设

$$L(x,y,\lambda)=\frac{1}{x}+\frac{1}{y}+\lambda(x+y-6)$$

由

$$\begin{cases}L'_x=-\dfrac{1}{x^2}+\lambda=0\\L'_y=-\dfrac{1}{y^2}+\lambda=0\\L'_\lambda=x+y-6=0\end{cases}$$

得 $x=y=3$.

因为 x、y 均大于零，且当 x（或 y）$\to 0^+$ 时，$z=\dfrac{1}{x}+\dfrac{1}{y}\to+\infty$，所以 $z=\dfrac{1}{x}+\dfrac{1}{y}$无最大值而应有最小值，故当 $x=y=3$ 时，$z=\dfrac{2}{3}$是最小值.

例 4.5.5　要用铁皮做一个体积为 8 立方米有盖长方体水箱，怎样选取尺寸才能使用料最省？

解：设箱子的长、宽、高分别为 x、y、z，箱子的表面积为 S，则 $xyz=8$，$S=2(xy+yz+zx)$.

解法 1（拉格朗日乘数法）：构造拉格朗日函数为

$$L(x,y,z,\lambda)=2(xy+yz+zx)+\lambda(xyz-8)$$

由

$$\begin{cases}L'_x=2(y+z)-\lambda yz=0\\L'_y=2(x+z)-\lambda xz=0\\L'_z=2(y+x)-\lambda xy=0\\L'_\lambda=xyz-8=0\end{cases}$$

得 $x=y=z=2$. 根据实际问题可知，S 一定有最小值，所以当水箱的长、宽、高都等于 2 米时，所用材料最省.

解法 2（转化为无条件极值法）：由 $z=\dfrac{8}{xy}$可得

$$S=2(xy+yz+zx)=2\left(xy+\frac{8}{x}+\frac{8}{y}\right)$$

由

$$\begin{cases}\dfrac{\partial S}{\partial x}=2\left(y-\dfrac{8}{x^2}\right)=0\\\dfrac{\partial S}{\partial y}=2\left(x-\dfrac{8}{y^2}\right)=0\end{cases}$$

得 $x=2$，$y=2$. 由实际问题可知，箱子的表面积一定存在最小值，在函数的定义域 $D=\{(x,y)\mid x>0,y>0\}$内有唯一的驻点$(2,2)$，无偏导数不存在的点，所以当 $x=2,y=2$ 时，S 取最小值，此时 $z=2$，这与“解法 1”的结论相同.

习题 4.5

1. 求下列函数的极值：

（1）$z=x^2-xy+y^2-2x+y$；　　（2）$z=x^3-y^3+3x^2+3y^2-9x$；

（3）$z=x^2-(y-1)^2$；　　（4）$z=4(x-y)-x^2-y^2$.

2. 求函数 $z=(x+y+2)^2$ 满足条件 $y=x^2$ 的最小值.

3. 设工厂的总成本函数 $C=C(Q_1,Q_2)=Q_1^2+2Q_1Q_2+3Q_2^2+2$，产品的价格为 $P_1=4$，$P_2=8$，求最大利润及此时的产出水平.

4. 设产量 Q 是投入 K 和 L 的函数，$Q=6K^{\frac{1}{3}}L^{\frac{1}{2}}$，其投入价格 $P_K=4$，$P_L=3$，产品的价格 $P=2$. 为使利润最大，求两种要素的投入水平、产出水平和最大利润.

5. 某公司销售两种产品，两种产品的需求量 x 与 y 是由两种产品的价格 p_1 与 p_2 确定的，需求函数分别是 $x=40-2p_1+p_2$，$y=25+p_1-p_2$. 假设公司生产两种产品 x 单位与 y 单位的成本函数为 $C(x,y)=x^2+xy+y^2$，求利润最大时每种产品的产出水平.

6. 从斜边之长为 l 的所有直角三角形中，求有最大周长的直角三角形.

7. 某消费者消费 x 件甲商品和 y 件乙商品的效应是 $U(x,y)=2xy$，已知甲、乙两商品的价格分别为每件 5 元和每件 10 元，该消费者共有 100 元现金，求在现有条件下，消费者获得最大效应的消费组合.

8. 设生产函数为 $Q=f(K,L)$，劳动的价格为 ω，资本的价格为 r，厂商用于购买这两种要素的成本是 C. 求证：厂商为了获得最大的产量，他选择的劳动投入量和资本投入量必须满足：

$$\frac{f'_K(K,L)}{f'_L(K,L)}=\frac{r}{\omega}$$

4.6　二重积分

二重积分的概念是定积分概念的推广，它的定义、性质与定积分的定义和性质类似.

4.6.1　二重积分的概念与性质

4.6.1.1　二重积分的概念

定义 4.6.1　设二元函数 $f(x,y)$ 在有界闭区域 D 上有定义，将 D 任意分成 n

个小区域 $\Delta\sigma_1, \Delta\sigma_2, \cdots, \Delta\sigma_n$，在每个小区域 $\Delta\sigma_i$ 中任取一点 (x_i, y_i)，且以 $\Delta\sigma_i$ 和 d_i 分别表示第 i 个区域的面积和直径，作和式 $\sum_{i=1}^{n} f(x_i, y_i)\Delta\sigma_i$，记 $d = \max\{d_1, d_2, \cdots, d_n\}$，若 $d \to 0$ 时，$\sum_{i=1}^{n} f(x_i, y_i)\Delta\sigma_i$ 的极限存在，且此极限值与区域 D 的分割方法及点 (x_i, y_i) 的取法无关，则称 $f(x,y)$ 在 D 上可积，称此极限为函数在闭区域 D 上的二重积分，记作 $\iint\limits_D f(x,y)\,d\sigma$，即

$$\iint\limits_D f(x,y)\,d\sigma = \lim_{d \to 0} \sum_{i=1}^{n} f(x_i, y_i)\Delta\sigma_i$$

其中 $f(x,y)$ 称为被积函数，D 称为积分区域，$d\sigma$ 称为面积元素，x 与 y 称为积分变量.

在直角坐标系下，常把面积元素 $d\sigma$ 写成 $dxdy$，于是在直角坐标系下，二重积分 $\iint\limits_D f(x,y)\,d\sigma$ 也可写成 $\iint\limits_D f(x,y)\,dxdy$ 的形式.

可以证明，有界闭区域 D 上的连续函数在 D 上一定可积.

4.6.1.2 二重积分的性质

比较定积分和二重积分的定义可以知道，二重积分与定积分有类似的性质，简要叙述如下.

性质 4.6.1 $\iint\limits_D kf(x,y)\,d\sigma = k\iint\limits_D f(x,y)\,d\sigma$（$k$ 为常数）.

性质 4.6.2 两个函数代数和的二重积分，等于两个函数的二重积分的代数和，即

$$\iint\limits_D [f(x,y) \pm g(x,y)]\,d\sigma = \iint\limits_D f(x,y)\,d\sigma \pm \iint\limits_D g(x,y)\,d\sigma$$

性质 4.6.3 若积分区域 D 被分割成两个区域 D_1 与 D_2（见图 4－13），则函数在 D 上的二重积分等于其在 D_1，D_2 上的二重积分的和，即

$$\iint\limits_D f(x,y)\,d\sigma = \iint\limits_{D_1} f(x,y)\,d\sigma + \iint\limits_{D_2} f(x,y)\,d\sigma$$

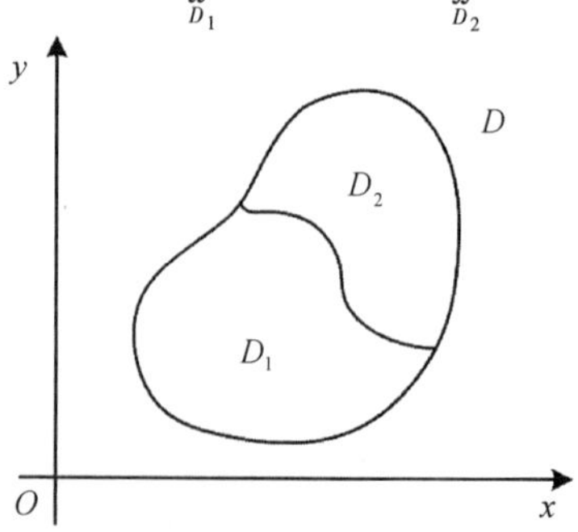

图 4－13

性质 4.6.4　若在 D 上，被积函数 $f(x,y)=1$，则 $\iint\limits_D d\sigma$ 等于积分区域 D 的面积 σ，即

$$\iint\limits_D d\sigma = \sigma$$

注： 函数 $f(x,y)$ 在区域 D 上的平均值为

$$\frac{1}{\sigma}\iint\limits_D f(x,y)\,d\sigma \tag{4-8}$$

其中，σ 表示积分区域 D 的面积.

4.6.2　二重积分的计算

与定积分类似，直接根据定义计算二重积分是非常困难的，下面介绍二重积分的计算方法. 我们首先介绍积分区域 D 为下面两种基本类型时二重积分的计算方法.

4.6.2.1　D 为 x - 型区域：$D=\{(x,y)\mid a\leqslant x\leqslant b,\varphi_1(x)\leqslant y\leqslant\varphi_2(x)\}$

x - 型区域 D 是由连续曲线 $y=\varphi_1(x)$，$y=\varphi_2(x)$ 及两条直线 $x=a$，$x=b$ 所围成，其特点是在 (a, b) 内任选一点作 x 轴的垂线，该垂线与 D 的边界的交点不超过两个，图 4 - 14 中的两个区域都属于 x - 型区域.

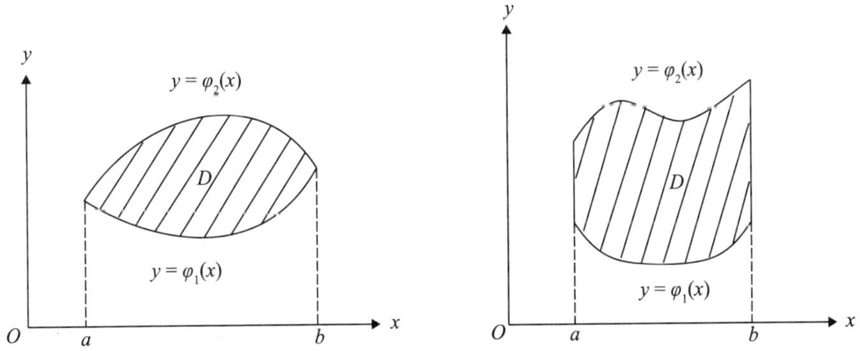

图 4 - 14

定理 4.6.1　设函数 $f(x,y)$ 在有界闭区域 D 上连续，如果区域 D 能表示为：

$$D=\{(x,y)\mid \varphi_1(x)\leqslant y\leqslant\varphi_2(x),a\leqslant x\leqslant b\}$$

则

$$\iint\limits_D f(x,y)\,dxdy = \int_a^b\left[\int_{\varphi_1(x)}^{\varphi_2(x)} f(x,y)\,dy\right]dx \tag{4-9}$$

其中，$\int_a^b\left[\int_{\varphi_1(x)}^{\varphi_2(x)} f(x,y)\,dy\right]dx$ 称为先对 y 后对 x 的二次积分（或累次积分）. 它表

示先计算定积分 $\int_{\varphi_1(x)}^{\varphi_2(x)} f(x,y)dy$ ，这时把 x 看成常数，y 为积分变量，设求出的结果为 $g(x)$，然后将 $g(x)$ 作为第二个定积分的被积函数. 该定理表明，当积分区域 D 为 x－型区域时，二重积分可化为先对 y 后对 x 的二次积分进行计算.

注： $\int_a^b \left[\int_{\varphi_1(x)}^{\varphi_2(x)} f(x,y)dy\right]dx$ 也可写成 $\int_a^b dx \int_{\varphi_1(x)}^{\varphi_2(x)} f(x,y)dy$ 的形式.

4.6.2.2 y－型区域：$D=\{(x,y)\mid \psi_1(y)\leqslant x\leqslant \psi_2(y), c\leqslant y\leqslant d\}$

y－型区域 D 是由连续曲线 $x=\psi_1(y)$，$x=\psi_2(y)$ 及两条直线 $y=c$，$y=d$ 所围成，其特点是在 (c,d) 内任选一点作 y 轴的垂线，该垂线与 D 的边界的交点不超过两个，图 4－15 中的两个区域都属于 y－型区域.

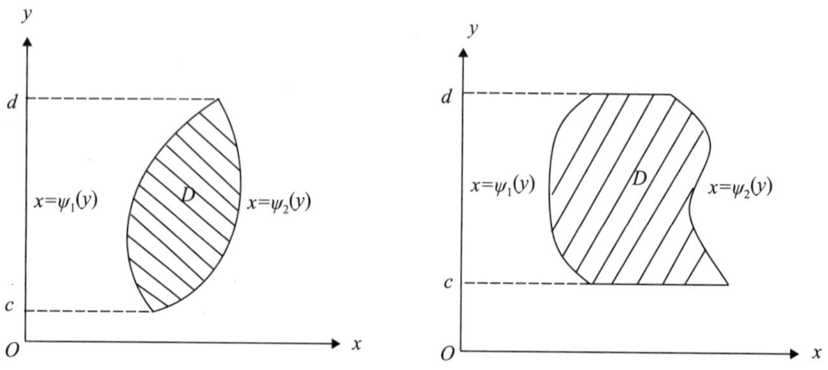

图 4－15

定理 4.6.2 设函数 $z=f(x,y)$ 在有界闭区域 D 上连续，如果区域 D 能表示为：

$$D=\{(x,y)\mid \psi_1(y)\leqslant x\leqslant \psi_2(y), c\leqslant y\leqslant d\}$$

则

$$\iint_D f(x,y)dxdy = \int_c^d \left[\int_{\psi_1(y)}^{\psi_2(y)} f(x,y)dx\right]dy \tag{4－10}$$

其中 $\int_c^d \left[\int_{\psi_1(y)}^{\psi_2(y)} f(x,y)dx\right]dy$ 称为先对 x 后对 y 的二次积分，它表示先计算定积分 $\int_{\psi_1(x)}^{\psi_2(x)} f(x,y)dx$ ，这时把 y 看成常数，x 为积分变量，设求出的结果为 $h(y)$，然后将 $h(y)$ 作为第二个定积分的被积函数. 该定理表明，当积分区域 D 为 y－型积分区域时，二重积分可化为先对 x 后对 y 的二次积分进行计算.

注： $\int_c^d \left[\int_{\psi_1(y)}^{\psi_2(y)} f(x,y)dx\right]dy$ 又可写成 $\int_c^d dy \int_{\psi_1(y)}^{\psi_2(y)} f(x,y)dx$ 的形式.

若积分区域不是这两种类型，可以通过分割，使分割之后的每一个小区域为这两种类型之一，然后根据积分区域的可加性进行计算.

例 4.6.1　计算二重积分 $\iint\limits_D e^{x+y}dxdy$，其中积分区域 D 为图 4－16 所示.

解： 由 $D=\{(x,y)\mid 0\leqslant x\leqslant 1,0\leqslant y\leqslant 1\}$ 可得

$$\iint\limits_D e^{x+y}dxdy=\int_0^1 dx\int_0^1(e^x\cdot e^y)dy=\int_0^1(e^xe^y)\Big|_0^1dx$$
$$=\int_0^1(e^xe-e^x)dx=e^x(e-1)\Big|_0^1=(e-1)^2$$

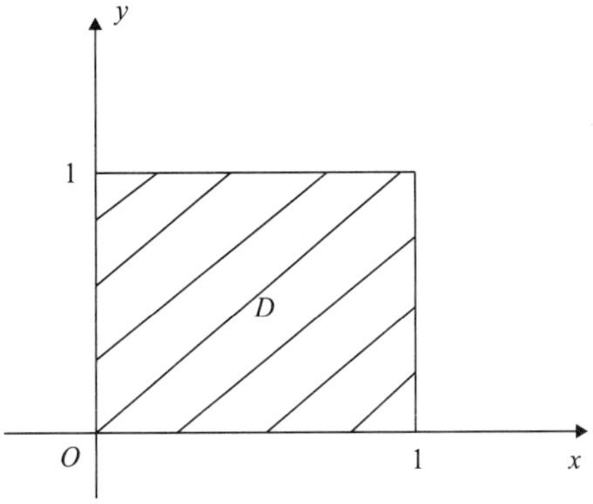

图 4－16

例 4.6.2　计算二重积分 $\iint\limits_D xyd\sigma$，其中 D 为直线 $y=x$ 与抛物线 $y=x^2$ 所围成的区域.

解：解法 1　联立方程组

$$\begin{cases}y=x\\y=x^2\end{cases}$$

得交点坐标为(0,0)，(1,1). 积分区域 D（见图 4－17）为 x－型区域，可表示为 $D=\{(x,y)\mid 0\leqslant x\leqslant 1,x^2\leqslant y\leqslant x\}$，故

$$\iint\limits_D xyd\sigma=\int_0^1dx\int_{x^2}^x xydy=\int_0^1\left(x\cdot\frac{y^2}{2}\right)\Bigg|_{x^2}^x dx=\frac{1}{2}\int_0^1(x^3-x^5)dx=\frac{1}{24}$$

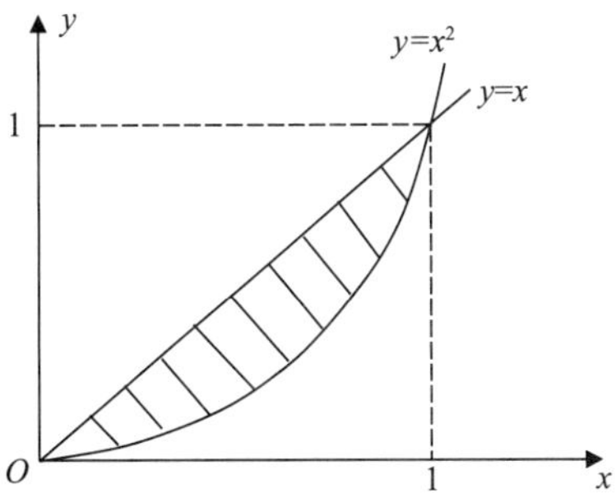

图 4－17

解法 2 D 也是 y - 型区域，可表示为 $D=\{(x,y)\mid 0\leqslant y\leqslant 1,\ y\leqslant x\leqslant\sqrt{y}\}$，故

$$\iint_D xyd\sigma = \int_0^1 dy\int_y^{\sqrt{y}} xydx = \int_0^1\left(y\cdot\frac{x^2}{2}\right)\Bigg|_y^{\sqrt{y}} dy = \frac{1}{2}\int_0^1(y^2-y^3)dy = \frac{1}{24}$$

例 4.6.3 将二重积分 $I=\iint\limits_D f(x,y)dxdy$ 按两种次序化为二次积分，其中 D 由 $y^2=x$ 与直线 $y=x-2$ 所围成的区域.

解：联立方程组 $\begin{cases}y^2=x\\ y=x-2\end{cases}$ 得交点坐标 $(1,-1)$，$(4,2)$，积分区域 D 为图 4－18 的阴影部分，首先将区域 D 视为 x - 型区域，将 D 分成两个小区域 D_1 和 D_2，其中

$$D_1=\{(x,y)\mid 0\leqslant x\leqslant 1,\ -\sqrt{x}\leqslant y\leqslant\sqrt{x}\}$$
$$D_2=\{(x,y)\mid 1\leqslant x\leqslant 4,\ x-2\leqslant y\leqslant\sqrt{x}\}$$

故

$$\begin{aligned}\iint_D f(x,y)dxdy &= \iint_{D_1} f(x,y)dxdy + \iint_{D_2} f(x,y)dxdy\\ &= \int_0^1 dx\int_{-\sqrt{x}}^{\sqrt{x}} f(x,y)dy + \int_1^4 dx\int_{x-2}^{\sqrt{x}} f(x,y)dy\end{aligned}$$

其次将 D 视为 y - 型区域，则

$$D=\{(x,y)\mid -1\leqslant y\leqslant 2,\ y^2\leqslant x\leqslant y+2\}$$

故

$$\iint_D f(x,y)dxdy = \int_{-1}^2 dy\int_{y^2}^{y+2} f(x,y)dx$$

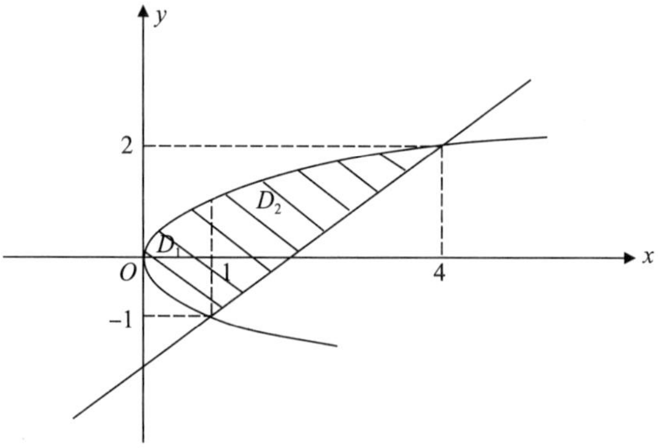

图 4－18

若本题中 $f(x,y)$ 为具体的表达式，例如 $f(x,y)=xy^2$，一般情况下，计算该区域上的二重积分利用第二种积分次序会比第一种简单，因为按照第一种积分次序需要计算两个二次积分.

例 4.6.4　计算 $\iint\limits_D e^{-y^2}dxdy$，其中 D 是以 $O(0,0)$，$A(1,1)$，$B(0,1)$ 为顶点的三角形.

解： 画出积分区域，如图 4－19. 若将 D 视为 x－型区域，则 D 可表示为 $D=\{(x,y)\mid 0\leqslant x\leqslant 1,\ x\leqslant y\leqslant 1\}$，故

$$\iint\limits_D e^{-y^2}dxdy = \int_0^1 dx\int_x^1 e^{-y^2}dy$$

此时，e^{-y^2} 的原函数不是初等函数，求不出来，$\int_x^1 e^{-y^2}dy$ 无法计算，所以按照这一积分次序计算无法进行下去.

若将 D 视为 y－型区域，则 D 可表示为 $D=\{(x,y)\mid 0\leqslant y\leqslant 1,\ 0\leqslant x\leqslant y\}$，故

$$\iint\limits_D e^{-y^2}dxdy = \int_0^1 dy\int_0^y e^{-y^2}dx = \int_0^1 e^{-y^2}\cdot x\Big|_0^y dy$$

$$= \int_0^1 e^{-y^2}ydy = -\frac{1}{2}e^{-y^2}\Big|_0^1 = \frac{1}{2}-\frac{1}{2e}$$

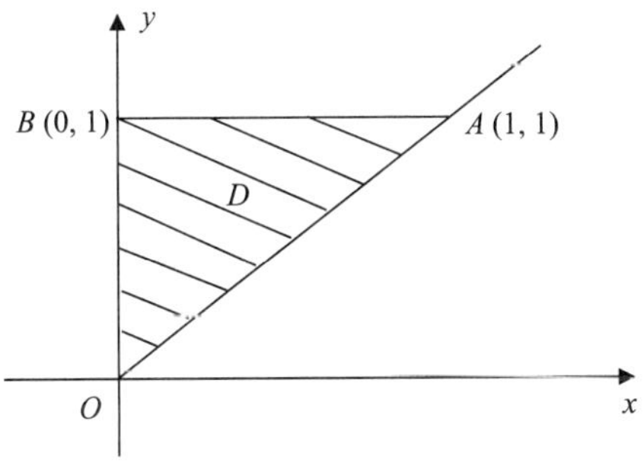

图 4－19

由例 4.6.3、例 4.6.4 可以看出，计算二重积分时，积分次序的选择会影响积分的难易程度，甚至按照某个次序计算不出来，因此应恰当选择积分次序，当按某一种次序计算积分较复杂或无法计算时，可考虑改变积分次序.

在第 3 章，我们讨论了积分区间为无穷区间的无穷限广义积分的计算问题，类似地，在二重积分中，我们也会遇到积分区域为无界区域的情况，称这种二重积分为无界区域上的广义二重积分. 计算广义二重积分，也需要化为二次积分.

例 4.6.5　计算广义二重积分 $\iint\limits_D xe^{-y^2}d\sigma$，其中 D 是由 $y=4x^2$ 与 $y=9x^2$ 在第一象限内围成的无界区域，见图 4－20.

解： 由 $D=\{(x,y)\mid 0\leqslant y\leqslant +\infty,\ \frac{\sqrt{y}}{3}\leqslant x\leqslant\frac{\sqrt{y}}{2}\}$ 可得

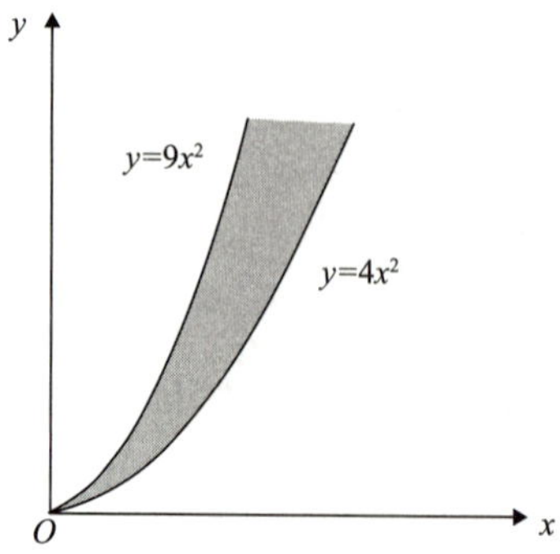

图 4－20

$$\iint_D xe^{-y^2}d\sigma = \int_0^{+\infty}dy\int_{\frac{\sqrt{y}}{3}}^{\frac{\sqrt{y}}{2}}xe^{-y^2}dx = \int_0^{+\infty}e^{-y^2}\frac{x^2}{2}\Big|_{\frac{\sqrt{y}}{3}}^{\frac{\sqrt{y}}{2}}dy$$

$$= \frac{5}{72}\int_0^{+\infty}ye^{-y^2}dy = -\frac{5}{144}\int_0^{+\infty}e^{-y^2}d(-y^2)$$

$$= -\frac{5}{144}e^{-y^2}\Big|_0^{+\infty} = \frac{5}{144}$$

习题 4.6

1. 设 $D=\{(x,y)\mid x^2+y^2\leqslant 1\}$，则 $\iint\limits_D 2d\sigma =$ ________.

2. 将二重积分 $\iint\limits_D f(x,y)dxdy$ 按两种次序化为二次积分，积分区域 D 为图 4－21 中的阴影部分.

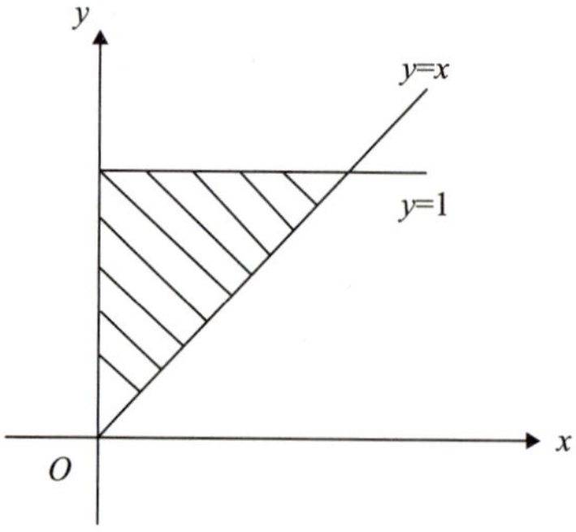

图 4－21

3. 若积分区域 $D=\{(x,y)\mid a\leqslant x\leqslant b,\ c\leqslant y\leqslant d\}$，且 $f(x,y)=f_1(x)\cdot f_2(y)$，试证

$$\iint_D f(x,y)\,dxdy = \int_a^b f_1(x)\,dx \cdot \int_c^d f_2(y)\,dy$$

4. 计算下列二重积分：

(1) $\iint_D (x^2+y^2)\,d\sigma$，其中 D 是矩形：$|x|\leqslant 1$，$|y|\leqslant 1$；

(2) $\iint_D (x+2y)\,d\sigma$，其中 D 是由曲线 $y=x, y=2x$ 和 $x=1$ 所围成的平面区域；

(3) $\iint_D (x^2+y)\,d\sigma$，其中 D 是由曲线 $y=x^2$ 和 $x=y^2$ 所围成的平面区域；

(4) $\iint_D e^{y^2}\,d\sigma$，其中 D 是由直线 $y=x, y=1, x=0$ 所围成的平面区域；

(5) $\iint_D xy\,d\sigma$，其中 D 是由抛物线 $y^2=2x$ 和直线 $y=4-x$ 所围成的平面区域.

5. 计算下列广义二重积分：

(1) $\iint_D f(x,y)\,d\sigma$，其中 $f(x,y)=\begin{cases}4xy, & 0\leqslant x\leqslant 1, 0\leqslant y\leqslant 1\\ 0, & \text{其余区域}\end{cases}$，$D$ 为整个 xOy 面.

(2) $\iint_D xe^{-y}\,d\sigma$，其中 $D=\{(x,y)\mid x\geqslant 0, y\geqslant x^2\}$.

6. 某公司的生产函数的表达式为 $Q(x,y)=35x^{0.75}y^{0.25}$，其中 x 表示劳动投入量，y 表示资本投入量，设 $16\leqslant x\leqslant 18$，$0.5\leqslant y\leqslant 1$，求平均产量.

本章小结

多元函数微积分学是一元函数微积分学的延伸. 本章主要介绍了二元函数的概念、二重极限的定义、二元函数连续的定义、二元函数的偏导数的定义和求法、复合函数的求导法则和隐函数的求导公式、二元函数极值的求法、全微分的定义和计算公式、二重积分的定义和计算方法. 二元函数是含有两个自变量的函数，一般情况下，其定义域是一个平面区域，图形是一张曲面. 二元函数的偏导数表示在其他变量不变的条件下，因变量对某一自变量的变化率. 求多元函数对某一自变量的偏导数时，只需视其余自变量为常量对该自变量求导即可. 全微分则表示各自变量有一个微小改变时函数值的近似改变量. 偏导数在解决实际问题中有着广泛的应用，其中一个重要应用是可以求二元函数的极值. 二元函数的极值只能在偏导数不存在的点和驻点处取得，但反过来偏导数不存在的点和驻点不一定是极值点，利用极值存在的充分条件可判断驻点是否为极值点. 拉格朗日乘数法是求条件极值的一般方法. 二重积分是某种特定和式的极限，计算二重积分关键是把二重积分化为二次积分，化为二次积分时，要注意积分次序的选择.

自测题 4

1. 填空题.

(1) 点$(3,-2,1)$关于 y 轴的对称点为__________;

(2) 点$(2,-1,0)$与点$(1,1,-2)$之间的距离为__________;

(3) 若$f(x,y)=\dfrac{2xy}{x^2+y^2}$，则 $f(x,x)=$__________;

(4) 函数$f(x,y)=\sqrt{x^2+y^2-1}+\sqrt{4-x^2-y^2}$的定义域为__________;

(5) $\lim\limits_{\substack{x\to 0\\ y\to 0}}\dfrac{xy}{\sqrt{x^2+y^2}}=$__________;

(6) 若$f(x,y)=x^2+y^2$，则 $f'_x(1,1)=$__________;

(7) 若 $z=3x^2-2y^3$，则 $dz=$__________;

(8) 若 $z=x^2y$，则$\dfrac{\partial^2 z}{\partial x^2}=$__________;

(9) 如果函数 $z=f(x,y)$ 在点 $P_0(x_0,y_0)$处可微，且取得极值，那么 $f'_x(x_0,y_0)=$__________，$f'_y(x_0,y_0)=$__________;

(10) 设$f(x,y)=e^{2x}-y^2\ln(2+\sin xy)$，则 $f'_x(0,0)=$__________.

2. 选择题.

(1) 曲面 $z=\sqrt{4-x^2-y^2}$在 xOy 面内的投影为（　　）.

A. 矩形区域　　B. 圆形区域　　C. 三角形区域　　D. 梯形区域

(2) $g(x,y)=\ln(e^x+y^2)$，则 $g(1,0)=$（　　）.

A. -1　　B. 0　　C. e　　D. 1

(3) 设 $z=\ln(x^2+y^2)$，则全微分 $dz=$（　　）.

A. $\dfrac{2x}{x^2+y^2}$　　B. $\dfrac{2y}{x^2+y^2}$

C. $\dfrac{2x+2y}{x^2+y^2}$　　D. $\dfrac{2x}{x^2+y^2}dx+\dfrac{2y}{x^2+y^2}dy$

(4) 如果 $x+y+z=1$，那么$\dfrac{\partial z}{\partial x}\cdot\dfrac{\partial x}{\partial y}\cdot\dfrac{\partial y}{\partial z}=$（　　）.

A. -1　　B. 0　　C. $\dfrac{1}{3}$　　D. 1

(5) 如果 $z=f(x,y)$在 $P_0(x_0,y_0)$处存在偏导数，那么它在该点（　　）.

A. 可微　　B. 连续　　C. 有极值　　D. 以上都不对

3. 设 $z=xy\ln(x+y)$，求全微分 dz.

4. 设 $z=2u+3v$，$u=x^2+y^2$，$v=xy$，求$\dfrac{\partial z}{\partial x}$，$\dfrac{\partial z}{\partial y}$.

5. 设函数 $z=f(x,y)$ 由方程 $xyz=e^z$ 确定，求 $\frac{\partial z}{\partial x}$，$\frac{\partial z}{\partial y}$，$dz$.

6. 求函数 $f(x,y)=y^3-x^2+6x-12y+5$ 的极值.

7. 假设某厂生产 A、B 两种产品，产量分别为 x、y 时的利润为 $L(x,y)=6x-x^2+16y-4y^2-2$ 元，已知生产这两种产品时每件产品耗费原料 2000 克，现有原料 12000 克，问两种产品各生产多少时利润最大.

8. 计算二重积分 $\iint\limits_D x\sqrt{y}\,d\sigma$，其中 D 是由抛物线 $y=\sqrt{x}$ 和 $y=x^2$ 所围成的区域.

拓展阅读

多元函数微分学的发展简史

虽然牛顿和莱布尼兹在创立微积分的过程中也接触到了偏微分的概念，但将微分学算法推广到多元函数并建立偏导数理论的主要是 18 世纪的数学家. 18 世纪，微积分发展的一个重要方向是由一元微分学向多元微分学的推广.

早在 1720 年，尼古拉·伯努利（1687—1759）在其文章中使用了偏导数，证明了二元函数的两个二阶混合偏导数在一定条件下与求导顺序无关. 偏导数的理论是由瑞士数学家欧拉和法国数学家方丹、克莱罗与达朗贝尔在早期的偏微分方程中建立起来的. 欧拉在关于流体力学的一系列的论文中发展了偏导数的理论，给出了偏导数的运算法则、复合函数的偏导数、偏导数反演和函数行列式等有关运算，提出了两个二阶混合偏导数相等的条件，但没有给出证明. 他还研究了二元函数的极值. 达朗贝尔推广了偏导数的演算，在他的著作《动力学》中首次写出了偏微分方程，但当时没有引起多少人的注意，他随后发表的论文《紧张的弦振动时形成的曲线的研究》宣告微分方程的诞生. 1739 年，克莱罗在关于地球形状的研究论文中首次提出了全微分的概念，建立了现在称为全微分方程的方程，并给出了全微分可积的条件.

从多元函数微分学的发展可以看出，微积分这门学科的形成是众多学者长期努力的结果，是人类共同智慧的结晶，微积分与我们的生产、生活息息相关. 微积分来源于实践，同时又对实践有着重要的指导作用. 因此我们应当认真学习微积分，一方面服务于实践，另一方面为微积分的发展添砖加瓦.

附　录

常用公式

1. 一元二次方程 $ax^2+bx+c=0(a\neq 0)$ 的求根公式.

$x_{1,2}=\dfrac{-b\pm\sqrt{b^2-4ac}}{2a}$，$(\Delta=b^2-4ac\geqslant 0)$.

2. 一元二次不等式的解集.

$\Delta=b^2-4ac$	$\Delta>0$	$\Delta=0$	$\Delta<0$
$ax^2+bx+c>0(a>0)$	$\{x\mid x<x_1$ 或 $x>x_2\}(x_1<x_2)$	$\left\{x\,\middle\vert\, x\neq-\dfrac{b}{2a}\right\}$	R
$ax^2+bx+c<0(a>0)$	$\{x\mid x_1<x<x_2\}(x_1<x_2)$	ϕ	ϕ

3. 对数的运算性质（$a>0$，且 $a\neq 1$，$x>0$，$y>0$）

（1）$\log_a a=1$，$\ln e=1$；　　（2）$\log_a 1=0$，$\ln 1=0$；

（3）$\log_a(xy)=\log_a x+\log_a y$，$\ln(xy)=\ln x+\ln y$；

（4）$\log_a\frac{x}{y}=\log_a x-\log_a y$，$\ln\dfrac{x}{y}=\ln x-\ln y$；

（5）$\log_a x^b=b\log_a x$，$\ln x^b=b\ln x$；　（6）$a^{\log_a x}=x$，$e^{\ln x}=x$.

4. 指数的运算性质（$a>0$，$b>0$，$m\in R$，$n\in R$）

（1）$a^m\cdot a^n=a^{m+n}$；　（2）$\dfrac{a^m}{a^n}=a^{m-n}$；　（3）$(a\cdot b)^m=a^m\cdot a^m$；

（4）$(a^m)^n=a^{m\cdot n}$；　（5）$\left(\dfrac{a}{b}\right)^m=\dfrac{a^m}{b^m}$.

5. 常用二项展开式和因式分解公式

（1）$(a+b)^2=a^2+2ab+b^2$；　（2）$(a-b)^2=a^2-2ab+b^2$；

（3）$(a+b)^3=a^3+3a^2b+3ab^2+b^3$；　（4）$(a-b)^3=a^3-3a^2b+3ab^2-b^3$；

（5）$a^2-b^2=(a+b)(a-b)$；　（6）$a^3-b^3=(a-b)(a^2+ab+b^2)$；

（7）$a^3+b^3=(a+b)(a^2-ab+b^2)$；

（8）$a^n-b^n=(a-b)(a^{n-1}+a^{n-2}b+a^{n-3}b^2+\cdots+b^{n-1})$；

(9) $(a+b)^n=a^n+C_n^1a^{n-1}b+C_n^2a^{n-2}b^2+\cdots+C_n^ka^{n-k}b^k+\cdots+b^n$.

其中组合数 $C_n^m=\dfrac{n(n-1)(n-2)\cdots(n-m+1)}{m!}$.

6. 常用数列求和公式

(1) 首项为 a_1，公差为 d 的等差数列前 n 项的和为

$$s_n=\frac{n(a_1+a_n)}{2}=na_1+\frac{n(n-1)d}{2};$$

(2) 首项为 a_1，公比为 q 的等比数列的前 n 项的和为

$$s_n=\frac{a_1(1-q^n)}{1-q}(q\neq 1).$$

7. 常用的三角函数关系式

(1) 平方关系

$\sin^2x+\cos^2x=1$，$1+\tan^2x=\sec^2x$，$1+\cot^2x=\csc^2x$；

(2) 倒数关系

$\cot x=\dfrac{1}{\tan x}$，$\sec x=\dfrac{1}{\cos x}$，$\csc x=\dfrac{1}{\sin x}$；

(3) 商数关系

$\tan x=\dfrac{\sin x}{\cos x}$，$\cot x=\dfrac{\cos x}{\sin x}$；

(4) 倍角公式

$\sin 2x=2\sin x\cos x$，

$\cos 2x=\cos^2x-\sin^2x=1-2\sin^2x=2\cos^2x-1$，

$\tan 2x=\dfrac{2\tan x}{1-\tan^2x}$；

(5) 半角公式

$\sin\dfrac{x}{2}=\pm\sqrt{\dfrac{1-\cos x}{2}}$，$\cos\dfrac{x}{2}=\pm\sqrt{\dfrac{1+\cos x}{2}}$，$\tan\dfrac{x}{2}=\dfrac{1-\cos x}{\sin x}=\dfrac{\sin x}{1+\cos x}=\pm\sqrt{\dfrac{1-\cos x}{1+\cos x}}$；

(6) 两角和与差的正弦、余弦、正切公式

$\sin(x\pm y)=\sin x\cos y\pm\cos x\sin y$，$\cos(x\pm y)=\cos x\cos y\mp\sin x\sin y$，

$\tan(x\pm y)=\dfrac{\tan x\pm\tan y}{1\mp\tan x\tan y}$；

(7) 和差化积公式

$\sin x+\sin y=2\sin\dfrac{x+y}{2}\cos\dfrac{x-y}{2}$，$\sin x-\sin y=2\cos\dfrac{x+y}{2}\sin\dfrac{x-y}{2}$，

$\cos x+\cos y=2\cos\dfrac{x+y}{2}\cos\dfrac{x-y}{2}$，$\cos x-\cos y=-2\sin\dfrac{x+y}{2}\sin\dfrac{x-y}{2}$；

（8）积化和差公式

$\sin x\cos y=\frac{1}{2}[\sin(x+y)+\sin(x-y)]$，$\cos x\sin y=\frac{1}{2}[\sin(x+y)-\sin(x-y)]$，

$\cos x\cos y=\frac{1}{2}[\cos(x+y)+\cos(x-y)]$，$\sin x\sin y=-\frac{1}{2}[\cos(x+y)-\cos(x-y)]$.

习题与自测题参考答案

第1章

习题1.1

1. (1) $\in$；(2) $\subset$；(3) $\notin$；(4) $\supset$；(5) $\in$；(6) $=$.

2. (1) $\{3\}$, $\{-1,0,3,5,7,8\}$；(2) $\{7,8\}$, $\{-1,0,5\}$, $\{-1,0,5,7,8\}$.

3. $\{x \mid x<5$ 或 $x>7\}$, $\{x \mid 0<x<2\}$.

4. C.

5. (1) 奇；(2) 偶；(3) 偶；(4) 非奇非偶.

6. 在$(-\infty,0]$上单调减少，在$[0,+\infty)$上单调增加.

7. 有界.

8. (1) $y=(x+1)^3-1$；　(2) $y=e^{x-1}-2$；

(3) $y=\dfrac{\lg x-3}{2}$；　(4) $y=-\sqrt{x}, x\in[1,+\infty)$.

9. $f(x)=\dfrac{1}{4}x^2+x+4$, $f(-x)=\dfrac{1}{4}x^2-x+4$.

10. $f(x)=x^2+2$.

11. $S=\dfrac{200000\times 0.0042\times(1+0.0042)^m}{(1+0.0042)^m-1}$, 1324.33 元.

习题1.2

1. (1) $[0,+\infty)$；(2) $(-2,+\infty)$；(3) $[-1,5]$；(4) $(1,+\infty)$；(5) $(-\infty,2]$；(6) R.

2. (1) $y=\sin^2 x$；(2) $y=\sin(2x^2)$.

3. e^{x^2}, e^{2x}, e.

4. 1, 3, 1, 3.

5. $y=\arctan u$, $u=e^x$.

6. （1） $y=\begin{cases}0.03x-150, & 5000<x\leqslant 8000\\ 0.1x-710, & 8000<x\leqslant 17000\\ 0.2x-2410, & 17000<x\leqslant 30000\\ 0.25x-3910, & 30000<x\leqslant 40000\end{cases}$；

（2） 甲不用交税；乙应交所得税 790 元；丙应交所得税 4840 元；

（3） 略.

习题 1.3

1. $C(Q)=2000+15Q$，$\overline{C}(Q)=\frac{2000}{Q}+15$，$R(Q)=20Q$.

2. $L(x)=\begin{cases}125x-200, & x\leqslant 700\\ 112x+8900, & 700<x\leqslant 1000\end{cases}$.

3. 30，140.

4. 100.

习题 1.4

1. （1） 0；（2） 2；（3） 发散；（4） 1.

2. 不存在.

3. 不存在.

4. $+\infty$.

5. 0.

6. 1.

7. （1） 0；（2） -1；（3） -1；（4） 1；（5） 不存在；

（6） $-\infty$ （不存在）；（7） 1；（8） 不存在.

习题 1.5

1. （1） 0；（2） 0；（3） 0；（4） 0.

2. C.

3. $x^2\sin\frac{1}{x}$是比 x 高阶的无穷小.

4. 略.

习题 1.6

1. （1） 28；（2） 2；（3） $\frac{1}{2}$；（4） ∞；（5） $\frac{3}{2}$；（6） $2x$；

（7） $\frac{1}{4}$；（8） $\frac{3}{2}$.

2. （1） 1；（2） 2^{15}；（3） $\frac{4}{3}$；（4） 2；（5） $\frac{1}{3}$；（6） 0.

3. （1） $\lim\limits_{x\to 0}f(x)=1$，$\lim\limits_{x\to 2}f(x)$ 不存在；（2） $\lim\limits_{x\to +\infty}f(x)=1$.

4. 3.

5. $a=1, b=-1$.

习题 1.7

1. （1）$\frac{2}{3}$；（2）$\frac{1}{4}$；（3）0；（4）2；（5）0；（6）$\frac{1}{2}$.

2. （1）e^{-6}；（2）e^{-6}；（3）e^{-1}；（4）e^{-2}；（5）e^{2}；（6）e^{-1}.

3. （1）64375；（2）60452，60675.

习题 1.8

1. A.

2. $k=\frac{1}{6}$.

3. 在 $x=0$ 处不连续，$x=1$ 处连续.

4. $a=2, b=2$.

5. （1）-2，1；（2）0.

6. （1）$\frac{2}{5}$；（2）0；（3）$\frac{1}{2}$；（4）2.

7. 连续区间为$(-\infty,-3)$，$(-3,2)$，$(2,+\infty)$；极限分别为$\frac{1}{2}$，$\frac{4}{5}$，1.

8. 略.

自测题 1

1. （1）$(-\infty,0)$；（2）x^2+1；（3）3；（4）2；（5）e^{-3}；（6）$x=2$.

2. （1）A；（2）B；（3）D；（4）D；（5）B；（6）D；（7）D；（8）B.

3. （1）×；（2）×；（3）×；（4）×；（5）√.

4. （1）$-\frac{1}{2}$；（2）$\frac{1}{2}$；（3）0；（4）0；（5）$\frac{2}{5}$；（6）e^{-3}；（7）0；（8）x.

5. 在 $x=0$ 点不连续，在 $x=1$ 点连续.

6. $L(x)=-x^2+6x-7$，3.

第 2 章

习题 2.1

1. 1，$x-y-1=0$，$x+y-1=0$；2. $10x$，10，-100；3. 4；4. 不可导，切线方程为 $x=0$；5. 略；6. 16.

习题 2.2

1. （1）A；（2）C；（3）B；（4）D；（5）A.

2. (1) $y' = 5x^4 - 6x$; (2) $y' = -\frac{20}{x^6} - \frac{28}{x^5} + \frac{2}{x^2}$;

(3) $y' = \frac{3}{4}x^{-\frac{1}{4}} - \frac{4}{3}x^{-\frac{7}{3}}$; (4) $y' = 2\sec^2 x + \sec x\tan x$;

(5) $y' = \cos 2x$; (6) $y' = 2x\arctan x + \frac{x^2}{1+x^2}$;

(7) $y' = 28x + 38$; (8) $y' = e^x x^2(3\ln x + x\ln x + 1)$;

(9) $y' = -\frac{1}{1+\sin x}$; (10) $y' = \frac{2}{(1+x)^2}$;

(11) $y' = 2^x\ln 2 + \frac{3}{1+x^2}$; (12) $y' = e^x\left(\frac{1}{x^2} - \frac{2}{x^3}\right) + \log_3 x + \frac{1}{\ln 3}$.

3. (1) $\frac{dy}{dx}\big|_{x=0} = 1$; $\frac{dy}{dx}\big|_{x=\frac{\pi}{2}} = -1$; (2) $\frac{dr}{d\theta}\big|_{\theta=\frac{\pi}{4}} = \frac{\sqrt{2}}{4}\left(1 + \frac{\pi}{2}\right)$.

(3) $f'(0) = 1$; (4) $f'(1) = 3$; (5) $y'(1) = \frac{2}{25}$.

4. (1) $v(t) = v_0 - gt$; (2) $\frac{v_0}{g}$; (3) $\frac{v_0^2}{2g}$.

5. $4x - y = 0$; $x + 4y - 17 = 0$.

6. (1) $y' = 2\sin(3-2x)$; (2) $y' = nx^{n-1}\cos x^n$;

(3) $y' = n\sin^{n-1}x\cos x$; (4) $y' = n\cos nx$;

(5) $y' = \sec x$; (6) $y' = \csc x$;

(7) $y' = -\frac{2}{\sqrt{1-4x^2}}$; (8) $y = \tan x$;

(9) $y' = -\frac{e^x}{1+e^{2x}}$; (10) $y' = \frac{2^x\ln 2}{1+2^{2x}}$;

(11) $y' = \frac{e^x}{(1+e^x)\ln 10}$; (12) $y' = -2xe^{-x^2}$;

(13) $y' = \frac{x}{(1-x^2)\sqrt{1-x^2}}$; (14) $y' = \frac{1}{\sqrt{a^2-x^2}}$;

(15) $y' = \cos x\cos(\sin x)$; (16) $y' = -e^x\sin e^x$.

7. (1) $y' = e^x(\sin 3x + 3\cos 3x)$; (2) $y' = 6\sec^2 3x \cdot \tan 3x$;

(3) $y' = \frac{1}{2x\sqrt{\ln x}} + \frac{1}{2x}$; (4) $y' = \frac{1}{2\sqrt{x}(1+x)}e^{\arctan\sqrt{x}}$;

(5) $y' = \frac{3}{\sqrt{4-x^2}}\left(\arcsin\frac{x}{2}\right)^2$; (6) $y' = -\frac{2}{1-x^2}$.

8. (1) $y' = x^{\sin x}\left(\cos x\ln x + \frac{\sin x}{x}\right)$; (2) $y' = 2x^{2x}(\ln x + 1)$;

(3) $y' = \frac{\sqrt{(x-1)(x-2)}}{\sqrt[3]{(x-3)(x-4)}}\left[\frac{2x-3}{2(x-1)(x-2)} - \frac{2x-7}{3(x-3)(x-4)}\right]$.

9. $f'(x) = -\frac{2}{x^3} - 1$; $f'(4) = -\frac{33}{32}$.

10. $y' = e^{f(x)}[f'(x)f(e^x) + e^x f'(e^x)]$;

11. 连续且可导.

12. $y' = \begin{cases} -\cos x, & x<0 \\ \cos x, & x>0 \end{cases}$

习题 2.3

1. (1) $y'' = -\frac{1}{(1+x)^2}$;　　(2) $y'' = 2e^t\cos t$;

(3) $y'' = e^{\cos x}(\sin^2 x - \cos x)$;　　(4) $y'' = -\sin x$;

(5) $y'' = 2\sec^2 x \cdot \tan x$;　　(6) $y'' = e^x\left(\frac{1}{x} - \frac{2}{x^2} + \frac{2}{x^3}\right)$;

(7) $y'' = -\frac{1}{(1-x^2)\sqrt{1-x^2}}$;　　(8) $y'' = -\frac{8+2x^2}{(4-x^2)^2}$.

2. 0.

3. $2a$.

4. 略.

5. 略.

6. (1) $2^n e^{2x}$; (2) $n!$.

习题 2.4

1. (1) 3;　(2) $3x+C$;　(3) $2x$;　(4) x^2+C;

(5) x^2-x+C;　(6) e^x+C;　(7) $\sin t+C$;

(8) $\arctan x+C$;　(9) $\cos x+C$;　(10) $\tan x+C$.

2. $\Delta x=1$ 时，$\Delta y=18$，$dy=11$，$|\Delta y-dy|=7$;

$\Delta x=0.1$ 时，$\Delta y=1.161$，$dy=1.1$，$|\Delta y-dy|=0.061$;

$\Delta x=0.01$，$\Delta y=0.110601$，$dy=0.11$，$|\Delta y-dy|=0.000601$.

3. (1) $dy = \left(-\frac{1}{x^2}+\frac{1}{\sqrt{x}}\right)dx$;　　(2) $dy = -2x\sin x^2\,dx$;

(3) $dy = \frac{1}{2\sqrt{x}\sqrt{1-x}}dx$;　　(4) $dy = \frac{\cos x-\sin x}{\cos x+\sin x}dx$;

(5) $dy = -e^{-x}(\cos 3x + 3\sin 3x)dx$;　　(6) $dy = (\sin 2x + 2x\cos 2x)dx$.

习题 2.5

1. D

2. (1) 2; (2) 2; (3) $\cos a$; (4) $-\frac{3}{5}$; (5) 1; (6) 2; (7) 2;

(8) $\frac{1}{2}$; (9) $\frac{1}{6}$; (10) $\frac{\ln a}{3}$.

3. (1) 0; (2) 0; (3) $+\infty$; (4) 3.

4. (1) 1; (2) $\frac{4}{\pi}$; (3) $\frac{1}{2}$; (4) 0.

5. 1, 1.

习题 2.6

1. (1) 0; (2) 0, $\ln 2$; (3) $(0, +\infty)$, 0, 小; (4) 小; (5) 2.

2. (1) A (2) C (3) C (4) C (5) A (6) C

3. (1) 在$(-\infty, 0)$与$(2, +\infty)$内单调增加;

(2) 在$(-2, +\infty)$内单调增加;

4. (1) 单调增加区间$(-\infty, -1)(3, +\infty)$, 单调减少区间$(-1, 3)$;

(2) 单调增加区间$(-\infty, 0)$, $(1, +\infty)$, 单调减少区间$(0, 1)$;

(3) 单调增加区间$(0, +\infty)$;

(4) 单调增加区间$(\frac{1}{2}, +\infty)$, 单调减少区间$(0, \frac{1}{2})$.

5. (1) 极大值$f(-1)=17$, 极小值$f(3)=-47$;

(2) 极小值$f(0)=0$;

(3) 极大值$f(2)=4e^{-2}$, 极小值$f(0)=0$;

(4) 极大值$f(2)=1$;

6. (1) 最大值$f(3)=11$, 最小值$f(2)=-14$;

(2) 最大值$f(\frac{\pi}{4})=\sqrt{2}$, 最小值$f(\frac{5\pi}{4})=-\sqrt{2}$;

(3) 最大值$f(9)=\frac{3}{2}$, 最小值$f(1)=-\frac{1}{2}$.

(4) 最小值$f(1)=0$, 无最大值;

(5) 最小值$f(1)=2$, 无最大值.

7. $x=10m$, $y=15m$.

8. $\frac{10}{\sqrt[3]{\pi}}$.

9. $\frac{C}{2}$.

习题 2.7

1. (1) (0,1); (2) (0,2); (3) $(0,e^{\frac{3}{2}})$, $(e^{\frac{3}{2}},+\infty)$, $(e^{\frac{3}{2}},\frac{3}{2}e^{-\frac{3}{2}})$;

(4) $(-\infty,+\infty)$.

2. (1) C; (2) A; (3) B; (4) B; (5) C; (6) C; (7) B; (8) A.

3. (1) 凸区间为$(1,+\infty)$; 凹区间为$(0,1)$; 拐点为$(1,-1)$;

(2) 凸区间为$(-\infty,0)$; 凹区间为$(0,+\infty)$; 拐点为$(0,2)$;

(3) 凸区间为$(-\infty,0)$; 凹区间为$(0,+\infty)$; 拐点为$(0,-2)$;

(4) 凸区间为$(0,1)$; 凹区间为$(-\infty,0)$与$(1,+\infty)$; 拐点为$(0,1)$,$(1,0)$.

4. 单调减少区间为$(-\infty,0)$与$(0,\frac{1}{\sqrt[3]{2}})$, 单调增加区间为$(\frac{1}{\sqrt[3]{2}},+\infty)$, 极小值为$f(\frac{1}{\sqrt[3]{2}})=\frac{3}{2}\sqrt[3]{2}$, 凹区间为$(-\infty,-1)$与$(0,+\infty)$, 凸区间为$(-1,0)$, 拐点为$(-1,0)$.

习题 2.8

1. D.

2. B.

3. -1.

4. (1) $\overline{C}(100)=22$; (2) $C'(100)=9.5$.

5. (1) 边际需求函数 $Q'(P)=-1600(\frac{1}{2})^{P}\ln 2$;

(2) 需求弹性函数 $E_P=-P\ln 2$.

6. 边际成本为 $C'(x)=5$; 边际收益为 $R'(x)=10-0.02x$; 边际利润为 $L'(x)=5-0.02x$.

7. 边际收入函数为 $R'(x)=26-4x-12x^2$; 边际成本函数为 $C'(x)=8+2x$; $x=1$ (万件) 时利润最大, 最大利润为 1 (万元).

8. (1) 16, 经济意义: 在劳动量为 4 个单位时, 当劳动量再增加一个单位, 产量将增加 16 个单位; (2) 20; (3) 10.

9. (1) -0.5, 经济意义: 在价格为 4 时, 当价格再上涨一个单位, 需求量将下降 0.5 个单位;

(2) -0.25, 经济意义: 在价格为 4 时, 当价格再上涨 1% 时, 需求量将下降 0.25%;

(3) 6, 若价格上涨一个单位, 总收益将增加 6 个单位;

(4) 0.75, 若价格上涨 1%, 收益将增加 0.75%.

10. 略.

自测题 2

1. (1) C；(2) D；(3) B；(4) C；(5) B；
   (6) C；(7) C；(8) C；(9) A；(10) D.

2. (1) $\arctan x + C$；(2) 9；(3) $y = 2x - 2$；(4) $\frac{2P}{2P-5}$；(5) 12.

3. (1) $15\sqrt{(2x-3)^{13}}$；(2) 2；(3) $x^{\cos x}(-\sin x\ln x + \frac{\cos x}{x})$；

   (4) $2\cot 2x dx$；(5) $2x\cos x^2 f'(\sin x^2)$；(6) 0；(7) $-\frac{1}{2}$.

   (8) 单调递增区间为$(-\infty,0)$，$(2,+\infty)$，单调递减区间为$(0,2)$；极大值为$f(0)=-1$；极小值为$f(2)=-5$；凹为区间$(1,+\infty)$，凸为区间$(-\infty,1)$；拐点坐标为$(1,-3)$.

4. (1) 当 $x=30$ 时，平均成本取得最小值$\frac{38}{3}$；(2) 当 $x=45$ 时，总利润最大，最大利润是 800 元.

第 3 章

习题 3.1

1. (1) $\leqslant$；(2) $\leqslant$；(3) $\leqslant$；(4) $=$.

2. (1) π；(2) $\frac{1}{2}$；(3) 0；(4) -6.

习题 3.2

1. (1) x；(2) $\frac{1}{4}x^4 + \frac{1}{2}x^2$；(3) $\frac{1}{2}x^2 + \sin x$；(4) $e^x + \arcsin x$.

2. (1) $\sqrt{1+x^2}$；(2) $-xe^x$.

3. (1) 0；(2) 0；(3) $e^2 - e$；(4) 1；(5) $\frac{7}{3} + \ln 2$；

   (6) $\ln 2 - 2$；(7) $e^{\frac{\pi}{2}} - 2$；(8) $\frac{5}{2}$.

4. $f(0)=0$ 为极小值.

5. 3，-3.

习题 3.3

1. (1) $x - \frac{1}{2}x^4 + C$；　　(2) $\frac{2}{5}x^{\frac{5}{2}} + C$；

   (3) $\frac{1}{\ln 3}3^x + \frac{1}{3}x^3 + C$；　　(4) $-\frac{1}{x} + \arctan x + C$；

(5) $\frac{2}{3}x^{\frac{3}{2}}-\frac{3}{2}x^{\frac{2}{3}}+C$; (6) $\frac{1}{3}x^3-x+\arctan x+C$;

(7) $2x-\frac{5\cdot 2^x}{3^x(\ln 2-\ln 3)}+C$; (8) $\frac{2}{7}x^{\frac{7}{2}}-\frac{10}{3}x^{\frac{3}{2}}+C$;

(9) $\ln|x|-\frac{1}{x}+e^x+C$.

2. (1) $\tan x-x+C$; (2) $\frac{1}{2}x+\frac{\sin x}{2}+C$;

(3) $-2\cot x-2x+C$; (4) $\tan x+\cot x+C$.

3. $s=t^4+3\sin t+2t+5$.

4. $y=2x^2$.

5. 0.

习题 3.4

1. (1) C; (2) B; (3) C; (4) D; 5. B.

2. (1) $\frac{1}{3}\ln|3x-2|+C$; (2) $\ln|x^2-x+5|+C$;

(3) $-\frac{1}{2}\cos(2x+1)+C$; (4) $-e^{\cos x}+C$;

(5) $\arcsin\frac{x}{3}+C$; (6) $-\cos x+\frac{1}{3}\cos^3 x+C$;

(7) $e^{-\frac{1}{x}}+C$; (8) $\frac{x}{2}-\frac{\sin 2x}{4}+C$;

(9) $\frac{3}{2}\ln^2 x+\ln x+C$; (10) $\frac{1}{3}(3+2e^x)^{\frac{3}{2}}+C$;

(11) $\arctan e^x+C$; (12) $-\frac{1}{2}e^{-t^2}+C$;

(13) $\ln\left|\frac{x-2}{x-1}\right|+C$; (14) $\arctan(x+2)+C$.

3. (1) $\frac{1}{3}x^3\ln x-\frac{1}{9}x^3+C$; (2) $-xe^{-x}-e^{-x}+C$;

(3) $\frac{1}{2}x^2-x\ln x+x+C$; (4) $-x\cos x+\sin x+C$;

(5) $\frac{1}{2}x^2\ln(1+x)-\frac{1}{4}x^2+\frac{1}{2}x-\frac{1}{2}\ln(1+x)+C$;

(6) $x\tan x+\ln|\cos x|+C$; (7) xe^x+C;

(8) $(x+1)\arctan\sqrt{x}-\sqrt{x}+C$; (9) $x\arcsin x+(1-x^2)^{\frac{1}{2}}+C$;

(10) $\frac{1}{3}(x^3-1)e^{x^3}+C$.

4. （1）$\frac{\pi^2}{32}$；（2）$\frac{1}{2}\ln 3$；（3）$\frac{\pi}{4}+\frac{1}{2}$；（4）$\ln\frac{4}{3}$.

习题 3.5

1. （1）A；（2）C；（3）C；（4）D；（5）B.

2. （1）$\frac{3}{2}\ln\frac{5}{2}$；（2）$\pi$；（3）$4-2\arctan 2$；（4）$1-\frac{\pi}{4}$；（5）$\frac{22}{3}$；

（6）$\frac{4+4\sqrt{2}}{15}$.

3. （1）-2；（2）$\ln 2-2+\frac{\pi}{2}$；（3）$\frac{4\sqrt{2}}{3}\ln 2-\frac{4}{9}(2\sqrt{2}-1)$；（4）$e-2$；

（5）$\frac{\pi}{4}-\frac{1}{2}$；（6）$1-\frac{2}{e}$.

习题 3.6

1. （1）发散；（2）$\frac{1}{3}$；（3）$\frac{1}{2}$；（4）发散；（5）发散；（6）1；

（7）发散；（8）$\frac{1}{2}$.

2. （1）$\frac{16}{5}$；（2）5040；（3）3；（4）$\frac{3}{8}$.

3. 1.

习题 3.7

1. $\frac{15}{4}$.　2. $\frac{8}{3}$　3. $\pi-1$.　4. 18.　5. $\frac{3}{2}-\ln 2$.　6. $\frac{32}{3}$.　7. e.

习题 3.8

1. （1）9875；（2）18500.
2. （1）55；（2）105.
3. （1）$C(x)=x+2x^2+3$；（2）当 $x=1.5$ 时，最大利润 3.75 千元.
4. （1）$R(x)=100x-\frac{x^2}{40}$；（2）$R(100)=9750$；（3）92.5(元/件).
5. 93 万元.
6. 分期付款合算（分期付款的所有现值之和为 289.1 万元）.
7. 基尼系数为 0.33，收入相对合理.
8. $\frac{38}{9}$；8.

自测题 3

1. （1）C；（2）C；（3）D；（4）C；（5）B；
（6）D；（7）C；（8）D；（9）B；（10）A.

2. (1) $-\frac{1}{2}$; (2) $\cos x^2$; (3) 1; (4) 0; (5) $y=\frac{1}{3}x^3+\frac{5}{3}$.

3. (1) $\frac{2^x}{\ln 2}+\frac{2}{5}x^{\frac{5}{2}}+C$; (2) $\arcsin\ln x+C$; (3) $\ln\left|\frac{x-2}{x}\right|+C$;

   (4) $\frac{1}{2}(\arctan x)^2+C$; (5) $1-\frac{\pi}{4}$; (6) $\frac{1}{5}$; (7) e^2+1; (8) $\frac{1}{2}$.

4. 1.

5. (1) $C(Q)=\frac{1}{4}Q^2+3Q+8$; (2) $Q=16, L(16)=120$.

第 4 章

习题 4.1

1. (1) $O(0,0,0)$, $P(2,0,0)$, $Q(0,1,0)$, $R(0,0,3)$, $L(2,1,0)$, $N(2,0,3)$, $K(0,1,3)$;

   (2) $\sqrt{14}$.

2. $M(x,y,z)$关于 xOy、xOz、yOz 平面的对称点分别是:

   $(x,y,-z)$, $(x,-y,z)$, $(-x,y,z)$.

   $M(x,y,z)$关于 x、y、z 轴、原点 O 的对称点分别是:

   $(x,-y,-z)$, $(-x,y,-z)$, $(-x,-y,z)$, $(-x,-y,-z)$.

3. $a=1$ 或 $a=-3$.

4. 略.

5.

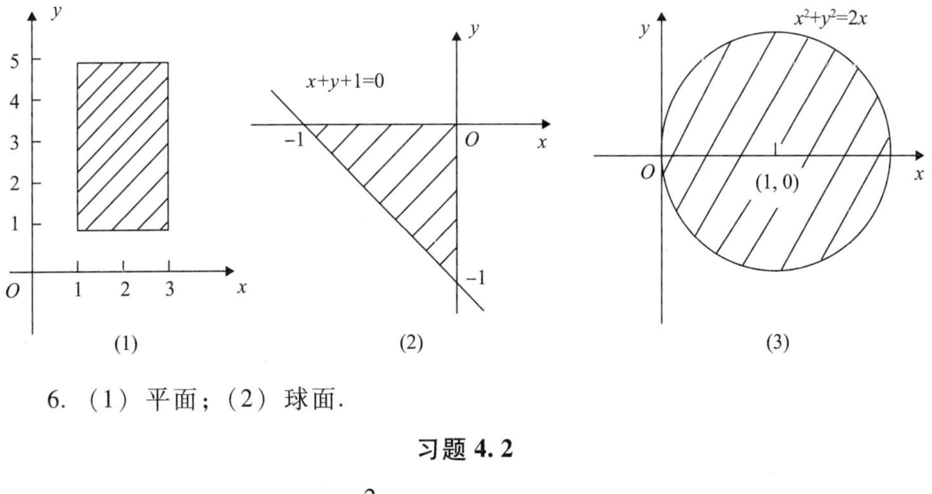

(1) (2) (3)

6. (1) 平面; (2) 球面.

习题 4.2

1. (1) 1; (2) 3; (3) $\frac{2x}{x^2-y^2}$; (4) xy; (5) $[1,+\infty)$.

2. (1) $\{(x,y)\mid y\neq \pm x\}$; (2) $\{(x,y)\mid 9\leqslant x^2+y^2\leqslant 25\}$;
(3) $\{(x,y)\mid x>0,y>0,x+y\leqslant 1\}$; (4) $\{(x,y)\mid y<x^2\}$.

3. 存在极限但不连续.

习题 4.3

1. (1) ×; (2) √; (3) ×; (4) √; (5) ×.

2. (1) e, 1; (2) -3, 9; (3) 0; (4) 4; (5) $\frac{1}{2}$.

3. (1) $-y\sin x$, $\cos x$; (2) $y+\frac{1}{y}$, $x-\frac{x}{y^2}$; (3) $3x^2y^3-y^3$, $3x^3y^2-3xy^2$;

(4) $-\frac{y}{x^2+y^2}$, $\frac{x}{x^2+y^2}$; (5) $\frac{\sqrt{y}}{2\sqrt{x}}$, $\frac{\sqrt{x}}{2\sqrt{y}}$; (6) $\ln\frac{y}{x}-1$, $\frac{x}{y}$;

(7) $\frac{1}{x+\ln y}$, $\frac{1}{y(x+\ln y)}$; (8) $-\frac{y}{x^2}e^{\frac{y}{x}}$, $\frac{1}{x}e^{\frac{y}{x}}$;

(9) $\sin 2(x+y)-\sin 2x$, $\sin 2(x+y)-\sin 2y$;

(10) $-\frac{y}{x^2}-\frac{1}{z}$, $\frac{1}{x}-\frac{z}{y^2}$, $\frac{1}{y}+\frac{x}{z^2}$.

4. (1) $\frac{\partial^2 z}{\partial x^2}=12x^2-8y^2$, $\frac{\partial^2 z}{\partial x\partial y}=\frac{\partial^2 z}{\partial y\partial x}=-16xy$, $\frac{\partial^2 z}{\partial y^2}=12y^2-8x^2$;

(2) $\frac{\partial^2 z}{\partial x^2}=\frac{e^{x+y}}{(e^x+e^y)^2}$, $\frac{\partial^2 z}{\partial x\partial y}=\frac{\partial^2 z}{\partial y\partial x}=-\frac{e^{x+y}}{(e^x+e^y)^2}$, $\frac{\partial^2 z}{\partial y^2}=\frac{e^{x+y}}{(e^x+e^y)^2}$.

5. (1) $dz\big|_{(1,2)}=-2dx+10dy$;

(2) $dz=\frac{-y}{x^2+y^2}dx+\frac{x}{x^2+y^2}dy$;

(3) $du=(3x^2-3yz)dx+(3y^2-3xz)dy+(3z^2-3xy)dz$.

6. 0.0714; 0.075.

7. $e^{xyz}(z+xyz^2)$.

习题 4.4

1. (1) $2x$, $-8y$; (2) $\frac{1}{y}[\ln(xy)+1]$, $\frac{x}{y^2}[1-\ln(xy)]$;

(3) $-(2e^t+e^{-t})$; (4) $4x^3+36x+30$;

(5) $yf'_1+2xf'_2$, $xf'_1-2yf'_2$. (6) $\frac{dz}{dt}=e^t\cos t-e^t\sin t+\cos t$

2. (1) $-\frac{y}{x+e^y}$, $-\frac{1}{e}$; (2) $\frac{y^2}{1-xy}$; (3) $-\frac{b^2x}{a^2y}$;

(4) $\frac{yz}{z^2-xy}$, $\frac{xz}{z^2-xy}$; (5) $-\frac{x}{z}$, $-\frac{y}{z}$; (6) $\frac{ye^{-xy}}{e^z-2}$, $\frac{xe^{-xy}}{e^z-2}$.

3. 略.

4. $y=1$.

5. $2x^2(x^2+y^2)^{x-1}+(x^2+y^2)^x\ln(x^2+y^2)$，$2xy(x^2+y^2)^{x-1}$.

习题 4.5

1. （1）$f(1,0)=-1$ 是极小值；

（2）$f(1,0)=-5$ 是极小值，$f(-3,2)=31$ 是极大值；

（3）没有极值；　（4）$f(2,-2)=8$ 是极大值.

2. $\frac{49}{16}$.

3. $Q_1=Q_2=1$，最大利润为 4.

4. $K=8, L=16, Q=48$，最大利润为 16.

5. $x=8, y=11$.

6. 直角边长为：$\frac{l}{\sqrt{2}}$.

7. $x=10, y=5$.

8. 略.

习题 4.6

1. 2π.

2. $\int_0^1 dx\int_x^1 f(x,y)\,dy, \int_0^1 dy\int_0^y f(x,y)\,dx$.

3. 略.

4. （1）$\frac{8}{3}$；（2）$\frac{4}{3}$；（3）$\frac{33}{140}$；（4）$\frac{1}{2}(e-1)$；（5）-90.

5. （1）1；（2）$\frac{1}{2}$.

6. 271.69.

自测题 4

1. （1）$(-3,-2,-1)$；（2）3；（3）1；（4）$\{(x,y)\mid 1\leqslant x^2+y^2\leqslant 4\}$；

（5）0；（6）2；（7）$6xdx-6y^2dy$；（8）$2y$；（9）0，0；（10）2.

2. （1）B；（2）D；（3）D；（4）A；（5）D.

3. $\left[y\ln(x+y)+\frac{xy}{x+y}\right]dx+\left[x\ln(x+y)+\frac{xy}{x+y}\right]dy$.

4. $4x+3y$，$4y+3x$.

5. $\frac{z}{x(z-1)}$，$\frac{z}{y(z-1)}$，$dz=\frac{z}{x(z-1)}dx+\frac{z}{y(z-1)}dy$.

6. 极大值为 $f(3,-2)=30$.

7. $x=3.8$，$y=2.2$.

8. $\frac{6}{55}$.

参考文献

1. 刘建亚，吴臻．《微积分 1》（第三版）．北京：高等教育出版社，2018. 1.

2. 刘建亚，吴臻．《微积分 2》（第三版）．北京：高等教育出版社，2018. 1.

3. 刘太琳、孟宪萌，黄秋灵．《微积分》（第三版）．北京：经济科学出版社，2017. 8.

4. 同济大学数学教研室．《高等数学》（第七版）．北京：高等教育出版社，2018. 12.

5. 吴赣昌．《微积分》．北京：中国人民大学出版社，2006. 7

6. 李林曙．《微积分》．北京：中国人民大学出版社，2006. 6

7. 张金清．《微积分》．北京：高等教育出版社，2002. 7

8. 何泳贤．《微积分》．北京：中国经济出版社，1998. 5

9. Maurice D. Weir, Joel Hass, Frank R. Giordano. *Thomas' CALCULUS* (*Eleventh Eedition*)．北京：高等教育出版社，2020. 6.

10. 蒋辉，张燕，马小然．《经济应用数学》．北京：中国财政经济出版社，2023. 7.

11. 黄廷祝．《线性代数》．北京：高等教育出版社，2022. 3.